大学化学实验

李爱勤　侯学会　主编

中国农业大学出版社
· 北京 ·

内 容 简 介

本书为普通高等教育教指委指定教材，根据21世纪农林院校对本科人才化学素质、知识和技能的需要，以及21世纪对培养农、林等高科技人才的要求，将《普通化学实验》、《分析化学实验》和《有机化学实验》优化组合，自成体系，独立设课。全书共分七章，包括化学实验基本知识、化学实验基本操作技术、实验室常用仪器简介、基础实验操作、有机化合物性质及综合实验、定量分析实验和设计性实验等内容。

本书内容简明扼要，条理清晰，实用性强，可作为高等农林院校化学实验的教材，也适合成人教育及教师参考用书。

图书在版编目(CIP)数据

大学化学实验/李爱勤，侯学会主编．—北京：中国农业大学出版社，2016.7(2025.5 重印)

ISBN 978-7-5655-1680-1

Ⅰ.①大…　Ⅱ.①李…　②侯…　Ⅲ.①化学实验-高等学校-教材　Ⅳ.①O6-3

中国版本图书馆 CIP 数据核字(2016)第 184288 号

书　　名　大学化学实验

作　　者　李爱勤　侯学会　主编

策划编辑　张　程　赵　中　　**责任编辑**　冯雪梅

封面设计　郑　川　李尘工作室　　**责任校对**　王晓凤

出版发行　中国农业大学出版社

社　　址　北京市海淀区圆明园西路 2 号　　**邮政编码**　100193

电　　话　发行部 010-62818525,8625　　读者服务部 010-62732336

编辑部 010-62732617,2618　　出　版　部 010-62733440

网　　址　http://www.cau.edu.cn/caup　　**E-mail** cbsszs @ cau.edu.cn

经　　销　新华书店

印　　刷　北京溢漾印刷有限公司

版　　次　2016 年 9 月第 1 版　　2025 年 5 月第 5 次印刷

规　　格　185 mm×260 mm　　16 开本　　12.75 印张　　314 千字

定　　价　36.00 元

图书如有质量问题本社发行部负责调换

编写人员

主　　编　李爱勤　侯学会
副 主 编　马志伟
编　　委（按姓氏笔画排序）
马志伟　刘俊桃　李爱勤　张然婷　侯学会

前　　言

党的二十大指出，教育、科技、人才是全面建设社会主义现代化国家的基础性、战略性支撑。必须坚持科技是第一生产力、人才是第一资源、创新是第一动力，深入实施科教兴国战略、人才强国战略、创新驱动发展战略，开辟发展新领域新赛道，不断塑造发展新动能新优势。化学实验是高等农、林、牧、水产院校有关专业必修的一门重要基础课，也是一门实践性很强的课程。为了适应大众化教育着重培养学生创新精神和素质化教育的教育思想，为了实验课程设置和教学改革的需要，以及创新规范化公共基础实验室的要求，根据《高等农林院校面向新世纪化学系列课教学的基本要求和教学大纲》组织编写了《大学化学实验》。

本书根据应用型本科教育的特点和培养模式转变以及教学方法改革的需求，以训练学生基本操作技能和培养学生素质能力为目标，同时加强与社会实践的紧密结合。本书的编写突出了以下特点。

1. 强化基本技能训练，注重培养学生的动手能力

本书改革了传统的化学实验教学体系，在内容上进行了重新组合，以基本知识和基本技能训练为主，将化学实验分为七个部分，整个编排由易到难，循序渐进，全面提高。从第一章到第三章为化学实验基本知识、基本技能；第四章以基本理论实验操作为单元编写了化学实验基本理论和基本操作技能训练，共 15 个实验项目；第五章编排了有机化合物性质及综合实验，共 25 个实验项目；第六章为定量分析实验，共 20 个实验项目，每个实验都紧密结合生产实践又进一步强化基本技能训练；第七章为设计性实验。

2. 突出教学内容的实用性

结合专业和社会的需求，本书选编了与生产实践密切结合、实用性强、操作较简单的实验项目，规范实验操作内容，增加了实验的可操作性。

3. 提倡绿色化学实验

在本书的编写过程中，尽量选编毒性小、对环境污染少的实验，避免或降低化学物质对人类和环境带来的危害。

4. 提高学生的综合能力

第七章编写了设计性化学实验，以提高学生的分析问题、解决问题的能力。

参加本教材编写的有河南牧业经济学院刘俊桃、张然婷（第一章　化学实验基本知识，第三章　实验室常用仪器简介），马志伟（第二章　化学实验基本操作技术，第四章　基础实验操

作，实验一到实验五），李爱勤（第四章　基础实验操作，实验六到实验十五，第六章　定量分析实验），侯学会（第五章　有机化合物性质及综合实验，第七章　设计性实验和附录）。

本教材的编写过程中吸取了许多兄弟院校的宝贵经验，并得到了中国农业大学出版社的大力支持和帮助，在此一并致谢。

由于编者水平有限，书中错误和不妥之处恳请读者批评、指正。

编者

2023 年 8 月于河南牧业经济学院

目　　录

第一章　化学实验基本知识

第一节　化学实验室规则及安全知识

化学实验室是学生训练基本操作能力、进行科学实验、培养良好工作习惯的场所。为了安全、顺利地完成实验，实验前应认真学习化学实验室规则及安全知识。

一、化学实验室规则

(1)实验前应充分预习，明确实验目的，掌握实验原理，熟悉实验内容及步骤，书写预习报告，未预习者，不能进入实验室进行实验。

(2)做实验时必须穿实验服，严禁穿拖鞋进入实验室。

(3)爱护公共财产，节约水、电和化学试剂。

(4)严格遵守实验室安全守则及易燃、易爆、具有腐蚀性及有毒药品的管理和使用守则。

(5)实验前注意清点实验仪器，检查所需仪器是否齐全、有无破损，若有问题，及时联系指导教师，以便及时补齐、更换。

(6)药品试剂应摆放在指定的位置上，公用仪器和试剂用完后应立即放回原处。如发现试剂或仪器有问题，应及时向指导老师报告，以便及时处理，保证实验顺利进行。

(7)实验过程中应遵守纪律，保持实验室安静，不允许嬉闹、高声喧哗，禁止边玩手机边做实验。认真操作，仔细观察，如实记录实验中的现象和数据，不得随意编造和涂改。

(8)精密仪器应严格按照操作规程使用，不得乱动精密仪器，如果发现仪器故障应立即停止使用，及时向指导教师汇报。同时注意做好大型或精密仪器的使用记录工作。

(9)保持实验台面和地面的整洁，对于实验中产生的废弃物(火柴梗、试纸条、废纸及其他废弃物)，要放在指定的地方或者容器内，不允许随处乱扔。

(10)离开实验室前，将药品摆放整齐，仪器洗净并放回原处。

(11)值日生负责打扫卫生，检查水、电、门窗是否关好并填写实验执行情况登记表，得到指导教师允许后，方可离开实验室。

(12)实验完毕后，根据原始记录，认真处理数据，对实验中的问题认真分析，按时提交实验报告。

二、化学实验室安全知识

化学实验中经常使用水、电、易燃易爆、有毒或者腐蚀性的药品，存在着不安全因素，如果使用不当会给国家财产和个人造成危害。凡在实验室操作的人员必须重视安全问题，遵守操作规程，严格遵守实验室安全守则，以避免事故的发生。

(1)严禁在实验室内饮食、吸烟,不得把食物或餐具带进实验室。

(2)使用玻璃仪器时必须小心操作,以免打碎、划伤自己或他人。

(3)不允许用手直接取用固体药品,嗅闻气体时,应用手轻拂气体,把少量气体扇向自己,然后再闻。

(4)使用或产生危险和刺激性气味、挥发性、有毒气体的实验必须在通风柜中进行。

(5)易燃试剂如乙醚、乙醇、丙酮等,使用时应远离火源,用完后立即塞紧瓶塞。

(6)加热试管时,不要将试管口对着自己或他人,也不要俯视正在加热的液体,以免液体溅出造成伤害。

(7)实验进行时,不得离开岗位,要经常观察反应进行的情况和注意装置有无漏气、破裂等现象。

(8)实验中所用的药品不得携带出实验室,实验中未用完的有毒药品要及时还给指导教师,实验中产生的废弃物必须放在指定的废物收集器内。

(9)禁止随意混合各种化学试剂,以免发生意外事故。

(10)一旦发生实验事故,请参照下面介绍的事故处理办法。

(11)湿手不要接触仪器插头,实验结束后要拔下仪器接头。

(12)实验结束后要将实验仪器清洗干净,关闭水、电开关,做好清洁卫生。实验结束后(特别是饮食前)要洗净双手。

三、化学实验室事故的紧急处理方法

实验过程中若有意外事故的发生,应沉着、冷静,及时采取防护措施。实验室意外事故的处理方法简介如下:

(1)割伤　若被玻璃割伤且伤口内有碎玻璃片时,应先将玻璃片挑出,用蒸馏水冲洗伤口,然后在伤口处涂抹红药水或者紫药水,包扎处理好。如果割伤严重或者出血较多,应先止血,抬高出血部位,马上送医院处理。

(2)烫伤　在伤口处涂抹烫伤药,不能用水冲洗伤处。如果烫伤处有水泡,不要弄破,防止感染。如果烫伤处皮肤显棕黑色,说明伤势严重,应尽快到医院治疗。

(3)强酸灼伤　应立即用大量水冲洗,再用饱和碳酸氢钠溶液或稀氨水冲洗,最后用水冲洗。如果酸液溅入眼内,立即用大量水长时间冲洗,再用质量分数为0.02%的硼砂溶液洗眼,最后再用水冲洗。严重时应及时就医。

(4)强碱灼伤　应立即用大量水冲洗,再用2%醋酸溶液或饱和硼酸溶液冲洗,最后用水冲洗。如果碱液溅入眼内,立即用大量水长时间冲洗,再用质量分数约为3%的硼酸溶液洗眼,最后再用水冲洗。严重时应及时就医。

(5)吸入刺激性及有毒气体　如吸入溴蒸气、氯气、氯化氢气体,可吸入少量酒精和乙醚的混合蒸气使之缓解;如吸入硫化氢或一氧化碳气体,应立即到室外呼吸新鲜空气。但应注意氯气、溴中毒不可进行人工呼吸,一氧化碳中毒不可服用兴奋剂。

(6)起火　因酒精、乙醚等易燃物而引起的小火,应立即用湿布或泥沙等扑灭。火势大时可使用泡沫灭火器。但电器设备所引起的火灾,只能使用二氧化碳或四氯化碳灭火器灭火,而不能用泡沫灭火器,以免触电。实验人员衣服着火时,应立即脱下衣服或用石棉布覆盖着火处,或就地卧倒打滚,使火焰熄灭。

(7)触电　首先切断电源,必要时要进行人工呼吸或送医院抢救。

每个实验室都必须备有药箱和必要的药品,如红药水、紫药水、创可贴、万花油、医用酒精、纱布、药棉、棉签等,以及各种消防器材和用品,如二氧化碳灭火器、泥沙等,以备急用。

第二节　化学实验常用玻璃仪器与器材

化学实验常用的仪器(表 1-1、表 1-2)主要以玻璃仪器为主,按其用途可分为容器类仪器、量器类仪器和其他类仪器。此外还有其他器皿和用具。

表 1-1　化学实验常用玻璃仪器

仪器	规格	主要用途	注意事项
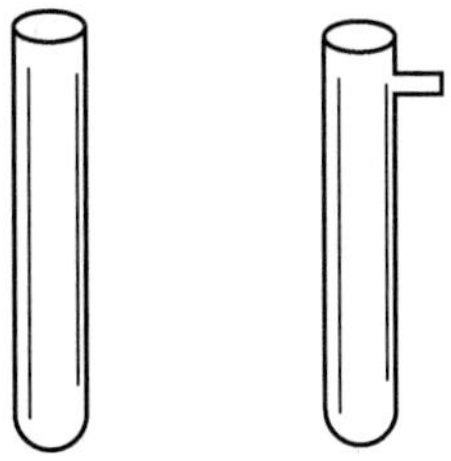 普通试管(a)  离心试管(b)	以管口直径(mm)×长度(mm)表示,如 10×100、15×150 等 有刻度试管以容积表示,如 5 mL、10 mL、15 mL等	①用于少量试剂反应容器或少量气体的收集 ②有支管试管用于装配气体发生器、洗气装置和检验气体产物 ③离心试管用于沉淀分离	①反应液体不超过试管容积的 1/2,加热时不超过 1/3 ②加热前试管外壁要擦干,加热时应用试管夹夹持,管口不能对人,并将试管倾斜与桌面成 45°,同时不断振荡 ③离心管只能用水浴加热 ④加热时不宜骤冷,否则容易破裂 ⑤一般大试管直接加热,小试管用水浴加热
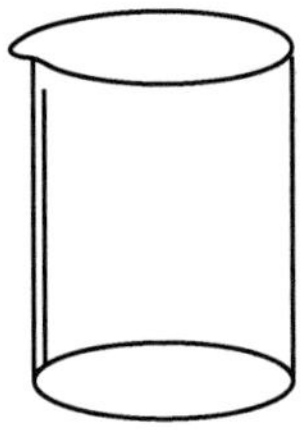 烧杯	以容积表示,50 mL、100 mL、250 mL、500 mL 等	①反应容器,尤其在反应物较多时使用 ②用于溶解固体、配制溶液、加热或浓缩溶液等	①加热时放在石棉网上,使受热均匀 ②反应液体不能超过烧杯容积的 2/3,以免液体外溢
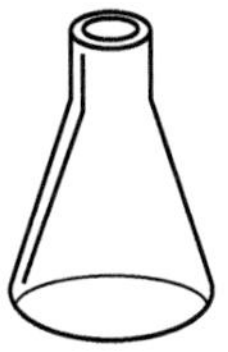 锥形瓶(三角烧瓶)	以容积表示,如 50 mL、100 mL、250 mL 等	①反应容器,加热时可避免液体大量蒸发 ②用于滴定操作	①滴定时,所盛液不能超过容积的 1/3 ②其他同烧杯

续表 1-1

仪器	规格	主要用途	注意事项
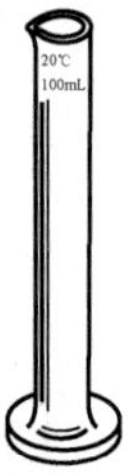 量筒	以容积表示，如 10 mL、50 mL、100 mL、500 mL、1 000 mL 等	量取液体	①不能加热、用作反应容器、配制溶液或稀释酸碱的容器 ②不可量取热溶液
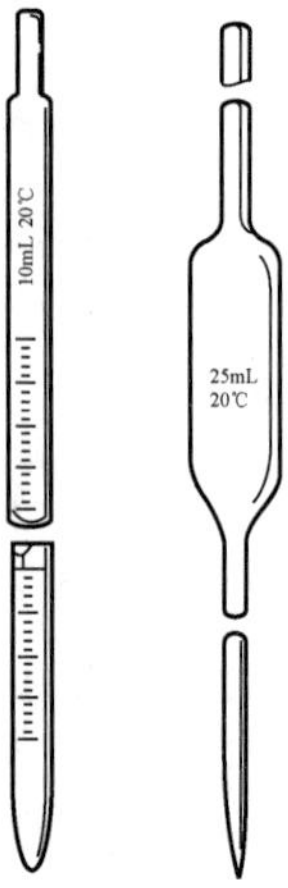 吸量管及移液管	以容积表示，如 1 mL、5 mL、25 mL、50 mL 等	精确移取一定体积的液体	①不能加热 ②用后立即清洗
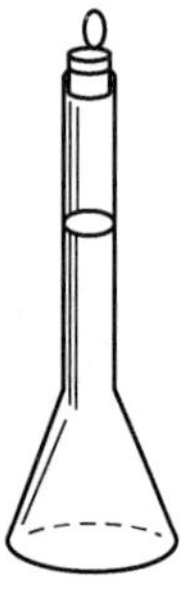 容量瓶	按颜色分棕色和无色两种。 以容积表示，如 50 mL、100 mL、250 mL、500 mL 等	用于配制标准溶液或溶液的定量稀释	①不能加热 ②磨口瓶塞配套使用，不能互换
 吸滤瓶、布式漏斗	布氏漏斗：瓷制或玻璃制，以直径表示 吸滤瓶：玻璃制品，以容积表示，如 250 mL、500 mL 等	两者配套，用于减压过滤	不能用火直接加热

续表 1-1

仪器	规格	主要用途	注意事项
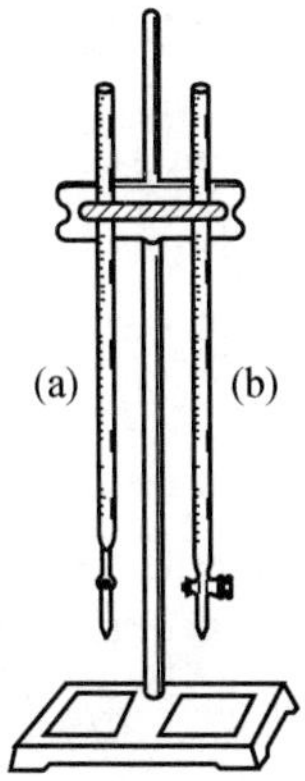 碱式滴定管(a) 酸式滴定管(b)	滴定管分酸式、碱式两种 管身颜色为无色或棕色 以容积表示，如 10 mL、25 mL、50 mL 等 滴定管架：金属制 滴定管夹：塑料或金属	①用于滴定或量取准确体积的液体 ②滴定管夹夹持滴定管，固定在滴定管架上	①酸式滴定管盛放酸性及氧化性溶液，碱式滴定管盛放碱性溶液，两者不能对调 ②见光易分解的滴定液应使用棕色滴定管 ③其他同吸量管
 漏斗	有短颈、长颈 以口径大小表示，如 40 mm、60 mm	用于过滤、引导溶液入小口容器中	不能用火直接加热
 称量瓶	分高型、低型两种 以瓶高（mm）×瓶径（mm）表示，如 40×20、60×30、25×40 等	用于准确称量一定量的固体	①不能直接用火加热 ②盖与瓶配套，不得互换 ③用前应洗净烘干。不用时应洗净，在磨口处垫一小纸条
 表面皿	以直径表示：45 mm、65 mm、75 mm、90 mm 等	①盖在蒸发皿、烧杯等上，以免溶液溅出或灰尘落入 ②作为称量试剂的容器	不能用火直接加热
 滴管　滴瓶	滴管由尖嘴玻璃管和橡胶头构成。滴瓶以容积（mL）表示，分无色、棕色两种	滴管吸取少量液体试剂 滴瓶盛放少量液体试剂	①溶液不得吸进橡皮头 ②不得倒置 ③取用试剂时，滴管要保持垂直，不接触接受容器内壁，不能插入其他试剂中

续表 1-1

仪器	规格	主要用途	注意事项
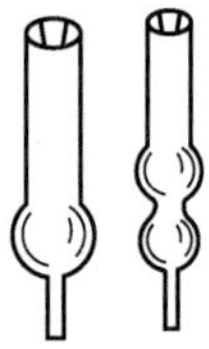 干燥管	有单球和双球之分,以大小表示,有直形、弯形、U形等	盛装干燥剂,用于干燥气体	①干燥剂置球形部分,不宜过多 ②小管与球形交界处放少许棉花填充 ③大口进气,小口出气
 干燥器	以内径大小表示有100 mm、150 mm、180 mm、200 mm	①存放试样,以免试样吸潮 ②定量分析时,将灼烧过的坩埚放在其中冷却	①放入干燥器的物品温度不能过高,并在冷却过程中要每隔一定时间开一开盖子,以调节器内压力 ②干燥器内的干燥剂要按时更换 ③小心盖子滑动而打破
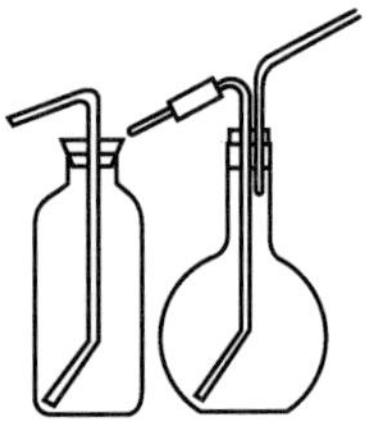 洗瓶	按材料分为塑料和玻璃两种。以容积表示,如250 mL、500 mL	洗涤沉淀和容器用	
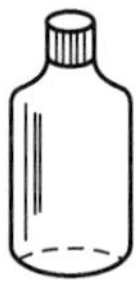  细口瓶 广口瓶	可分为广口、细口、无色、棕色等 以容量表示,如 60 mL、125 mL、250 mL 等	①广口瓶盛放固体试剂,细口瓶盛放液体试剂和溶液 ②棕色瓶盛放见光易分解或不太稳定的试剂	①不能直接加热 ②盛放碱液时用橡皮塞,防止瓶塞被腐蚀粘牢 ③有色瓶盛放见光易分解或不太稳定的物质的溶液或液体
 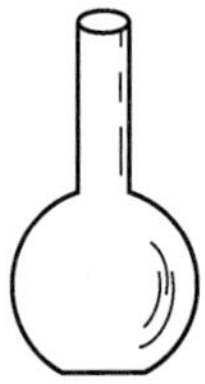 圆底烧瓶 平底烧瓶   蒸馏烧瓶 三口烧瓶	有圆形、梨形;有细口、磨口;平底、圆底;长颈、短颈;二口、三口等 以容积(mL)表示	①作反应容器 ②三口烧瓶用于需要搅拌的实验,中间插搅拌器,两边插温度计、加料管或滴液漏斗、冷凝管等 ③蒸馏烧瓶:用于液体蒸馏,也可用作少量气体的发生装置	①盛放液体量不能超过烧瓶容量的 2/3,也不能太少 ②不能直接加热 ③平底烧瓶不耐压,不能用于减压蒸馏

续表 1-1

仪器	规格	主要用途	注意事项
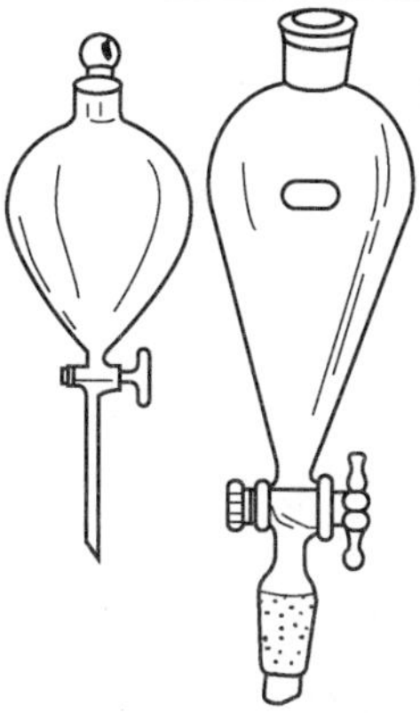 分液漏斗 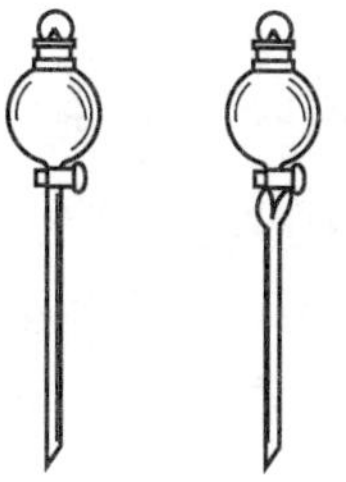 滴液漏斗	以容积(mL)、漏斗颈部的长短表示，有球形、梨形、筒形、锥形等几种	①用于液体的分离、洗涤和萃取 ②滴液漏斗用于反应中滴加液体	①不能加热 ②漏斗间活塞应用细绳系于漏斗颈上，防止滑出跌碎，旋塞不能互换
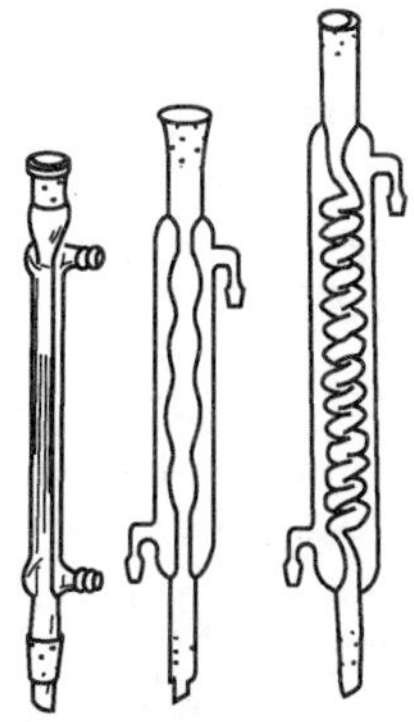 直形、球形、蛇形冷凝管	以外套管长(cm)表示，分直形、球形、蛇形冷凝管等几种	①冷凝管用于蒸馏、回流装置中 ②普通蒸馏常用直形冷凝管 ③回流常用球形冷凝管 ④沸点高于 140℃ 用空气冷凝管，低于 140℃的物质用蛇形冷凝管	①装配仪器时，先装冷却水橡皮管，再装仪器 ②冷凝管的下支管进水，上支管出水
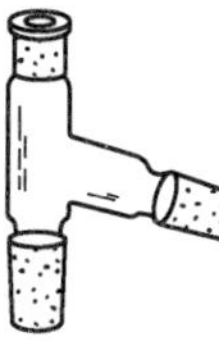 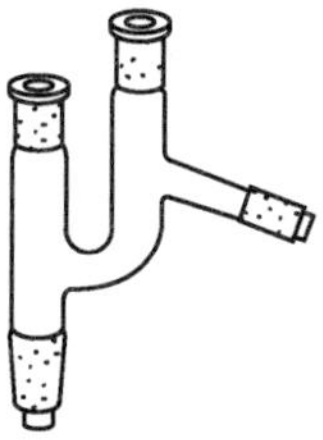 蒸馏头(a)　克氏蒸馏头(b)	磨口仪器	①蒸馏头(a)用于简单蒸馏 ②克氏蒸馏头(b)用于减压蒸馏	①磨口处需洁净，不得有污染物 ②注意不要让磨口结死，用后立即洗净

续表 1-1

仪器	规格	主要用途	注意事项
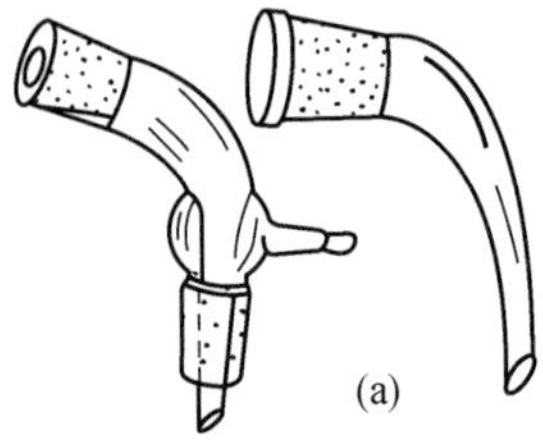 (a) 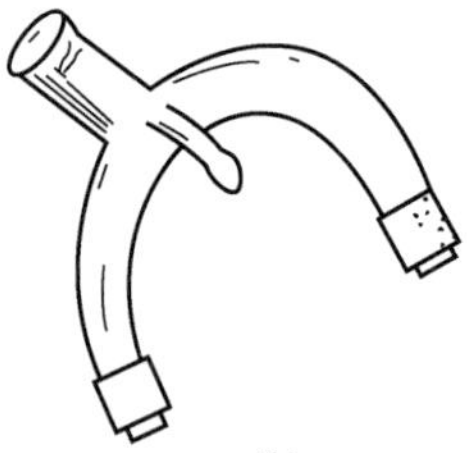 (b) 接液管	有磨口、普通两种；分单尾、双尾、三尾等	①承接液体用，上口接冷凝管，下口接接受瓶 ②单尾接液管可用于简单蒸馏 ③双尾接液管用于减压蒸馏	同蒸馏头

容器类玻璃仪器：反应容器，贮存容器。主要包括试管、烧杯、烧瓶、锥形瓶、滴瓶、细口瓶、广口瓶、称量瓶、分液漏斗和洗气瓶。根据能否受热可分为可加热容器和不可加热容器。

量器类玻璃仪器：用于度量溶液体积，不能作为实验容器，不能受热，不可以长期存放溶液。主要包括量筒、移液管、吸量管、容量瓶和滴定管等。

其他器皿和用具：其他仪器包括玻璃仪器。如研砵、坩埚等。

表 1-2 化学实验常用器皿和用具

仪器	规格	主要用途	注意事项
 蒸发皿	以直径（cm）或容量（mL）表示	①用于蒸发、浓缩溶液 ②灼烧固体	①耐高温 ②不宜骤冷
 坩埚	分瓷、石英、铁、镍、铂等 以容积表示，如 25 mL、50 mL 等	用于灼烧固体	①耐高温，可直接用火烧，但不宜骤冷 ②根据不同物质的性质选用不同质材的坩埚
 研钵	有瓷、铁、玻璃、玛瑙等材质制品 以口径表示，如 60 mm、75mm、90 mm 等	研磨和混合固体物质	①放入量不能超过容积的 1/3 ②易爆物质不能研磨 ③不能用火直接加热 ④不能作反应容器
 药勺	有牛角、塑料、不锈钢等材质制品	取固体试剂	①少量固体用小的一端 ②不能用以取用灼热的药品

续表 1-2

仪器	规格	主要用途	注意事项
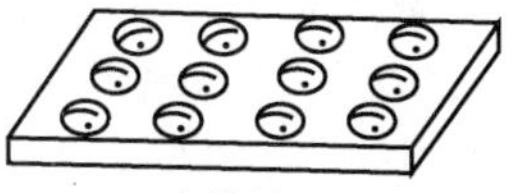 点滴板	上釉瓷板，分白、黑两色 按凹穴数目分四穴、六穴、十二穴等	用于点滴反应	①不能加热 ②不能用于含氢氟酸溶液和浓碱液的反应
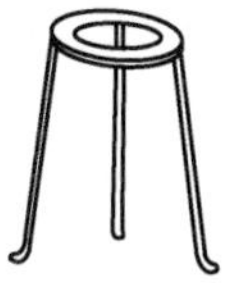 三脚架	铁制品	放置较大或较重的加热容器，作仪器的支撑物	
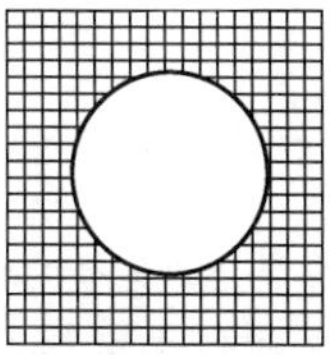 石棉网	以铁网边长表示，如 10 cm^2、15 cm^2 等	承放受热容器，使受热均匀	①不能卷折 ②不要把石棉网浸水，以免铁丝锈坏 ③因石棉致癌，国外已用高温陶瓷代替
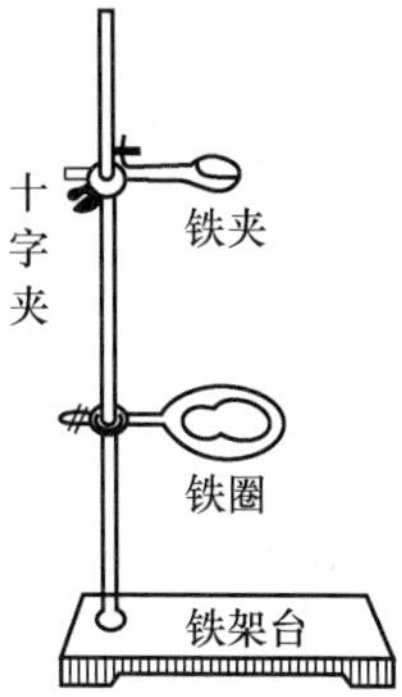	铁圈以直径表示，如 6 cm、9 cm、12 cm 等；铁夹有双钳、三钳、四钳、十字夹等	①固定反应容器用 ②铁圈可代替漏斗架使用	①夹持仪器时，不宜过紧或过松 ②固定仪器在铁架台上时，仪器和铁架台的中心应落在铁架台底盘的中心处
 试管夹	木质、钢丝或塑料制	夹持试管	①夹在试管上部 ②要从试管底部套上或取下试管夹 ③不要把拇指按在夹的活动部分
 泥三角	用铁丝弯成，套以瓷管	用于承放直接加热坩埚或蒸发皿	①灼热的泥三角不要滴上冷水，以免瓷管破裂 ②选择泥三角时，要使搁在其上的坩埚所露出的上部，不超过本身高度的 1/3

续表 1-2

仪器	规格	主要用途	注意事项
 坩埚钳	铁或铜合金制作，表面常镀铬	夹持坩埚或坩埚盖用	①不要和化学药品接触，以免腐蚀 ②钳夹夹取灼热的坩埚时，必须将钳尖先预热 ③用后钳尖应向上放在桌面或石棉网上
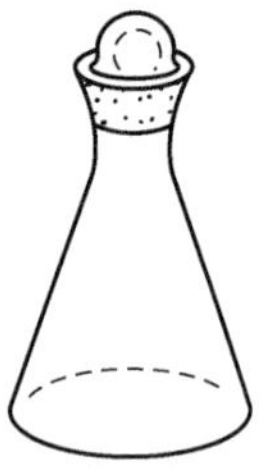 碘量瓶	玻璃质。瓶塞、瓶颈部为磨砂玻璃。规格以容量(mL)表示	主要用于防止液体挥发和固体升华的实验	瓶塞与瓶配套使用
 玻璃砂芯坩埚	依据坩埚的孔径的大小可分为： G1(20～30 μm) G2(10～15 μm) G3(4.9～9 μm) G4(3～4 μm) G5(1.5～2.5 μm) G6(1.5 μm 以下)	用于过滤定量分析中只需低温干燥的沉淀	①应选择合适孔径的坩埚 ②干燥或烘烤沉淀时，最高不得超过 500℃，适用于150℃ 以下烘干的沉淀 ③不宜用于过滤胶状沉淀或碱性较强的溶液

第三节　化学实验预习、数据处理及实验报告

一、化学实验预习

预习是实验课前必须完成的准备工作，是做好实验的前提和保证，为了确保实验的质量，实验课前必须做好预习工作。具体的预习方法简介如下：

实验前，应认真阅读实验教材，复习理论教材中的有关章节，明确实验目的，了解实验原理、方法和内容，清楚实验操作及注意事项，估计实验中可能发生的现象和预期结果，明了数据处理方法和有关计算公式，思考实验中应该注意的问题，在此基础上按指导教师的要求写好实验预习报告。随着计算机技术的迅速发展，学生也可以通过在网络上输入关键字的方法来搜索相关的实验，观看具体的操作视频，从而达到良好的预习效果。

二、实验过程

实验是培养独立工作能力和思维能力的重要环节，在具体的实验过程中，要严格按照实验教材的要求，认真操作，细心观察，并将实验现象和实验数据如实的记录下来，养成一边实验一

边记录的好习惯。实验数据记录一般包含实验药品及用量、实验条件、实验现象、检测数据等。在实验中遇到疑难问题或者“反常现象”时，首先应认真分析实验过程，思考其原因，力求独立解决问题，如果不能独立解决，向指导教师寻求帮助解决，必要时重做或者进行某些对照实验以解决问题。在实验过程中，应始终保持安静，保持环境的整齐和清洁。实验完毕后，经指导教师许可后，方可离开实验室。

三、有效数字及实验数据的处理

实验中，我们把所有准确数字（即实际测量到的数字）和最后一位估计数字一起叫作有效数字。数据记录时，需准确记录有效数字，而在计算时，必须先保留合理有效数字位数，弃去多余的尾数即进行修约（修约时要遵循“四舍六入五成双”原则），再进行有效数字的运算，取得最后的结果。

四、实验报告

实验完成后需撰写实验报告并上交指导教师评阅。书写实验报告要简明扼要、结论明确、计算准确、字迹端正、绘图规范。实验现象和实验数据都需尊重实验事实，养成严格的科学态度。一般来说，实验报告一般分为如下几个部分：实验题目、实验目的、实验原理、仪器和试剂、实验步骤、实验数据记录、实验数据的处理和计算以及实验结果与讨论等。

第二章　化学实验基本操作技术

第一节　玻璃仪器的使用、洗涤与干燥

一、玻璃仪器的使用

使用玻璃仪器时应轻拿轻放；除试管等少数器皿外，一般都不能直接用明火加热；锥形瓶不耐压，不能作减压用；厚壁玻璃器皿（如抽滤瓶）不耐热，不能加热；广口容器（如烧杯）不能储放有机溶剂；带玻璃活塞的玻璃器皿（如分液漏斗、滴液漏斗、碱式滴定管、分水器等）用过洗净后，在活塞与磨口间应垫上纸片，以防粘住。如已粘住，可用水煮后再轻敲塞子；或在磨口四周涂上润滑剂后用电吹风吹热风，使之松开。另外，温度计不能代替搅拌棒使用，并且也不能用来测量超过刻度范围的温度。温度计用后要缓慢冷却，不可立即用冷水冲洗以免炸裂。

磨口仪器使用的注意事项：磨口仪器售价较高，若磨口受到损伤，整个仪器就无法使用，故操作时需要谨慎。

标准磨口仪器只要磨口号相同就可相互配合。但非标准磨口仪器应保持原配，否则仪器装配后就会漏气或漏水。

使用磨口仪器时，可以在磨口处涂敷一层薄而均匀的润滑剂，如硅油、真空活塞油脂、凡士林等；磨口仪器用完后，必须立即洗净，在磨面间夹上纸条或涂敷润滑剂，以免粘连。

磨口仪器不要长期存放碱液，因为碱液和玻璃中的 SiO_2 作用生成有黏性的水玻璃 Na_2SiO_3，它会使磨口粘连。磨口打不开时，可用温水、乙酸、盐酸浸泡，或在磨口部分滴数滴乙醚、丙酮、甲醇之类的溶剂以溶解硬化了的润滑油脂，或用 10 份三氯乙醛、5 份甘油、3 份浓盐酸和 5 份水配成的溶液浸泡或刷涂在磨口处，或用塑料锤、木棰轻轻敲击；或两种方法（浸泡、敲击）同时使用等。

二、玻璃仪器的洗涤

化学实验中所用的玻璃仪器是否洁净，直接影响到实验结果的准确性，因此，必须使用洁净的仪器进行实验。实验者应养成及时清洗、干燥玻璃仪器的良好实验习惯。

玻璃仪器的洗净标准是：内壁附着均匀的水膜，既不聚成水滴，也不成股流下。

玻璃仪器的洗涤方法应根据实验的要求、污物的性质、沾污的程度来选用。常用的洗涤方法如下：

1. 用水洗涤

用水和毛刷刷洗，以除去可溶性物质、尘土和其他不溶性物质。

2. 用去污粉、肥皂或洗涤剂洗涤

用毛刷蘸少量去污粉、肥皂或洗涤剂液，刷洗用少量水润湿的仪器，可除去油污和有机物质。倘若仍洗不干净，可用热的碱液洗。

3. 用铬酸洗液洗涤

一些口小管细不便用毛刷刷洗和用其他洗涤剂无法洗净的仪器，可用铬酸洗液润湿或浸泡。使用后的洗液倒入原瓶，可反复使用（当洗液用至出现绿色时，就失去去污能力，不能继续使用）。

铬酸洗液的配制：25 g 粗重铬酸钾溶于 50 mL 热水中，冷却后，慢慢地加入浓硫酸到总体积为 500 mL。

4. 超声波洗涤

一些形状复杂、洗涤要求高的玻璃仪器或仪表配件，如进样器、吸量管、各类电极等，可以使用超声波清洗机（图 2-1）洗涤。清洗时，将被清洗的器件放在注满清洗剂的清洗槽内，清洗剂根据需要可用纯水、乙醇、丙酮、洗涤剂和酸碱液等，然后在超声波作用下使污垢脱落达到清洗的目的。

图 2-1　超声波清洗机

用各种方法洗涤后的仪器，必须先用自来水冲洗数遍，然后用蒸馏水或去离子水淋洗 2～3 次。在使用蒸馏水或去离子水淋洗仪器时，应遵循“少量多次”的原则。

三、玻璃仪器的干燥

玻璃仪器应在每次实验结束后洗净干燥备用。不同实验对玻璃仪器的干燥程度有不同的要求。一般定量分析用的烧杯、锥形瓶等仪器洗净后即可使用。而用于有机分析或合成的玻璃仪器常常是要求干燥的，有的要求无水，有的可容许微量水分，应根据不同要求来干燥仪器。

1. 晾干

不是急用的仪器，洗净后可以放置于干燥处，任其自然晾干。

2. 烤干

一般常用的烧杯、蒸发皿等可置于石棉网上用小火烤干（外壁水珠应先擦干）。试管可以直接用小火烤干。操作时，试管口要略微向下倾斜，以免水珠倒流炸裂试管。火焰不要集中于某一部位，可从底部开始缓慢向下移至管口。如此烘烤至不见水珠时，再使管口朝上，以便把水汽赶尽。

3. 加热烘干

洗干净的仪器可以放在电烘箱（图 2-2）内烘干。仪器放入之前应尽量把水控净，然后小心放入，应注意仪器口朝下倒置，不稳的仪器应平放。称量用的称量瓶等在烘干后要放在干燥器中冷却和保存。厚壁玻璃仪器烘干时，要注意使烘箱温度慢慢上升，不能直接置于温度高的烘箱内，以免炸裂。玻璃量器不可放在烘箱中烘干。

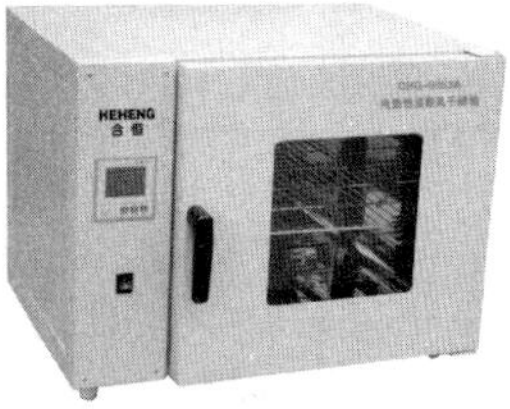

图 2-2　电热恒温鼓风干燥箱

4. 溶剂荡洗吹干

带有刻度的计量仪器，不能用加热的方法进行干燥，因为加热会影响仪器的精密度。可以加一些易挥发的有机溶剂(最常用的是乙醇或乙醇与丙酮体积比 1∶1 的混合物)到洗净的仪器中，倾斜并转动仪器，使器壁上的水与这些有机溶剂互相溶解混合，然后倾出它们并回收。少量残留在仪器中的混合物，很快就挥发而干燥。若使用吹风机往仪器中吹风，会干得更快。开始用冷风吹，当大部分溶剂挥发后再用热风吹至完全干燥。再用冷风吹去残余的蒸气，使其不再冷凝在容器内。此法要求通气好，防止中毒，不可有明火，以防有机溶剂蒸气燃烧爆炸。

5. 气流烘干器干燥

气流烘干器(图 2-3)是一种用于快速烘干仪器的设备。使用时，将仪器洗干净后，沥去多余的水分，然后将仪器套在烘干器的多孔金属管上。注意随时调节热空气的温度。带旋塞或具塞的仪器，应取下塞子后再烘干。气流烘干器不宜长时间加热，以免烘坏电机和电热丝。

图 2-3 气流烘干器

第二节 化学试剂的分类与取用

化学试剂是符合一定质量标准的纯度较高的化学物质，它是分析工作者的物质基础。因此对化学试剂的类别、性质、用途和使用方法必须充分了解。

一、化学试剂的分类

1. 化学试剂的分类

化学试剂种类繁多，分类标准也不一致。目前，我国对化学试剂的生产执行三类标准：国家标准(GB)；化工部标准(HG)；企业标准(QB)。虽然目前还没有统一的分类方法，根据国家标准(GB)，将化学试剂其分为四级(表 2-1)。

表 2-1 化学试剂等级分类表

试剂级别	名称	符号	标签颜色	适用范围
一级品	优质纯	GR	绿色	精密分析及科学研究
二级品	分析纯	AR	红色	一般分析及科学研究
三级品	化学纯	CP	蓝色	一般定性及化学制备
四级品	试剂纯	LR	黄色	一般化学制备

2. 化学试剂的选用

化学试剂的主体成分含量越高，杂质含量越低，即级别越高，则由于其生产过程复杂，价格也高。在实验时，应根据工作的性质、分析方法的灵敏性、待测组分的含量及对分析结果准确度的要求等，选择合适的化学试剂，既不超过级别造成浪费，也不降低级别影响结果。同时，使用试剂时，应注意其级别应与相应的纯水以及容器配合。

二、化学试剂的取用

1. 液体试剂的取用

(1)自滴瓶中取液体试剂时，必须保持滴管垂直，避免倾斜，切忌倒立，防止试剂流入橡皮头内将试剂污染。滴管的尖端不可接触试管内壁，也不得将滴管放在原滴瓶以外的地方，更不能错放到装有另一种试剂的滴瓶中。

(2)用量筒量取液体试剂时，应左手持量筒，以大拇指指示所需体积的刻度处，右手持试剂瓶，贴有标签的一面握向手心，瓶口紧靠量筒边缘，慢慢地注入液体至刻度。若倾出的试剂过量，应弃去或转给他人使用，不得倒回原瓶。

(3)用倾注法取液体试剂时，先将瓶塞取出倒放在桌上，右手持试剂瓶，标签握向手心，瓶口紧靠容器壁，慢慢倾出所需试剂，使液体沿器壁往下流。如所用容器为烧杯，则倾注液体时可用玻璃棒引流，使用完毕后立即盖上瓶塞。

2. 固体试剂的取用

(1)固体试剂应用洁净的药匙取用，药匙的两端为大小两个匙，取较多固体时用大匙，取少量固体时用小匙。取出试剂后立即盖上瓶盖，不得错盖瓶盖。多取的试剂不得倒回原瓶，可放在指定的容器中供他人使用。

(2)取用一定量固体时，可将固体试剂放在表面皿或洁净的纸上称量。具有腐蚀性、氧化性或易吸潮的固体试剂应放在密闭的玻璃容器(如称量瓶)中称量。

第三节　加热与冷却

一、加热

有些化学反应，往往需要在较高温度下才能进行。化学实验中的许多基本操作，如蒸发、蒸馏、回流等，均需要加热。因此加热是化学实验基本操作的重要部分。不同的温度需要不同的加热器具，因此要根据实验要求选择适宜的加热器具。不同的化学反应要求不同的加热方式，因此需要选择合适的加热方法。化学实验室中的加热器具可以分为燃料加热器、电加热器和微波加热器三种。玻璃仪器容易受热不均而破裂，所以加热烧杯或烧瓶时，要使用石棉网隔离。如果需要控制温度，或需要使反应物受热均匀，避免局部过热而分解时，最好使用热浴间接加热。

1. 使用燃料加热器加热

实验室中常用的燃料加热器一般有酒精灯、酒精喷灯等。

(1)酒精灯　酒精灯(图 2-4)的温度通常可达 400～500℃，用于温度不需太高的实验。点燃酒精灯时应用火柴，决不可用已点燃的酒精灯去点燃其他酒精灯。熄灭酒精灯时，只要盖上灯罩，火焰即灭，需再打开灯罩再盖上 1 次，以防下次打不开。添加酒精时，必须将灯熄灭，用小漏斗添加且不能加得太满。酒精灯不用时，必须盖上灯罩，以免酒精挥发。

(2)酒精喷灯　酒精喷灯(图 2-5)使用前，先在预热盆内加入一些酒精，用火柴点燃酒精使灯管受热，待酒精接近燃完时，开启开关，使酒精从灯座内进入灯管而受热汽化，并与进入气孔内的空气混合，可得到高温火焰。实验完毕，关闭开关。

图 2-4　酒精灯

图 2-5　酒精喷灯

2. 使用电加热器加热

(1)电炉　电炉(图 2-6)是实验室中常用的加热设备，靠电阻丝通过电流产生热能。电炉按功率大小分为不同的规格，常用的电炉为 200 W、500 W、600 W、1 000 W 等。使用电炉时应注意：①仪器不可紧贴电炉盘，避免热膨胀使仪器破裂；②注意调节电压控制加热速度；③电炉下应放升降台或瓷砖隔热，避免烧坏实验台和便于拆卸。

(2)电加热套　电加热套(图 2-7)是玻璃纤维包裹着电热丝织成帽状的加热器。加热和蒸馏易燃有机物时，由于它不是明火，使用时较安全，热效率也高。加热速度可自动控制，最高加热温度可达 400℃，是一种简便、安全的加热装置。电热套的容积一般与烧瓶的容积相匹配，从 50 mL 起，各种规格都有。电热套主要用于回流加热。若用它进行蒸馏或减压蒸馏，随着蒸馏的进行，瓶内液体逐渐减少，会使瓶壁过热，造成蒸馏物被烤焦的现象。此时，选用稍大一号的电热套，在蒸馏过程中，不断降低升降台，可减少烤焦现象。

图 2-6　电子控温电炉

图 2-7　电加热套

3. 热浴加热

(1)水浴　将反应容器如烧杯、烧瓶等，置入水浴锅中，使水浴液面稍高出反应容器内的液面，通过酒精灯或电热器对水浴锅加热，使水浴温度达到所需温度范围。与空气浴加热相比，水浴加热均匀，温度易控制，适合于低沸点物质回流加热。如果加热温度接近 100℃，可用沸水浴或水蒸气浴。如果加热温度稍高于 100℃，则可选用适当无机盐类的饱和溶液作为热浴液。要注意的是，由于水会不断蒸发，在操作过程中，应及时向水浴锅中加水或者在水面上加几片石蜡，石蜡受热熔化铺在水面上，可减少水的蒸发。

但是，必须强调指出，当用到金属钾或钠的操作时，决不能在水浴上进行。另外，还应注意：①不用在锅内或杯内加沸石；②加热可用电炉；③用后应将水倒掉，不得让锅内长期存水。

化学实验室中常用的标准化水浴装置为电热恒温水浴锅和恒温槽、超级恒温槽等。

电热恒温水浴锅(图 2-8)是低温加热设备,常用来加热和蒸发易挥发、易燃的有机溶剂及进行温度低于 100℃的恒温实验。电热恒温水浴锅是内外双层箱式的加热设备,面板为单层,按不同规格开有一定数目的孔。孔径为 12 cm,每孔配有四个金属套圈和小盖,选择套圈可旋转大小不同的被加热的仪器。电热水浴锅恒温范围常在 30～100℃,温差为±1℃。如图 2-8 为四孔数显电热恒温水浴锅。

(2)油浴　当加热温度在 100～250℃范围时,应采用油浴(图 2-9)。将加热用油置于锅内,放入加热棒或用电炉在底部加热即组成油浴,油浴随加热油不同温度范围不一。常用的油浴浴液有甘油、液状石蜡、硅油、真空泵油或一些植物油。其中,甘油可以加热到 140～150℃,温度过高时则会分解。甘油吸水性强,放置过久的甘油,使用前应首先加热蒸去所吸收的水分,之后再用于油浴。甘油和邻苯二甲酸二丁酯的混合液适用于加热到 140～180℃,温度过高则分解。植物油如菜油、蓖麻油和花生油等,可以加热到 220℃。液状石蜡可加热到 200℃,温度稍高虽不易分解,但易燃烧。固体石蜡也可加热到 220℃以上,其优点是室温下为固体,便于保存。硅油和真空泵油加热温度都可达到 250℃,热稳定性好,但价格较高。

图 2-8　电热恒温水浴锅

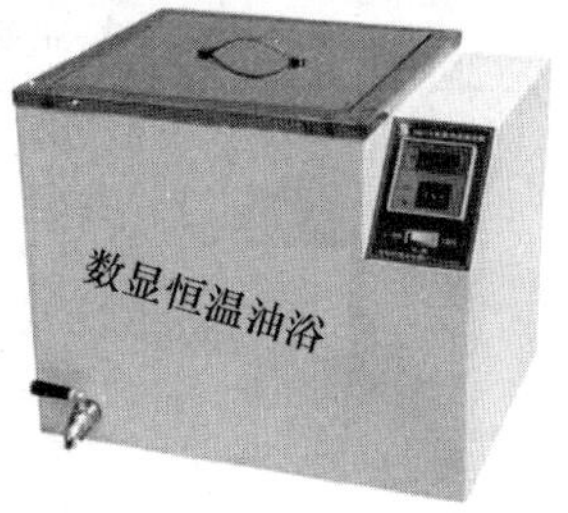

图 2-9　恒温油浴锅

使用时应注意以下几点:①油浴锅内应放置温度计指示温度;②用电炉加热时,应垫上石棉网;③加热油使用时间较长时应及时更换,否则容易出现溢油着火;④在油浴加热时,必须注意采取措施,不要让水溅入油中,否则加热时会产生泡沫或引起飞溅;⑤使用油浴时最好使用调压器调整加热速度。

(3)硫酸浴　以浓硫酸为浴液可加热到 220℃,继续加热会逐渐冒烟,至 300℃分解并放出三氧化硫毒烟。浓硫酸腐蚀性太强,应用并不广泛。只是因为浓硫酸在加热时仍呈透明状,故用于熔点测定时比较方便。若在浓硫酸中加入硫酸钾固体,当浓硫酸和硫酸钾的质量比为 7∶3 和 6∶4 时可分别加热到 325℃和 365℃,但这些混合物在冷却时凝结成固态或半固态,因而不能在较低温度下使用。

(4)空气浴　空气浴就是让热源把局部空气加热,空气再把热能传导给反应容器。有很多方法可以实现空气浴加热。在石棉网上面,搁置一个泥三角,泥三角上方放置待加热容器,如蒸发皿、烧杯等,这时候在石棉网与容器底部之间形成一个空气层,这个空气层就成为空气浴,而无论热源是灯还是电加热装置。电热套加热是另一种简便的空气浴加热,能从室温加热到 200℃左右。安装电热套时,只要使反应瓶外壁与电热套内壁保持 2 cm 左右的距离,就可以利用热空气传热并防止局部过热。

二、冷却

有时在反应中产生大量的热，它使反应温度迅速升高，如果控制不当，可能引起副反应。它还会使反应物蒸发，甚至会发生冲料和爆炸事故。要把温度控制在一定范围内，就要进行适当的冷却。有时为了降低溶质在溶剂中的溶解度或加速结晶析出，也要采用冷却的方法。

1. 水冷

用冷水在容器外壁流动，或把反应器浸在冷水中，交换热量。也可用水和碎冰的混合物作冷却剂，其冷却效果比单用冰块好，这是因为冰水混合物与反应器壁接触面积更大。这种冷却方式的极限温度为 0℃。对于某些不忌水的反应体系，在反应进行时，可以通过把碎冰直接或间接投入反应器中，以此来有效地保持低温。

2. 冰盐冷却

要在 0℃以下进行操作时，常用按不同比例混合的碎冰和无机盐作为冷却剂。可把盐研细，把冰碎成小块，使盐均匀包在冰块上。冰-食盐混合物（质量比 3∶1），可冷至－18～－5℃，其他盐类的冰-盐混合物冷却温度见表 2-2。

表 2-2 冰-盐混合物的质量分数及达到的最低温度

盐名称	盐的质量分数/%	冰的质量分数/%	温度/℃
六水氯化钙	100	246	－9
	100	123	－21.5
	100	70	－55
	100	81	－40.3
硝酸铵	45	100	－16.8
硝酸钠	50	100	－17.8
溴化钠	66	100	－28

3. 干冰或干冰与有机溶剂混合冷却

干冰（固体二氧化碳）和乙醇、异丙醇、丙酮、乙醚或氯仿混合，可冷却到－78～－50℃。

4. 液氮冷却

液氮可冷至－196℃，用有机溶剂与液氮可以调配所需的低温浴浆。一些作低温恒温的化合物列于表 2-3 中。

表 2-3 可作低温恒温冷浆浴的化合物 ℃

化合物	冷浆浴温度	化合物	冷浆浴温度
乙酸乙酯	－83.6	乙酸甲酯	－98.0
丙二酸乙酯	－51.5	乙酸乙烯酯	－100.2
对异戊烷	－160.0	乙酸正丁酯	－77.0

第四节　滴定分析仪器和基本操作

一、容量瓶

容量瓶主要是用来配制标准溶液或准确稀释溶液。

1. 容量瓶的使用

(1)检漏　容量瓶在使用前必须先检查一下是否漏水。检漏的方法是加自来水至标线附近，盖好玻璃塞，一手用左手食指按住瓶塞，其余手指拿住瓶颈标线以上部分，另一只手用指尖托住瓶底边缘，把容量瓶倒立 2 min，观察瓶塞是否漏水，如果不漏水，将玻璃瓶塞旋转 180°再检验。不漏水的容量瓶才能使用，见图 2-10。

(2)洗涤　按常规洗涤方法将容量瓶洗净。

(3)配制溶液　如用固体配制一定体积的标准溶液，先将准确称量的固体物质溶解在烧杯中，然后用玻璃棒定量转移到容量瓶中。转移溶液时，左手拿玻璃棒，右手拿烧杯，在容量瓶上方慢慢将玻璃棒从烧杯中取出，插入容量瓶，再将烧杯嘴紧靠玻璃棒，倾斜烧杯，使溶液沿着玻璃棒慢慢流入容量瓶(图 2-11)。当溶液流完后，烧杯嘴紧靠玻璃棒慢慢直立，使烧杯与玻璃棒间的液滴流回烧杯中。将玻璃棒取出放入烧杯。用少量蒸馏水淋洗烧杯和玻璃棒，洗涤水全部转移到容量瓶中，重复淋洗 2～3 次。

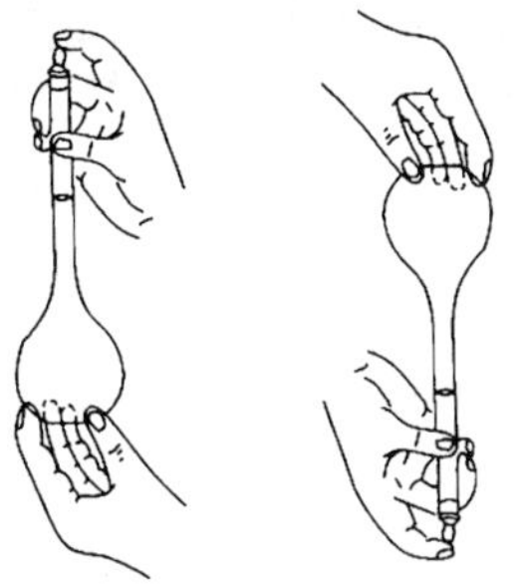

图 2-10　容量瓶的检漏操作

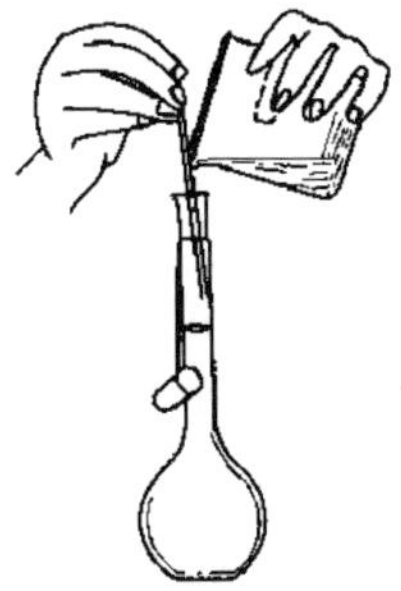

图 2-11　定量转移操作

(4)定容　完成定量转移后，加蒸馏水稀释至容量瓶体积的 2/3 时，用右手食指和中指拿住瓶盖的扁头，将容量瓶拿起，按水平方向旋转几周，使溶液初步混匀。再稀释至标线附近，用滴管加水至弯月面与标线相切。

(5)摇匀　同检漏方法将容量瓶倒立，让气泡上升到顶部后，摇荡数次，再倒转过来。如此反复多次，使溶液充分混匀。

2. 注意事项

(1)摇匀溶液时，手心不可握住容量瓶的底部，以免使容量瓶内溶液受热发生体积变化。

(2)容量瓶瓶塞要用橡皮筋系在瓶颈上，决不能放在桌上，以防沾污。

(3)容量瓶不能盛放热溶液，也不能放在烘箱内烘干。

(4)容量瓶用完后，立即用水冲洗干净，如长期不用，磨口处应擦干，并用纸将磨口隔开。

二、吸管

吸管是用于准确量取一定体积液体的仪器。分为单标线的移液管和具有分度的吸量管两种(图 2-12)。

吸管的使用:

(1)洗涤　将待取溶液倒入一洁净的小烧杯中,用吸管吸入其容积的 1/3 左右,倾斜并慢慢转动吸管使溶液充分润洗吸管,然后从下口弃去溶液,如此反复操作 3 次。

(2)吸管的操作　移液时,右手的拇指和中指拿住移液管标线以上部分,将移液管插入溶液,左手拿洗耳球,排出空气后,紧按在移液管口上,慢慢松开握住洗耳球的手指,使溶液慢慢上升(图 2-13)。当溶液吸至标线以上时,迅速用食指堵在管口。将移液管取出液面,左手改拿盛溶液的容器,使容器倾斜约 45°,右手垂直拿的移液管管尖紧靠液面上方的容器内壁,微微松动食指,使液面缓慢下降,直到视线平视时弯月面与标线相切,立即按紧食指。左手换拿接收溶液的容器,使接收容器倾斜,移液管尖紧贴容器内壁呈 45°。松开食指使溶液沿容器内壁自由流下。待液面下降到管尖(约需 15 s)后,取出移液管。

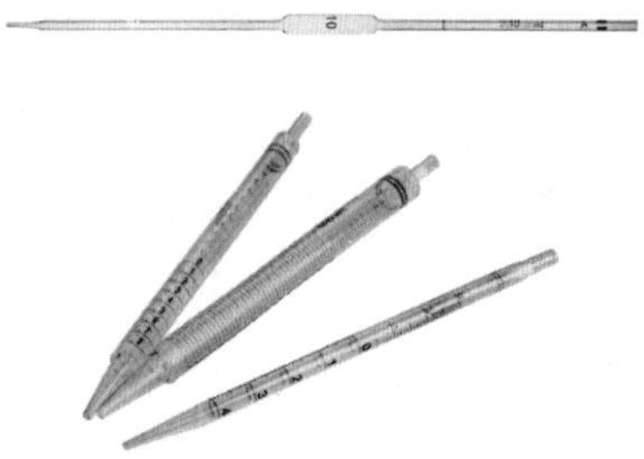

图 2-12　吸量管和移液管

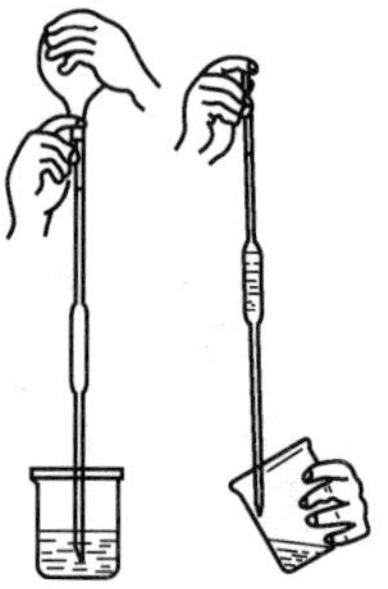

图 2-13　移液管的使用

管尖留有的少量溶液不要吹出,因为在检定移液管体积时,没有把这部分溶液考虑进去。如果吸量管上标有"吹"字,则需把管尖留有的少量溶液用洗耳球吹出。

用吸量管吸取溶液时,操作与以上相同。

吸管用完后,洗净放在吸管架上。

三、滴定管

滴定管是在定量分析中,用于准确测量滴定体积的一类玻璃仪器。一般有酸式滴定管和碱式滴定管两种(图 2-14)。

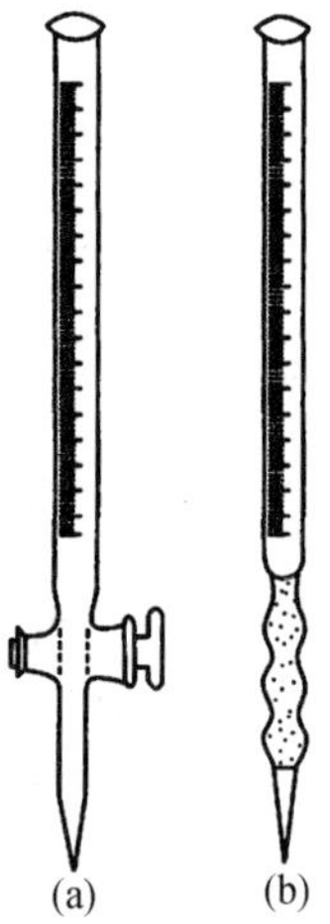

图 2-14　滴定管

(a)酸式　(b)碱式

酸式滴定管下部有一玻璃活塞,用以控制滴定时的滴液速度;它用来盛放酸性或氧化性溶液。碱式滴定管的刻度管与尖嘴玻璃之间由橡皮管相连,橡皮管内装有一颗玻璃珠,用以控制滴定时的滴液速度;它用来盛放碱性以及对玻璃有腐蚀作用的溶液。

1. 滴定管的准备

酸式滴定管　先检查活塞和活塞套是否匹配,然后进行下列准备工作:

(1)洗涤　用自来水冲洗或用细长的刷子(不能用钢丝刷)蘸肥皂

水(不能用去污粉)刷洗。如果内壁仍有油污则可用铬酸洗液荡洗或浸泡。最后用自来水冲洗干净,外壁用吸水纸擦干。

(2)涂凡士林　为使活塞转动灵活又不致漏液需将活塞涂凡士林。将滴定管平放在实验台上,取出活塞,用吸水纸把活塞和活塞套擦干。用手指在活塞的两头表面涂上一薄层凡士林,注意不能涂在活塞孔上,以免旋转时堵塞活塞孔。然后将活塞插入活塞套中,向同一方向旋转,直到活塞和活塞套全部透明且没有纹路,活塞转动灵活。最后在活塞的小头套上橡皮圈。

(3)检漏　用自来水充满滴定管,外壁用吸水纸擦干,放在滴定管架上静置 1 min,观察是否漏水,再将活塞旋转 180°,重新检查。如有漏水,必须重新涂凡士林。

(4)装滴定液　装入滴定液前先用蒸馏水荡洗 2～3 次,每次约 10 mL。然后用所装溶液荡洗 2～3 次。荡洗时,两手平拿滴定管,慢慢旋转,让溶液遍及全管内壁,然后从两端放出。荡洗完毕,装入滴定液至“0”刻度以上。

(5)赶气泡　检查活塞附近有无气泡。如有气泡,应将其排出。排出气泡时,酸式滴定管用右手拿住滴淀管上部无刻度处,并使之倾斜呈 30°,左手迅速打开活塞,使溶液冲下将气泡赶出。

碱式滴定管　先检查乳胶管和玻璃球是否完好,若胶管老化,玻璃球过大或过小,应予以更换。

碱式滴定管的准备基本与酸式滴定管相同。洗涤时,如需用洗液浸泡,先要拔掉乳胶管,换上一小段塞有玻璃棒的橡皮管,再用洗液浸泡。

碱式滴定管如下端尖嘴玻璃管中有气泡,可将橡皮管向上弯曲,用左手拇指和食指捏住玻璃珠的右上方,向右上方轻挤乳胶管,气泡即可排出(图 2-15)。

2. 滴定管的读数

(1)滴定管在装满溶液和放出溶液后,必须等 1～2 min,使附着在内壁的溶液流下来,才能读数。

(2)读数时,将滴定管从滴定台上取下,用大拇指和食指捏住滴定管上部无刻度处,使滴定管自然下垂。

(3)视线与液面呈水平。无色或浅色溶液读取在弯月面下缘最低处,见图 2-16;深色溶液,读液面两侧的最高点。

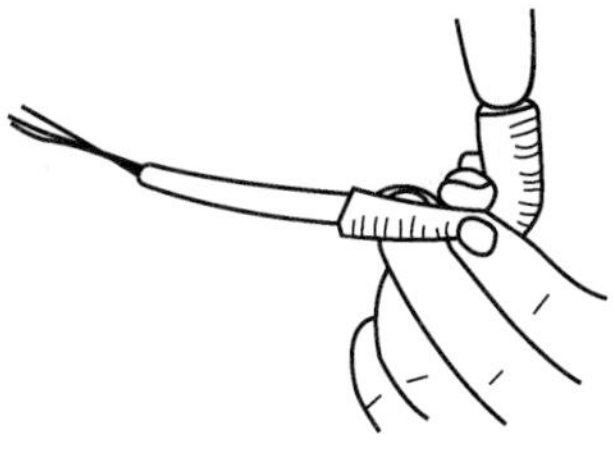

图 2-15　碱式滴定管除气泡法

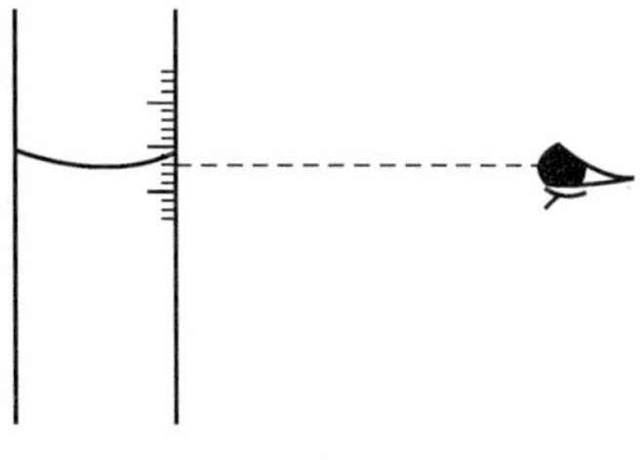

图 2-16　视线与度量的关系

若为蓝线滴定管,其读数对无色溶液来说是以 2 个弯月面相交的最尖部分为准,当视线与此点水平时即可读数。若为深色溶液仍应读取视线与液面两侧最高点相齐的刻度。

(4)读数应读到小数点后第二位。

3. 滴定管的操作方法

滴定管垂直地夹在滴定管架上。

如使用酸式滴定管,左手无名指和小指向手心弯曲,用其余三指控制活塞的转动(图 2-17)。注意不要向外拉活塞,以免漏液;也不要过分往里扣,以免使活塞转动困难。

如使用碱式滴定管,左手无名指和小指夹住管口,拇指和食指在玻璃珠右上方轻挤乳胶管,使溶液在玻璃珠旁空隙处流出。不要捏玻璃珠下方的乳胶管,以免带进气泡。

4. 滴定操作

滴定操作一般在锥形瓶中进行。在锥形瓶中进行滴定时,右手前三指拿住瓶颈,瓶底离瓷板 2～3 cm。将滴定管的下端伸入瓶口约 1 cm。左手按前面滴定操作方法滴加溶液,右手运用腕力摇动锥形瓶,使溶液向同一方向做圆周运动,边摇边滴(图 2-18)。滴定速度一般为 3～4 滴/s,滴定时,当接近终点时,应一滴或半滴地加入,并用洗瓶吹入少量水冲洗锥形瓶内壁,使附着的溶液全部流下,直至终点。

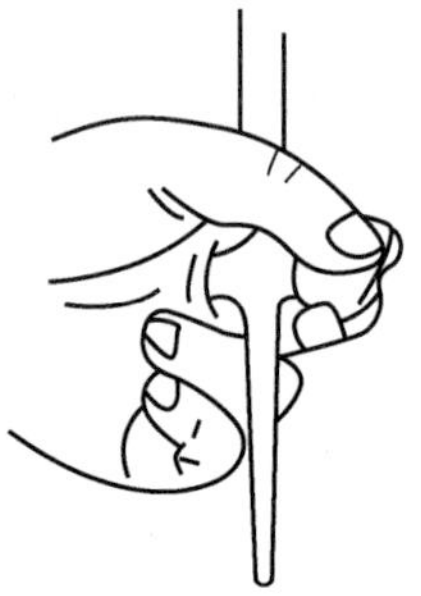

图 2-17　酸式滴定管操作

图 2-18　滴定操作

半滴溶液的滴加方法:先使溶液液滴悬挂在管口,以锥形瓶的内壁将其沾落,再用少量蒸馏水冲洗内壁。

5. 滴定操作的注意事项

(1)每次滴定前都应将液面调至零刻度或接近零刻度附近,这样可使每次滴定前后的读数基本上都在滴定管的同一部位,从而消除由于滴定管刻度不准确而引起的误差;同时避免由于溶液量不足,需重装溶液而引起的读数误差。

(2)滴定时,左手不能离开旋塞任溶液自流。

(3)摇锥形瓶时,应微动腕关节,使锥形瓶做圆周运动,瓶中溶液向同一方向旋转,不可前后晃动,以免溶液溅出。

(4)滴定时,应认真观察锥形瓶中溶液的变化,不要只顾滴定管刻度的变化,而忽略了反应的进行。

第五节　物质的分离和提纯技术

一、过滤

1. 实验原理

过滤是实现固液分离最常用的方法之一。溶液和结晶(沉淀)的混合物通过过滤，结晶(沉淀)就留在过滤器(如滤纸)上，溶液则通过过滤器而进入接收容器中。

2. 过滤方法

常用的方法有 3 种：常压过滤、减压过滤和热过滤。

(1)常压过滤

①用滤纸过滤　滤纸的折叠和漏斗的准备：滤纸一般按四折法折叠，滤纸的折叠方法是先将滤纸整齐地对折，然后再对折，如图 2-19 所示。将其打开后成为顶角为稍大于 60°的圆锥体，为保证滤纸和漏斗密合，第一次对折时不要折死，先把圆锥体打开，放入洁净而干燥的漏斗中，如果滤纸和漏斗上边边缘不十分密合，可以稍稍改变滤纸折叠的角度，直到与漏斗密合为止，用手轻按滤纸，将第二次的折边折死，所得圆锥体的半边为三层，另半边为一层，然后取出滤纸，将三层厚的紧贴漏斗的外层撕下一角，保存于干燥的表面皿上，备用。将折叠好的滤纸放入漏斗中，且三层的一边应放在漏斗出口短的一边，用食指按紧三层的一边，用洗瓶吹入少量水将滤纸润湿，然后轻轻按滤纸边缘，使滤纸的锥体与漏斗之间没有空隙，按好后，用洗瓶加水至滤纸边缘，这时漏斗颈内应全部被水充满，当漏斗中水全部流尽后，颈内水柱仍能保留且无气泡。

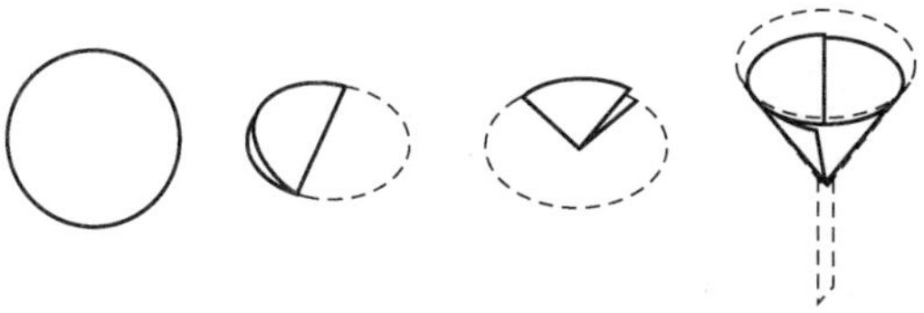

图 2-19　“四分法”折叠滤纸

若不能形成完整的水柱，可以用手堵住漏斗下口，稍掀起滤纸三层的一边，用洗瓶向滤纸与漏斗间的空隙里加水，直到漏斗颈和锥体的大部分被水充满，然后按紧滤纸边，放开堵住出口的手指，此时水柱即可形成。

过滤：过滤一般分三个阶段进行。第一阶段采用倾注法，尽可能地过滤清液；第二阶段是将沉淀转移到滤纸上；第三阶段是清洗烧杯和洗涤漏斗上的沉淀。

采用倾注法是为了避免沉淀堵塞滤纸上的空隙，影响过滤速度，待烧杯中沉淀下降以后，将清液倾入漏斗中，而不是一开始过滤就将沉淀和溶液搅混后进行过滤。溶液应沿着玻璃棒流入漏斗中，玻璃棒的下端尽可能接近滤纸三层厚的一边，但不能接触滤纸，倾入的溶液一般不要超过滤纸的 2/3，以免少量沉淀因毛细管作用越过滤纸上缘，而造成损失，且不便洗涤。如图 2-20 所示。倾注法如一次不能将清液倾注完时，应待烧杯中沉淀下沉后再次倾注。

暂停倾注溶液时，烧杯应沿玻璃棒使其嘴向上提起至烧杯直立，以免烧杯嘴上的液滴流失。放在烧杯中的玻璃棒不要靠在烧杯嘴上，避免将沉淀沾在玻璃棒上部而损失。清液完全转移后，应对烧杯中的沉淀作初步洗涤：用洗瓶向烧杯四周内壁喷淋约 10 mL 洗涤液，使黏附着的沉淀集中在烧杯底部，洗涤液同样用倾注法过滤。如此洗涤 3～4 次杯内沉淀。

沉淀经初步洗涤后，加少量洗涤液，搅动并立即将沉淀和洗涤液一起，通过玻璃棒转移至滤纸上。再加入少量洗涤液于烧杯中，搅动、转移，如此重复几次。烧杯中残余的沉淀，可按图 2-21(a)所示的吹洗方法将沉淀吹洗至漏斗中。即用左手拿住烧杯的同时，让烧杯嘴向着漏斗，右手把玻璃棒从烧杯中取出横在烧杯口上，使玻璃棒伸出烧杯嘴 2～3 cm。然后，用左手食指按住玻璃棒的较高位置，倾斜烧杯使玻璃棒下端指向滤纸三层一边，用右手以洗瓶吹洗整个烧杯壁，使洗涤液和沉淀沿玻璃棒流入漏斗中。如果仍有少量沉淀黏附在烧杯壁上吹洗不下来时，可使用沉淀帚[它是一头带橡皮的玻璃棒，如图 2-21(b)]将沉淀集中在烧杯底部。再按图 2-21(a)操作将沉淀洗入漏斗中；也可用前面折叠滤纸时撕下的滤纸角，来擦拭玻璃棒和烧杯内壁，将此滤纸角放在漏斗的沉淀上。

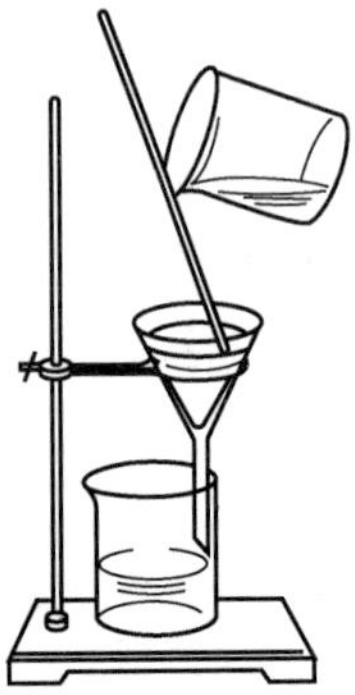

图 2-20 倾注法过滤

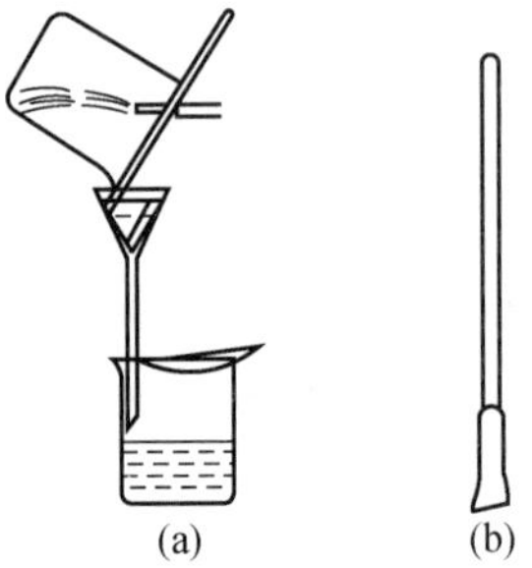

图 2-21 吹洗沉淀(a)和沉淀帚(b)

经吹洗、擦拭后的烧杯内壁，应在明亮处仔细检查是否吹洗、擦拭干净，包括玻璃棒、表面皿、沉淀帚和烧杯内壁在内，都要认真检查，以保证沉淀转移完全。

必须指出，过滤开始后，应随时检查滤液是否透明，如不透明，说明有穿滤。这时必须换另一洁净烧杯承接滤液，在原漏斗上将穿滤的滤液进行第二次过滤。如发现滤纸穿孔，则应更换滤纸重新过滤。若对沉淀进行质量分析，第一次用过的滤纸应保留。

沉淀的洗涤：沉淀全部转移到滤纸上后，应对它进行洗涤。其目的在于将沉淀表面所吸附的杂质和残留的母液除去，方法如图 2-22 所示。每次螺旋形往下洗涤时，用洗涤剂量要少，便于尽快沥干，沥干后，再行洗涤。如此反复多次，直至沉淀洗净。

图 2-22 洗涤漏斗中的沉淀

选用什么洗涤剂洗涤沉淀，应根据沉淀的性质、收集固相沉淀还是收集滤液而定。

收集固相沉淀：对于晶形沉淀，可用冷的稀沉淀剂洗涤，因为这时存在同离子效应，可使沉淀尽量减少溶解。但是，如沉淀剂为不易挥发的物质，则只有用水或其他溶剂来洗涤。对非晶形沉淀，需用热的电解质溶液为洗涤剂，以防止产生胶溶现象，多数采用易挥发的铵盐溶液作为洗涤剂。对于溶解度较大的沉淀，可采用沉淀剂加有机溶剂来洗涤，以降低沉淀的溶解度。

如果过滤的目的在于收集滤液，洗涤时就应该考虑：既要尽量完全地得到所需的溶质，又要尽量少地引入其他杂质。

②用微孔玻璃漏斗（或微孔玻璃坩埚）过滤　凡是烘干后即可称量的沉淀可用微孔玻璃漏斗（或微孔玻璃坩埚）过滤。微孔玻璃漏斗和微孔玻璃坩埚如图 2-23(a)和图 2-23(b)所示。

此种过滤器的滤板是用玻璃粉末经高温熔结而成。按照微孔的孔径，由大到小分为 6 级，G1～G6（或称 1～6 号）。1 号的孔径最大（80～12 μm），6 号孔径最小（2 μm 以下）。在定量分析中，一般用 G3～G5 规格（相当于慢速滤纸）过滤细晶形沉淀。使用此类滤器时，需用抽气法过滤。

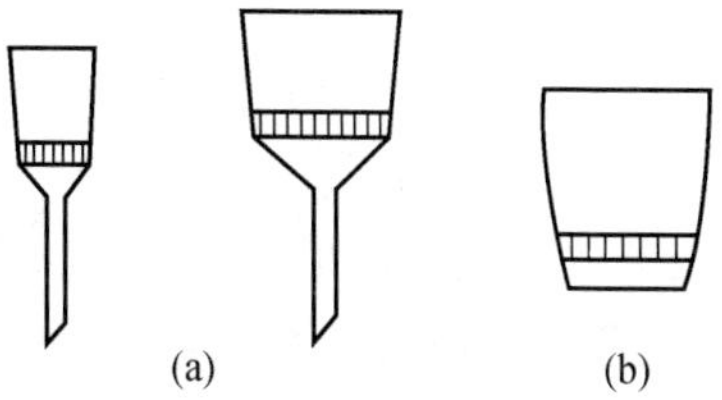

(a)　(b)

图 2-23　微孔玻璃漏斗(a)和微孔玻璃坩埚(b)

不能用玻璃漏斗或坩埚过滤强碱性溶液，因它会损坏滤板的微孔。

漏斗的准备：漏斗使用前，先用 HCl（或 HNO_3）处理，然后用 H_2O 洗净。清洗可在抽滤装置上进行。

过滤：将已洗净（质量分析需烘干恒重）的微孔玻璃漏斗（或坩埚），装入抽滤瓶的橡皮垫圈中，接橡皮管于抽水泵上，在抽滤下，用倾注法过滤，其余操作与用滤纸过滤时相同，不同之处是在抽滤下进行。

(2)减压过滤　减压过滤也称吸滤或抽滤，其装置如图 2-24 所示。水泵带走空气让吸滤瓶中压力低于大气压，从而提高过滤速度。在水泵和吸滤瓶之间往往安装安全瓶，以防止因关闭水阀或水流量突然变小时自来水倒吸入吸滤瓶，如果滤液有用，则被污染。

停止抽滤或需用溶剂洗涤晶体时，先将吸滤瓶侧管上的橡皮管拔开，或将安全瓶的活塞打开与大气相通，再关闭水泵，以免水倒流入吸滤瓶内。

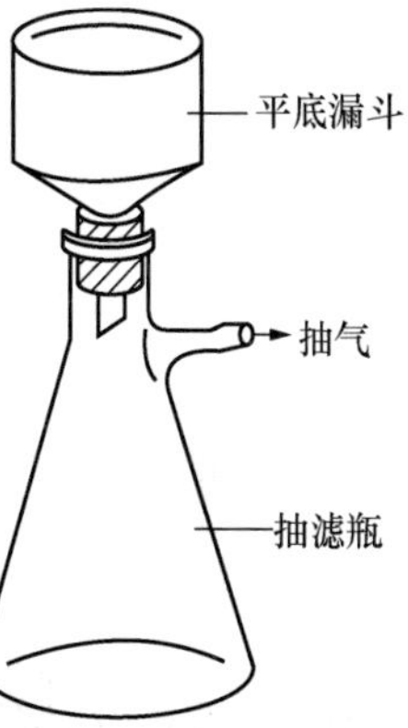

图 2-24　减压过滤装置

减压过滤漏斗的下端斜口应正对吸滤瓶的侧管。使用布氏漏斗时，滤纸要比漏斗内径略小，但必须全部覆盖漏斗的小孔；滤纸不能大，否则边缘会贴到漏斗壁上，使部分溶液沿漏斗壁不经过滤直接漏入吸滤瓶中。抽滤前需用溶剂将滤纸润湿，抽气并使滤纸紧贴滤板，然后再向漏斗内转移溶液。

分离晶体与母液，常用布氏漏斗。吸滤过程中，为了更好地将晶体与母液分开，可用清洁的玻璃塞将晶体在布氏漏斗上挤压。结晶表面残留的母液，可用很少量的溶剂洗涤，这时抽气应暂时停止。把少量溶剂均匀地洒在漏斗内的滤饼上，使全部结晶刚好被溶剂覆盖，用玻璃棒或不锈钢刀搅松晶体（勿把滤纸捅破），使晶体润湿，稍后压实，再抽气把溶剂抽干。如此重复两次，就可把滤饼洗涤干净。

从漏斗上取出结晶时，为了不使滤纸纤维附于晶体上，常与滤纸一起取出，待干燥后，用刮刀轻敲滤纸，注意勿使滤纸纤维附于晶体上，结晶即全部下来。

过滤少量的晶体，可用微型吸滤装置。

(3)热过滤　在对浓溶液和热溶液进行过滤时，为了不使溶质在过滤时析出而留在滤纸上，就要使用热过滤。热过滤的方法有以下几种：

①用简易热过滤装置过滤　少量热溶液的过滤，可选一颈短而粗的玻璃漏斗放在烘箱中预热后使用。在漏斗中放一折叠滤纸，用热的溶剂润湿后，即刻倒入溶液（不要直冲滤纸底部），用表面皿盖好漏斗，以减少溶剂挥发。装置见图 2-25(a)。

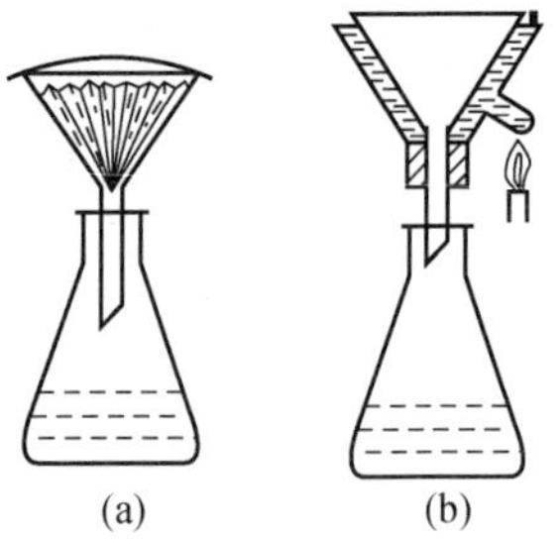

图 2-25　热过滤装置

(a)简易热过滤装置　(b)热浴漏斗

②用热浴漏斗过滤　如过滤的溶液量较多，则应选择保温漏斗。保温漏斗是由金属套内安装一个长颈玻璃漏斗而组成的，见图 2-25(b)。使用时将热水（通常是沸水）倒入玻璃漏斗与金属套的夹层内，加热侧管（如溶剂易燃，过滤前务必将火熄灭）。漏斗中放入折叠滤纸，用少量热溶剂润湿滤纸，立即把热溶液分批倒入漏斗，不要倒得太满，也不要等滤完再倒，未倒的溶液和保温漏斗用小火加热，保持微沸。热过滤时一般不要用玻璃棒引流，以免加速降温；接收滤液的容器内壁不要贴紧漏斗颈，以免滤液迅速冷却析出的晶体沿器壁向上堆积而堵塞漏斗下口。

菊花滤纸的折叠方法如下：(a)将滤纸折成半圆形，再对折成圆形的 1/4，以 1 对 4 折出 6，3 对 4 折出 5；(b)3 对 6，1 对 5 分别折出 7 和 8；(c)然后以 3 对 5 和 1 对 6 分别折再折叠出 9 和 10；(d)最后在 1 和 10，10 和 6，6 和 8，……，9 和 3 间各反向折叠，稍压紧呈折扇状；(e)打开滤纸，在 1 和 3 处各向内折叠一个小折面；(f)折叠完成的滤纸（图 2-26）。

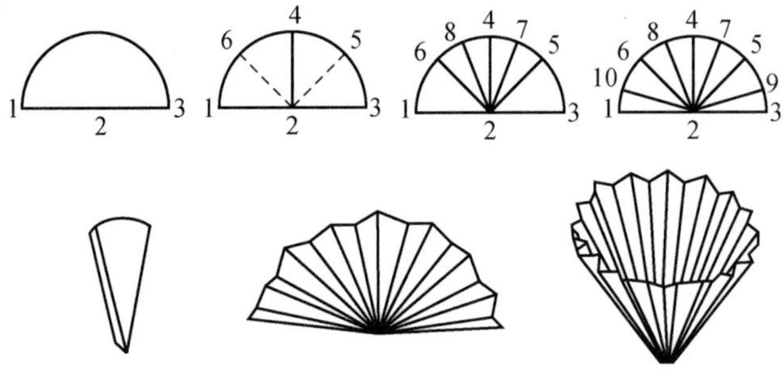

图 2-26　热过滤的滤纸折叠方法

注意：折叠时，滤纸心处不可折得太重，因为该处最易破漏。使用时将折好的滤纸打开后翻转，放入漏斗。

若操作顺利，只会有少量结晶在滤纸上析出，可用少量热溶剂洗下。若结晶较多，可将滤纸取出，用刮刀刮回原来的瓶中，重新进行热过滤。滤毕，将溶液加盖放置，自然冷却。

进行热过滤操作要求准备充分，动作迅速。

③用减压抽滤装置过滤　减压过滤的特点是过滤速度快，适用于大量溶剂的热过滤。但遇到沸点较低的溶剂时，容易被抽走。操作时，应先剪好一内径略小于布氏漏斗的圆形滤纸，将漏斗、抽滤瓶在烘箱中烘热，用热溶剂润湿抽紧，然后进行过滤。过滤时选用的滤纸质量要紧密，以免活性炭透过滤纸进入溶液中。此法尤其适合以水作溶剂时的热过滤，但要求压力不能太低。抽滤瓶中的母液和结晶应在水浴中加热溶解后转移出来，切不可用明火直接加热，以防抽滤瓶炸裂。

以上热过滤操作中，不得在溶液滤完之前有滤干现象，前两种方法中倒入溶液时不得超出滤纸上沿。有活性炭漏过时应重新溶解，重新过滤。样品结晶于滤纸上时，可用热溶剂冲洗或重新溶解。

二、常压蒸馏

1. 基本原理

常压蒸馏是利用蒸馏装置将液体有机化合物加热蒸发，而后再冷凝成液体，从而达到提纯的一种操作。常压蒸馏可以将挥发的液体与不挥发的物质分开，也可以分离两种或两种以上沸点相差较大(至少 30℃)的液体混合物，同时还可测出液体的沸点。

当液体混合物沸腾时，液体上面的蒸气组成与液体混合物的组成不同。其中低沸点(饱和蒸气压较高)的组分在气相中的比例较大，而沸点高的组分在液相中所占比例较大，此时若将气相冷凝收集，即可得到低沸点组分含量较多的液体。

如果将盛有液体的烧瓶加热，在液体底部和受热玻璃的接触面上就有蒸气的气泡形成。溶解在液体内部的空气或以薄膜形式吸附在瓶壁上的空气有助于这种气泡的形成，玻璃的粗糙面也能起到促进作用。这样的小气泡(称为汽化中心)即可作为蒸气气泡的核心。在沸点时，液体释放大量蒸气至小气泡中，待气泡中的总压力增加到超过大气压，并足够克服由于液柱所产生的压力时，蒸气的气泡就上升逸出液面。因此，假如在液体中有许多小气泡或其他的汽化中心时，液体就可平稳地沸腾。如果液体中几乎不存在空气，瓶壁又非常洁净和光滑，则难以形成气泡。这样在加热时，液体的温度可能已经超过沸点很多但不沸腾，这种现象称为“过热”。这时，一旦有一个气泡形成，由于液体在此温度时的蒸气压已远远超过大气压和液柱压力之和，上升的气泡增大得非常快，甚至将液体冲出瓶外，这种不正常沸腾称为“暴沸”。因而在加热前应加入助沸物以期引入汽化中心，保证沸腾平稳。助沸物一般是表面疏松多孔、吸附有空气的物体，如瓷片、沸石或玻璃沸石等。任何情况下，切忌将助沸物加至已受热接近沸腾的液体中，常常因突然放出大量蒸气而将大量液体从蒸馏瓶口喷出造成危险。如果加热前忘记加入助沸物，补加时须先移去热源，待加热液体冷至沸点以下后方可加入。如果沸腾中途停止过，则在重新加热前应加入新的助沸物，因为起初加入的助沸物在加热时逐出了部分空气，在冷却时吸附了液体，可能已经失效。另外，如果采用浴液加热，应保持浴温超过蒸馏液沸点 20℃。这样不但可以大大减少瓶内蒸馏液中各部分之间的温差，而且可使蒸气的气泡，从烧瓶的底部或沿着液体的边沿同时上升，大大减小过热的可能。

纯粹的液体有机化合物在一定的压力下具有一定的沸点；但是在一定压力下，具有固定沸点的液体不一定都是纯粹的化合物，因为某些有机化合物常和其他组分形成二元或三元共沸混合物，它们也有固定的沸点。不纯物质的沸点取决于杂质的物理性质以及它和纯物质间的相互作用。如果杂质是不挥发的，则溶液的沸点比纯物质的沸点略高(但在蒸馏时测到的沸点，是逸出蒸气与其冷凝液平衡时的温度，即是馏出液的沸点而不是瓶中蒸馏液的沸点)。若杂质是挥发性的，则蒸馏时液体的沸点会逐渐上升，或者由于两种或多种物质组成了共沸物，在蒸馏过程中温度可保持不变，停留在某一范围内。因此，液体具有恒定的沸点，并不意味着它是纯粹化合物。

2. 实验装置与仪器

蒸馏装置由蒸馏烧瓶、蒸馏头、温度计、冷凝管、接液管(尾接管)和接收瓶组成，蒸馏瓶与蒸馏头等仪器之间有时须借助大小接头连接。如图 2-27 所示。

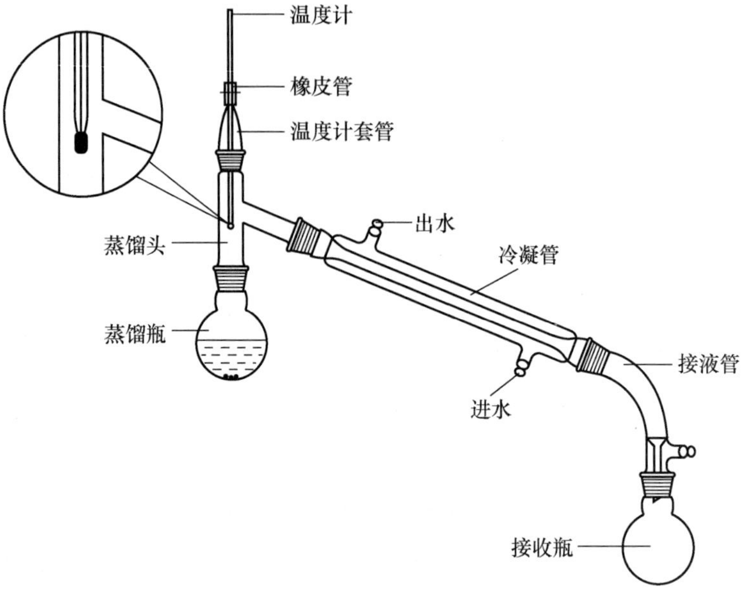

图 2-27 常压蒸馏装置

3. 实验操作

(1)仪器的选择与安装 将一升降台放在铁架台上,调整至适当高度,再放一个电炉(或热浴);调整十字夹至适当高度,通过铁夹子固定好盛放待蒸液体的蒸馏瓶,使瓶底距电炉(或热浴)5 mm,再依次连接蒸馏头和温度计。磨口温度计可直接插入蒸馏头,普通温度计通常借助于温度计套管或橡皮塞固定在蒸馏头的上口处,使温度计的水银球上限对准蒸馏头侧管的下侧。通过另一个铁架台及其十字夹和铁夹子固定连上橡皮管的冷凝管,先调节倾斜度使冷凝管的轴线与蒸馏头侧管的轴线平行,再调节高度使二者的轴线重合,平移冷凝管使其与蒸馏头连接。最后再依次连接尾接管和接收瓶,并用一个橡皮筋将尾接管套在冷凝管上,接收瓶下垫上升降台或木块。

在蒸馏 140℃以上的馏分时应选用空气冷凝管,直形冷凝管只适用于沸点低于 140℃以下的馏分。冷凝水从冷凝管的下口入,上口出,以保证冷凝管的套管中始终充满水。用不带支管的接液管时,接液管与接收瓶之间不可用塞子连接,以免造成封闭体系,使体系压力过大而发生爆炸。所用仪器必须清洁干燥,规格合适。蒸馏瓶的大小也要合适,通常由被蒸馏物的体积量决定,一般不超过蒸馏瓶容积的 2/3,不少于 1/3。

(2)蒸馏 物料可以在仪器安装之前加入,也可以在仪器安装好之后,将温度计取下,借助一小玻璃漏斗将被蒸液体加入蒸馏瓶中,注意防止液体从蒸馏头侧管流出。然后投入 1～2 粒沸石。将温度计回位,仔细检查仪器的各部分连接是否紧密和妥善。安装无误后,打开冷凝水(用水冷凝管时),然后开始加热。加热时,通过调压器调节电炉电压(用电炉加热)或火焰高度(用酒精灯或煤气灯加热),慢慢升温至液体沸腾,待蒸气上升至温度计水银球部位时,温度将急剧上升,此时调节电压或火焰使温度计水银球上液滴和蒸气温度达到平衡。然后再稍稍提高温度,进行蒸馏。控制加热温度以调节蒸馏速度,通常以每秒 1～2 滴馏出液为宜。在整个蒸馏过程中,应使温度计水银球上常有被冷凝的液滴。此时的温度即为液体与蒸气平衡时的温度。温度计的读数就是液体(馏出液)的沸点。

需要注意的是：蒸馏时加热速度不能太快，否则会在蒸馏瓶的颈部造成过热现象，这样由温度计读得的沸点会偏高。另一方面，蒸馏也不能进行得太慢，否则由于温度计的水银球不能为馏出液蒸气充分浸润而使温度计上所读得的沸点偏低或不规则。

(3)观察沸点及收集馏液　进行蒸馏前，至少要准备两个接收瓶。因为在达到预期物质的沸点之前，常有沸点较低的液体先蒸出。这部分馏出液称为"前馏分"或"馏头"。前馏分蒸完，待温度达到预期物质沸点后，应等温度稳定一段时间后，再换另一洁净干燥的接收瓶接收，记下这部分液体开始馏出时和最后一滴时温度计读数，即为该馏分的沸程(沸点范围)。纯粹液体的沸程一般不超过1～2℃。一般液体中或多或少地含有一些高沸点杂质，在所需要的馏分蒸出后，若再继续升高加热温度，温度计的读数会显著升高，若维持原来的加热温度，就不会再有馏液蒸出，温度会突然下降。这时就应停止蒸馏。即使杂质含量极少，也不要蒸干，以免蒸馏瓶破裂及发生其他意外事故。

(4)结束操作　蒸馏完毕，应先去掉热源，再关掉冷凝水。妥善安置产品后，依安装次序相反的顺序拆除蒸馏装置。即先取下接收器，然后依次拆下接液管、冷凝管、蒸馏头和蒸馏瓶等。蒸馏高沸点物质时，应注意立即拆除装置以防蒸馏头和蒸馏瓶"咬死"。

三、分馏

1. 基本原理

分馏是通过分馏柱实现的多级蒸馏，应用于分离沸点相差较小的液体混合物。分馏和蒸馏的原理是一样的。由于利用分馏柱，实现了多次蒸馏，提高了分离效率。

如果将A、B二组分理想混合物溶液(指在这种溶液中，相同分子间的相互作用与不同分子间的相互作用是一样的，各组分在混合时无热效应产生，没有体积改变。即遵守拉乌尔定律)加热沸腾时，溶液中每一组分的蒸气压(p_A或p_B)等于此纯物质的蒸气压($p_a^\ominus$或$p_b^\ominus$)与它在溶液中的摩尔分数(x_A或x_B)的乘积；溶液的总蒸气压(p)等于各组分的蒸气压之和：

$$p_A = p_A^\ominus x_A \quad p_B = p_B^\ominus x_B \quad p = p_A + p_B$$

根据道尔顿分压定律，气相中每一组分的蒸气压和它的摩尔分数成正比。因此，在气相中各组分蒸气的摩尔分数(x_A^g或x_B^g)为：

$$x_A^g = \frac{p_A}{p_A + p_B} \quad x_B^g = \frac{p_B}{p_A + p_B}$$

由此推出其中一个组分(如B组分)在气液两相的摩尔分数之比为：

$$\frac{x_B^g}{x_B} = \frac{p_B}{p_A + p_B} \cdot \frac{p_B^\ominus}{p_B} = \frac{1}{x_B + p_A^\ominus x_A / p_B^\ominus}$$

因为在溶液中$x_A + x_B = 1$，所以若$p_A^\ominus = p_B^\ominus$时，则B组分液相的成分与气相的成分完全相同，这样A和B就不能用蒸馏或分馏来分离。如果$p_A^\ominus < p_B^\ominus$，表明沸点较低的B在气相中浓度较在液相中的大。若此时将气相收集冷凝将会得到富集有B组分的新的液体混合物；若再将此新的混合物加热至沸，气相中B的摩尔比例将继续增加，冷凝收集气相组分，将得到富集有更大比例B组分的新的液体，如此反复蒸馏，将会得到纯B化合物液体(反之，也可类似讨论)。但这样反复的操作太繁琐，而分馏就是将这种重复的蒸馏在一个柱内连续完成的操作。

当蒸气进入分馏柱(工业上称为精馏塔)时,因为热量损失而被冷凝下来,冷凝液向下流动时与上升的蒸气接触,通过热量交换,冷凝液受热而蒸发(相当于一次蒸馏),如此反复,低沸点的物质呈蒸气形式不断上升,最后被蒸馏出来。而高沸点的物质将流回加热的容器中,从而实现沸点不同的物质的分离。

通过沸点-组成曲线图(称为相图)能很好地了解分馏原理。它是用实验测定在各温度时气液平衡状况下的气相和液相的组成,然后以横坐标表示组成,纵坐标表示沸点作出的(如果是理想溶液,则可直接由计算作出)。图 2-28 是苯和甲苯混合物的相图,从图中可以看出,由苯 20% 和甲苯 80%组成的液体(L_1)在 102℃时沸腾,和此液相平衡的蒸气(V_1)组成约为苯 40%和甲苯 60%。若将此组成的蒸气冷凝成同组成的液体(L_2),则与此溶液成平衡的蒸气(V_2)组成约为苯 60%和甲苯 40%。显然如此继续重复,即可获得接近纯苯的气相。

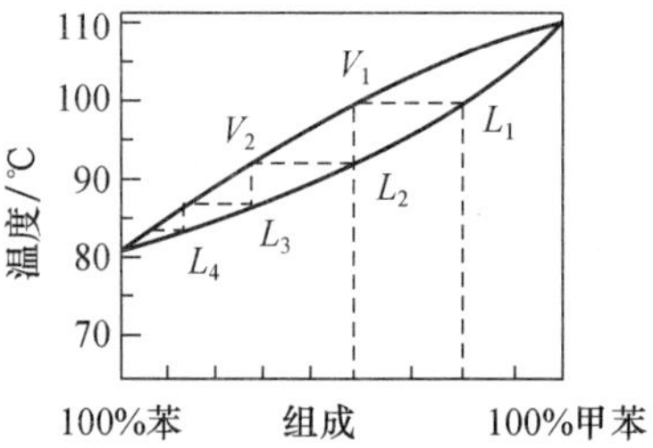

图 2-28 苯-甲苯温度组成图

在分馏过程中,有时可能得到与单纯化合物相似的混合物。它也具有固定的沸点和固定的组成。其气相和液相的组成也完全相同,因此不能用分馏法进一步分离。这种混合物称为共沸混合物(或恒沸混合物)。它的沸点(高于或低于其中的每一组分)称为共沸点(或恒沸点)。共沸物虽不能用分馏来进行分离,但它不是化合物,它的组成和沸点要随压力而改变,用其他方法破坏共沸组分后再蒸馏可以得到纯粹的组分。

2. 实验装置与仪器

实验室中简单的分馏装置由热源、蒸馏器、分馏柱、冷凝管和接收器五个部分组成,如图 2-29 所示。实际上分馏装置是在蒸馏装置的蒸馏瓶和蒸馏头之间增加了一个分馏柱。

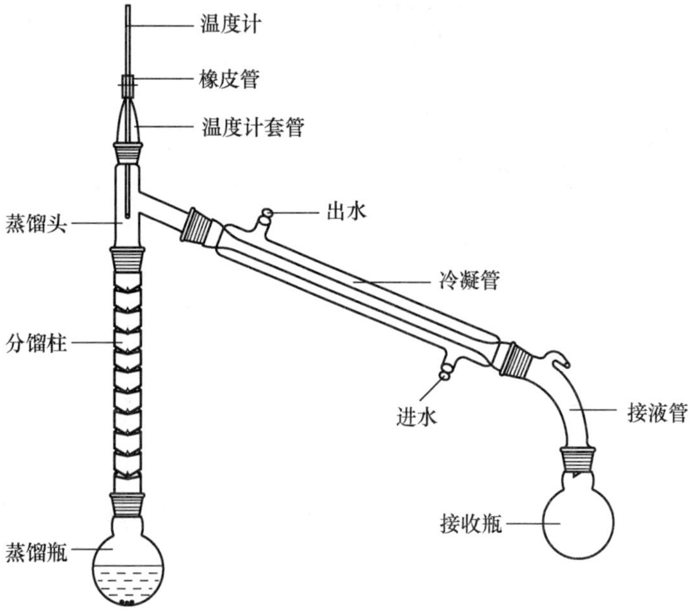

图 2-29 分馏装置

分馏柱种类很多，常见的有韦氏（Vigreux）分馏柱（又称刺形分馏柱）和填充式分馏柱。韦氏分馏柱是一根管子，中间每隔一定距离有三根向内下倾斜的刺，交于柱中。它结构简单，但分馏效率低，只适合于分离少量的沸点相距较大的液体。填充式分馏柱是在柱内填以玻璃珠、玻璃管、陶瓷环、金属网、金属片等惰性填料的柱子，这样可增加气液交换面积从而提高分离效率，可用于分离沸点相距较小的混合物。有时，可以用一根冷凝管做分馏柱，若填充一些玻璃纤维可以提高分馏效率。

3. 实验操作

（1）仪器的选择与安装　仪器的选择及安装方法与蒸馏装置相同，只需在蒸馏装置的蒸馏瓶和蒸馏头之间增加一个分馏柱。自下而上，先夹住蒸馏瓶，再装上分馏柱和蒸馏头。调节夹子使分馏柱垂直，装上冷凝管并在指定的位置夹好夹子，夹子一般不宜夹得太紧，以免用力过大造成仪器破损。连接尾接管并用橡皮筋固定，再将接收瓶用升降台或木块垫好。

（2）分馏操作　简单分馏操作也和蒸馏大致相同。液体沸腾后应适当调节热浴温度，使蒸气慢慢进入分馏柱，待蒸气达到柱顶后先使蒸气全回流一段时间，使之形成明显的温度和浓度梯度，然后再调节温度，保证一定的回流比（从分馏柱返回的液量与馏出的液量之比），使有相当量的液体自分馏柱流回到蒸馏瓶中的情况下开始分馏，并将馏出速度保持在每 2～3 s 1 滴，这样可以得到比较好的分离效果。待低沸点组分蒸完后，再逐渐升高温度。如果分馏体系能将混合物的组分严格分离，第二个组分蒸出时，会产生沸点的迅速上升。否则，会有相当大的中间组分。

需要注意的是：分馏过程中，无论用哪一种柱，都应防止回流液体在柱内聚焦，上升蒸气会把液体顶上去造成液泛，甚至冲入冷凝管中，达不到分馏的目的。为了避免这种情况，通常在分馏柱外包扎石棉绳、石棉布等绝缘物以保持柱内温度，同时加热速度也要平稳。

四、水蒸气蒸馏

1. 基本原理

水蒸气蒸馏是利用水蒸气来分离纯化有机物的一种操作。用水蒸气蒸馏来分离与提纯有机化合物必须具备下列条件：①长时间与沸水共存而不发生化学变化；②不溶于水（或几乎不溶于水）；③在近 100℃时有一定蒸气压（一般不小于 1.33 kPa，即 10 mmHg）。这种操作适用于分离那些在其沸点附近易分解的物质，可从不挥发性物质中分离出挥发性物质。尤其是有大量树脂状物质存在于被提纯物质中的情况下，效果比一般蒸馏或重结晶方法更好。

由道尔顿分压定律可知，不溶于水的有机物 A 与水共存时，体系在某一温度的总蒸气压 $p_{总}$ 应为各组分蒸气压（p_A、$p_{水}$）之和。即

$$p_{总} = p_{水} + p_A$$

当混合物中各组分蒸气压总和等于外界大气压时，液体将沸腾，这时的温度即为它们的沸点。它比任一组分的沸点都低。因此，在常压下应用水蒸气蒸馏，就能在低于 100℃的情况下将高沸点组分与水一起蒸出来。此时，因总的蒸气压与水及被提纯物的相对量无关，沸点保持不变，直到被提纯物几乎完全移去后，温度才上升至留在瓶中的水的沸点。根据理想气体定律（$pV = nRT$）可以推知，馏出液中水和被提纯物的相对质量（即它们在蒸气中的相对质量）与它们的饱和蒸气压及相对分子质量成正比。即

$$\frac{m_A}{m_水}=\frac{M_A p_A}{M_水 p_水}$$

水具有低的相对分子质量和较大的蒸气压，它们的乘积较小，这样就有可能来分离较高相对分子质量和较低蒸气压的物质。以溴苯为例，它的沸点为 135℃，且和水不相混溶。当和水一起加热至 95.5℃时，水的蒸气压为 86.1 kPa，溴苯的蒸气压为 15.2 kPa，它们的总压力为 0.1 MPa，于是液体就开始沸腾。水和溴苯的相对分子质量分别为 18 和 157，根据计算可知，每蒸出 6.5 g 水就能够带出 10 g 溴苯。溴苯在溶液中的组分占 61%。上述关系式只适用于与水不相互溶的物质，而实际上很多化合物在水中或多或少都有些溶解。因此这样的计算只是近似的。例如苯胺和水在 98.5℃时，蒸气压分别为 5.73 kPa 和 94.8 kPa。从计算得到，馏液中苯胺的含量应占 23%，但实际上所得到的比例比较低，这主要是苯胺微溶于水，导致水的蒸气压降低所致。

从以上例子可以看出，溴苯和水的蒸气压约为 1∶6，而溴苯的相对分子质量较水大 9 倍，所以馏液中溴苯的含量较水多。那么是否相对分子质量越大越好呢？我们知道相对分子质量越大的物质，一般情况下其蒸气压也越低。虽然某些物质相对分子质量较水大几十倍，但若它在 100℃左右时的蒸气压只有 0.013 kPa(0.1 mmHg)或者更低，就不能应用水蒸气蒸馏。但如果使用提高温度、用过热水蒸气蒸馏的办法，也可获得好的效果。例如水蒸气蒸馏苯甲醛时，在 97.9℃沸腾，这时苯甲醛的蒸气压只有 7.5 kPa，馏出液中苯甲醛占 32.1%。假如导入 133℃过热蒸气，这时苯甲醛的蒸气压可达 29.3 kPa，因而只要有 72 kPa 的水蒸气压，就可使体系沸腾。此时，馏出液中苯甲醛的含量就可提高到 70.6%。

应用过热水蒸气还具有使水蒸气冷凝少的优点，这样可以省去在盛蒸馏物的容器下加热等操作。为了防止过热蒸气冷凝，可在盛蒸馏物的瓶下以油浴保持和蒸气相同的温度。

2. 实验装置与仪器

水蒸气蒸馏装置由水蒸气发生器和蒸馏装置两部分组成，如图 2-30 所示。安装时，水蒸气发生器与蒸馏瓶之间的距离要尽可能紧凑，以减少水蒸气的冷凝。二者之间应装上一个 T 形管，在 T 形管下端连一个弹簧夹及玻璃管，以便及时将冷凝下来的水排入烧杯中。

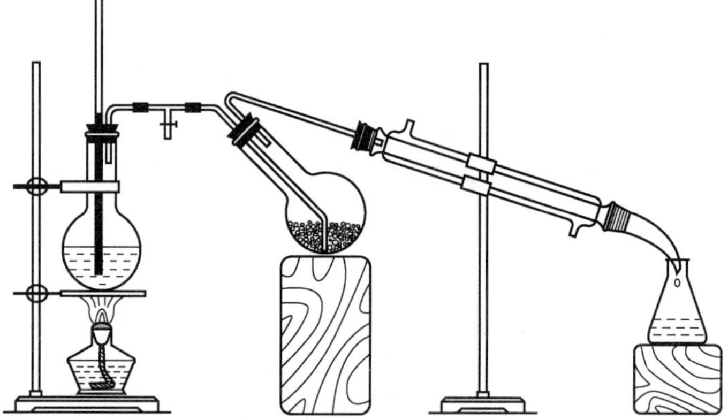

图 2-30 水蒸气蒸馏装置

3. 实验操作

按图 2-30 所示搭好装置，在检查装置稳妥无误后，装入被蒸物，被蒸馏液的体积不要超过蒸馏瓶体积的 1/3，蒸馏烧瓶应向水蒸气发生器的方向倾斜 45°角。打开 T 形管上的螺旋夹，通入冷却水，加热水蒸气发生器，当发生器中水沸腾，且从 T 形管处有均匀蒸气逸出时，慢慢旋紧螺旋夹，使蒸气均匀通入蒸馏瓶中开始蒸馏。蒸馏过程中，可通过螺旋夹调节通入的蒸气量，应注意防止冲料。如果蒸馏瓶中积水太多，可加热蒸馏瓶以加速汽化。如果蒸气发生器安全管顶端喷水，说明气路堵塞，应立即松开 T 形管上螺旋夹，然后停止加热，疏通后重新开始；如果安全管顶端有蒸气逸出，说明发生器中水已很少，应松开螺旋夹，补加水后再开始蒸馏；如果冷凝管中有固体凝结，有阻塞气路危险时，应暂停通冷凝水，使固体随热蒸气融化后一同流入接收瓶。重新通入冷凝水时，一定要缓慢进行，以防骤冷使冷凝管破裂。万一冷凝管已被阻塞，应立即停止蒸馏，并设法疏通（如用玻璃棒将阻塞的晶体捅出或用电吹风的热风吹化结晶，也可在冷凝管夹套中灌以热水使之熔出）。蒸馏至馏出液变清后，再多蒸 10～15 mL 即可停止蒸馏。

在蒸馏需要中断或蒸馏完毕后，一定要先松开螺旋夹，使体系与大气相通后再停止加热，否则瓶中的液体将会倒吸到发生器中。最后依安装顺序相反的顺序拆除装置。

对于少量物质的短时间分离提纯，可省去水蒸气发生器，其装置和操作均同常压蒸馏，只是将有机物和水直接混于蒸馏瓶中进行蒸馏即可。

五、减压蒸馏

1. 基本原理

减压蒸馏是借助于真空泵在一定真空度下进行蒸馏的一种操作。这是分离提纯有机化合物的一种重要方法。它特别适用于那些在常压蒸馏时未达沸点即已受热分解、氧化或聚合的物质的分离和提纯。

液体的沸点是指它的蒸气压等于外界大气压时的温度，所以液体沸腾的温度随外界压力的降低而降低。如用真空泵连接于盛有液体的容器，使液体表面上的压力降低，即可降低该液体的沸点。在给定压力下，物质的沸点可近似地从下列公式求出：

$$\lg p = A + \frac{B}{T}$$

式中：p 为蒸气压；T 为沸点（绝对温度）；A、B 为常数。

如以 $\lg p$ 为纵坐标，$1/T$ 为横坐标作图，可以近似地得到一直线。因此可从两组已知的压力和温度算出 A 和 B 的数值。再将所选择的压力代入上式算出液体的沸点。也可以参考经验曲线图 2-31 估计某化合物在给定压力下的沸点。如已知二乙基丙二酸二乙酯常压下沸点为 218～220℃可在(b)线上找到该点，欲减压至 2.67 kPa(20 mmHg)，则在(c)线上找到该点，以上二点连成一条直线，延长与(a)线相交的点，即为减压下的沸点，即通过一把直尺便知它的对应沸点为 105～110℃。经验表明，当压力降低到 2.67 kPa(20 mmHg)时，大多数有机物的沸点比常压(0.1 MPa，760 mmHg)的沸点低 100～120℃；当减压蒸馏在 1.33～3.33 kPa(10～25 mmHg)之间进行时，大体上压力每相差 0.133 kPa(1 mmHg)，沸点约相差 1℃。当要进行减压蒸馏时，预先粗略地估计出相应的沸点，对具体操作和选择合适的温度计与热浴都有一定的参考价值。

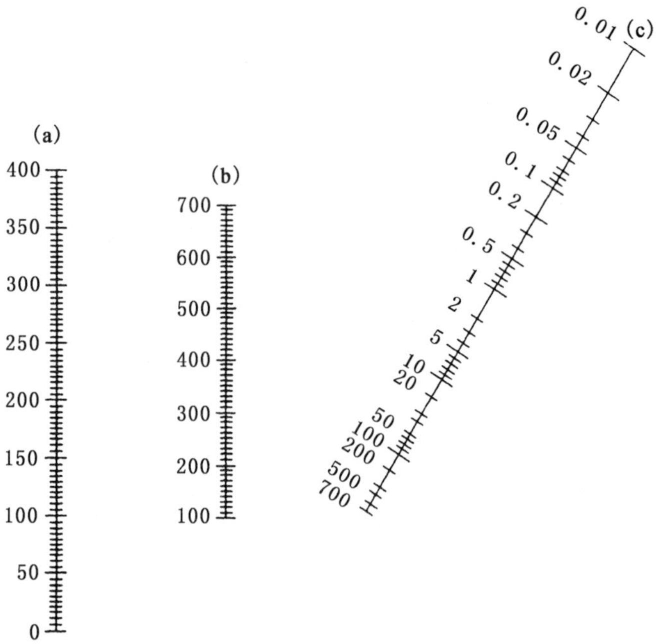

图 2-31 液体在常压下的沸点与减压下的沸点的近似关系图

(a)减压沸点(℃) (b)常压沸点(℃) (c)系统压力(mmHg,1 mmHg=133.3 Pa)

2. 实验装置与仪器

减压蒸馏装置由蒸馏系统、抽气(减压)系统以及在它们之间的保护系统和测压系统四部分组成,如图 2-32 所示。

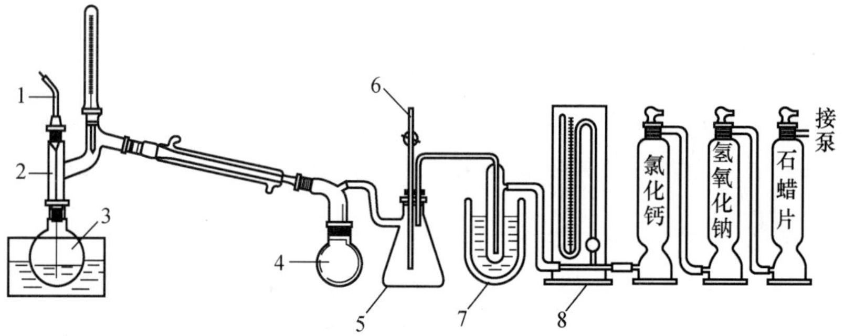

图 2-32 减压蒸馏装置

1. 毛细管 2. 克氏蒸馏头 3. 蒸馏瓶 4. 接收瓶 5. 安全瓶 6. 活塞 7. 冷却阱 8. 压力计

蒸馏系统类似简单蒸馏装置,但蒸馏头由克氏蒸馏头代替,以防剧烈沸腾时液体冲入冷凝管;克氏蒸馏头左侧口上插入毛细管作为汽化中心,毛细管上端接橡皮管,内插一根细铜丝,通过螺旋夹控制进气量。接收管可选用多尾接收管,可以在不停止蒸馏的情况下,通过转动多尾接液管,就可使不同的馏分进入指定的接收器中。

抽气系统使用油泵时,其效能决定于油泵的机械结构以及真空泵油的好坏(油的蒸气压必须很低)。好的油泵能抽至真空度为 13.3 Pa。油泵结构较精密,工作条件要求较严。蒸馏时，如果有挥发性有机溶剂、水或酸的蒸气，都会损坏油泵。因为挥发性的有机溶剂蒸气被油吸收后，就会增加油的蒸气压，影响真空效能。而酸性蒸气会腐蚀油泵的机件。水蒸气凝结后与油形成浓稠的乳浊液，破坏了油泵的正常工作，因此使用时必须十分注意油泵的保护。保护系统包括安全瓶、冷却阱和几种吸收塔(依次为无水氯化钙或硅胶、粒状氢氧化钠和石蜡片)，以免易挥发的有机溶剂、酸性物质和水汽进入油泵污染油泵用油和腐蚀机件、降低真空度。保护系统中加上冷却阱，能使真空泵得到更有效的保护。若使用水泵减压，不需保护系统，泵和蒸馏系统之间安装一个安全瓶即可。水泵所能达到的最低压力为当时室温下的水蒸气压。例如在水温为 6～8℃时，水蒸气压为 0.93～1.07 kPa；在夏天，若水温为 30℃，则水蒸气压为 4.2 kPa 左右。

3. 实验操作

(1)仪器的选择与安装　按图 2-31 所示搭好装置，要据被提纯物的沸点选择合适的热浴，一般要求浴温应高出蒸馏物沸点 20～30℃；蒸馏瓶和接收瓶均应选择圆底烧瓶或梨形瓶，不得用锥形瓶或平底烧瓶；所有玻璃仪器的对接处都应均匀涂以真空脂，以保证气密性和转动灵活性；接收管尾部的支管与抽气系统应采用硬质橡皮管相连。真空泵有单相和三相两种，若用三相真空泵时，要特别注意真空泵的转动方向。如果真空泵接线错误，会使泵反向转动，导致泵油喷出。减压蒸馏时，待蒸馏物的量不得超过蒸馏瓶体积的 1/2。

(2)减压蒸馏操作　需要特别指出的是，当被蒸馏物中含有低沸点组分时，应先用常压蒸馏将大部分低沸点组分蒸去，然后用水泵减压，尽可能蒸尽低沸点物质，最后再用油泵减压蒸馏。

减压蒸馏装置安装结束后，应先接通真空泵的电源，关闭安全瓶上的活塞和夹紧毛细管顶部的螺旋夹，从压力计上观察系统所能达到的真空度。如果是因为漏气(而不是因水泵、油泵本身效率的限制)而不能达到所需的真空度，可检查各部分塞子和橡皮管的连接是否紧密等。必要时可用熔融的固体石蜡密封。如果体系不漏气，可接通冷却水，并选用合适的热浴加热蒸馏。控制浴温比待蒸馏液体的沸点高 20～30℃，使馏分以 1～2 滴/s 的速度流出。

在整个蒸馏过程中应密切注意温度和压力变化，并应同时记录它们的读数，纯物质的沸点范围一般不超过 1～2℃。减压蒸馏也会有前馏分，当温度已稳定在预期物质的沸点时，即可旋转多尾接收管使被提纯物流入另一洁净干燥的接收瓶中，减压蒸馏不得蒸干。

停止蒸馏时，首先撤去热浴，待稍冷后，慢慢打开安全瓶上的活塞，解除真空，待体系内外压力平衡后，才可关闭油泵。否则，由于系统中的压力较低，油泵中的油就有吸入干燥塔的可能。

六、重结晶

1. 基本原理

重结晶是指将固体有机化合物溶解在热的溶剂中，冷却后再析出结晶的过程。这是提纯固体有机化合物常用的方法之一。通常，利用有机反应合成出来的有机化合物，一般总是与许多其他物质(包括未反应的原料、副产物、溶剂、催化剂等)共存，因此在有机制备中，常需要从复杂的混合物中分离出所要的物质并加以提纯。纯化这类固体物质的有效方法通常是选用合适的溶剂进行重结晶。

固体有机化合物在溶剂中的溶解度与温度密切相关，一般是随着温度升高，溶解度增大。

将一个固体有机化合物溶解在热的溶剂中并使其达到饱和，如果有不溶性杂质趁热过滤除去。将滤液冷却后，由于溶解度降低变成过饱和溶液，滤液又析出结晶，经过滤后即可得到较为纯净的固体物质。其中的少量可溶性杂质全部或大部分留在母液中。这种利用被提纯物质和杂质在某种溶剂中的溶解度差异提纯固体物质的方法称为重结晶。

一般地，重结晶只适用于纯化杂质含量在5%以下的固体有机化合物，所以从反应粗产物直接重结晶往往是不适宜的，必须先采用其他方法初步提纯，例如萃取、水蒸气蒸馏、减压蒸馏等，然后再用重结晶提纯。

2. 实验装置与仪器

以热过滤装置为例。

当热饱和溶液中含有不溶性杂质或经过活性炭脱色时，要趁热过滤以除去上述杂质和活性炭。常用的热过滤方式有以下几种：

(1)简易热过滤装置　简易热过滤装置由短颈玻璃漏斗放置在锥形瓶上，再放上滤纸组成。盛滤液的锥形瓶可用小火加热，产生的热蒸气可使玻璃漏斗保温。

(2)热浴漏斗　热浴漏斗是一个双层中空漏斗，其中可加入水并可在支管处加热。它可对过滤用的漏斗保温。

(3)减压过滤装置　减压过滤装置由抽滤瓶、布氏漏斗和安全瓶组成。通过连接的水泵减压可以加快过滤速度。

3. 实验操作

重结晶操作一般包含如下几个环节：溶剂的选择、溶解及热饱和溶液的制备、脱色、热过滤、冷却结晶、抽气过滤及洗涤、结晶的干燥。

(1)溶剂的选择　在进行重结晶时，选择理想的溶剂是一个关键。通常被提纯的有机化合物在某溶液中的溶解度，与化合物本身的性质及溶剂的性质有关，一般是结构和极性相近时易互相溶解。极性物质较易溶于极性溶剂中，而难溶于非极性溶剂中。例如含羟基的化合物，在大多数情况下或多或少地能溶于水中；碳链增长，如高级醇，在水中的溶解度显著降低，但在碳氢化合物溶剂中，其溶解度增加。

理想的溶剂必须具备下列条件：

①不与被提纯物质发生化学反应；

②在较高温度时能溶解大量的被提纯物质，而在室温或低温时只能溶解少量该物质；

③对杂质的溶解度要么在冷溶剂中非常大，可留在溶液中，或在热溶剂中非常小，这样可在热过滤时除去；

④能给出好的结晶；

⑤沸点低、易挥发、易与结晶分离除去；

⑥毒性小、价格低、操作安全。

通常，借助文献资料可以获得一个已知化合物溶解性方面的数据和信息。但通过实验方法对重结晶溶剂的选择仍是最主要的方法。其方法是：

取约0.1 g待结晶的固体于小试管中，加入1 mL溶剂，振荡下或微热观察溶解情况。若此物质在1 mL冷的或温热的溶剂中很快全溶，表明溶解度太大，此溶剂不适用。若不溶，可小心加热至沸（严防溶剂着火！）。如果该物质不溶于1 mL沸腾溶剂，则继续加热，并小心分批加入溶剂至3～4 mL，若沸腾后仍不溶解，说明溶解度太小，也不适用。反之，若能使样品在

1～4 mL 沸腾溶剂中溶解，则将试管进行冷却，观察结晶析出情况。如果结晶不能自行析出，可用玻璃棒摩擦溶液液面下的试管壁，或再辅以冰水冷却，以使结晶析出。若结晶仍不能析出，则此溶剂也不适用。如果结晶能正常析出，要注意析出的量，若能析出较多结晶，此溶剂可以适用。但这仅仅是一般方法，实验时一般要同时选择几种溶剂，用同样方法比较收率，择优使用。

要寻找一种合适的单一溶剂是很困难的，往往一种物质在一些溶剂中的溶解度很大，而在另一些溶剂中的溶解度又很小。此时，使用混合溶剂可能得到满意的结果。所谓混合溶剂，就是把对此物质溶解度很大和溶解度很小的而又能互溶的两种溶剂（例如水和乙醇）混合起来，这样可获得良好的溶解性能。用混合溶剂重结晶时，可先用溶解度大的溶剂将待纯化样品加热溶解[若有不溶物，趁热滤去；若有色，则用适量活性炭（如 1%～2%）煮沸脱色后趁热过滤]，于此热溶液中小心地加入热的不溶性溶剂，直到出现混浊，然后在加热下加入少量溶解度大的溶剂使之澄清。然后将混合物冷却至室温，使结晶从溶液中析出。如冷却后析出油状物，需调整两溶剂的比例，重新实验，或重选溶剂。

(2)溶解及热饱和溶液的制备　将待提纯的样品放入容器中，加入适量溶剂，加热至沸腾（用水作溶剂时，可用烧杯或锥形瓶作容器，若用有机溶剂，要使用回流装置，同时还要选择适当的热浴加热），观察片刻，若固体未溶解，可补加溶剂直至固体溶解（要注意判断是否有不溶性杂质存在，以免误加过多的溶剂）。要使重结晶产品的纯度和回收率高，溶剂的用量是个关键。虽然从减少溶解损失来考虑，应尽可能避免溶剂过量，但这样做会在热过滤时因溶剂挥发或因温度降低而析出结晶，从而引起很大的麻烦和损失，特别是当物质的溶解度随温度变化很大时更是如此。因此操作时溶剂适当过量，一般可比需要量多加 20%左右的溶剂。

(3)脱色　粗制的有机化合物常含有色杂质，在重结晶时，杂质虽可溶于沸腾的溶剂中，但当冷却析出结晶时，部分杂质又会被结晶吸附，使得产物带色；有时在溶液中存在着某些树脂状物质或分散性不溶杂质，这些分散性不溶杂质颗粒很小，常常不能用一般的过滤方法除去。如果在溶液中加入少量的活性炭，并煮沸 5～10 min，活性炭可吸附有色杂质、树脂状物质以及均匀分散的物质，从而在趁热过滤时除去。活性炭在水溶液中进行的脱色较好，它也可在任何有机溶剂中使用，但在烃类等非极性溶剂中效果较差。除用活性炭脱色外，也可采用硅藻土等或柱色谱来除去杂质。

活性炭用量要适当，必须避免过量太多，因为它也能吸附一部分被纯化的物质。活性炭的用量应视杂质的多少而定，一般为干燥粗产品质量的 1%～5%。假如这些数量的活性炭不能使溶液完全脱色，则可再用 1%～5%的活性炭重复上述操作。活性炭的用量选定后，最好一次脱色完毕，以减少操作损失。活性炭应采用粉状的，且不得在沸腾或近沸腾溶液中加入，应灭去火源，待热饱和溶液冷却片刻后加入。

(4)热过滤　详细内容请参阅第二章第五节第一部分过滤。

(5)冷却结晶　将滤液在冷水浴中迅速冷却并剧烈搅动时，得到的晶体颗粒很小。小晶体包含杂质较少，但其表面积较大，吸附于其表面的杂质较多。若希望得到均匀而较大的晶体，可将滤液在室温或保温下静置使之缓缓冷却结晶。如在热滤液中已析出结晶，可加热使之溶解而后再缓缓冷却使之结晶，这样得到的结晶往往比较纯净。有时由于滤液中有焦油状物质或胶状物存在，使结晶不易析出，或有时因形成过饱和溶液也不析出结晶，在这种情况下，可用玻璃棒摩擦器壁以形成粗糙面，促使结晶形成，晶核形成后结晶会逐渐析出。或者投入晶种

(同一物质的晶体;若无此物质的晶体,可用玻璃棒蘸一些溶液稍干后即会析出晶体),供给定型晶核,使晶体迅速形成。加入晶种后,不宜再摇动溶液,以防结晶析出太快,影响结晶纯度。有时被纯化的物质呈油状析出,油状物质长时间静置或足够冷却后虽也可以固化,但这样的固体往往含有较多杂质(杂质在油状物中溶解度常较在溶剂中的溶解度大,其次,析出的固体中还会包含一部分母液),纯度不高,用溶剂大量稀释,虽可防止油状物生成,但将使产物大量损失。这时可将析出油状物的溶液加热重新溶解,然后慢慢冷却。一旦油状物析出便剧烈搅拌混合物,使油状物在均匀分散的状况下固化,这样包含的母液就大大减少。但最好是重新选择溶剂,使之能得到晶形较好的产物。

(6)过滤及洗涤　为了把结晶从母液中分离出来,一般采用布氏漏斗进行抽气过滤。抽滤瓶的侧管用较耐压的橡皮管和水泵连接,最好中间接一安全瓶,再和水泵相连,以免操作不慎,使泵中的水倒流。抽滤用的滤纸要剪得比漏斗内径略小,使其紧贴于漏斗的底壁,盖住滤孔。在抽滤前先用少量溶剂把滤纸润湿,然后打开水泵将滤纸吸紧,防止固体在抽滤时自滤纸边沿吸入瓶中。借助玻璃棒,将容器中液体和晶体分批倒入漏斗中,并用少量滤液洗出黏附于容器壁上的晶体。抽干后,先将抽滤瓶与水泵间连接的橡皮管拆开,或将安全瓶上的活塞打开接通大气,然后再关掉水泵,以免水倒流入吸滤瓶中。

布氏漏斗中的晶体要用溶剂洗涤,以除去存在于晶体表面的母液及其所含杂质。在布氏漏斗中洗涤时,要先暂停抽气,在漏斗中加少量溶剂,以刚好使溶剂浸泡住固体为宜,用刮刀或玻璃棒小心拨动(不要使滤纸松动),使所有晶体润湿。静置一会儿再进行抽气。为了使溶剂和结晶更好地分开,最好在进行抽气的同时用清洁的玻璃塞倒置在结晶表面上并适当挤压。重复洗涤1～2次,抽干,将结晶转移至表面皿上进行干燥。

如重结晶溶剂的沸点较高,在用原溶剂至少洗涤一次后,可用低沸点的溶剂洗涤,使最后的结晶产物易于干燥(要注意此溶剂必须是能和第一种溶剂互溶而对晶体是不溶或微溶的)。过滤少量晶体时,可用微量抽滤装置。

抽滤后所得的母液,如还有用,可移置于其他容器中。较大量的有机溶剂,一般应用蒸馏法回收。如母液中溶解的物质不容忽视,可将母液适当浓缩回收,得到一部分纯度较低的晶体,测定它的熔点,以决定是否可供直接使用,或须进一步纯化。

(7)结晶的干燥　抽滤和洗涤后的结晶,表面上还吸附有少量溶剂,为保证产品纯度,须将产品吸附的溶剂彻底除去,因此尚需用适当的方法进行干燥。若产品不吸水,可以在空气中放置,使溶剂自然挥发至干;一些对热稳定的化合物,如是不易挥发的溶剂,可以用红外线灯或烘箱等设备在低于该化合物熔点或接近溶剂沸点的温度进行烘干。必须注意,由于溶剂的存在,结晶可能在较其熔点低得很多的温度下就开始熔融了,因此必须十分注意控制温度并经常翻动晶体。还可将样品置于干燥器或真空干燥器中干燥。

七、干燥

干燥是指除去固体、液体或气体中的水分。无论是固体、液体或者气体物质,在对它们进行波谱分析或定性、定量化学分析之前,都必须使它完全干燥,否则将会影响结果的准确性。尤其是液体有机物在蒸馏前通常要先行干燥以除去水分,这样可以使前馏分大大减少;有时也是为了防止某些液体有机物与水生成共沸混合物。另外,很多化学反应需要在“绝对”无水条件下进行。不但所用的原料及溶剂要干燥,而且要防止空气中的潮气侵入反应容器。因此在化学实验中，试剂和产品的干燥具有十分重要的意义。根据除水原理，干燥方法分为物理方法和化学方法。

常见的物理方法有风干、冻干、加热、吸附、分馏、共沸蒸馏等，也可采用离子交换树脂或分子筛、硅胶等吸附除水。离子交换树脂和分子筛均属多孔类吸水性固体，受热后又会释放出水分子，故可反复使用。

化学方法除水主要是利用干燥剂与水分发生可逆反应或不可逆反应来除水。例如，无水氯化钙、无水硫酸镁（钠）等能与水反应，可逆地生成水合物；另有一些干燥剂（如金属钠、五氧化二磷、氧化钙等）可与水发生不可逆反应生成新的化合物。

1. 液体化合物的干燥

（1）干燥的方法　液体化合物的干燥方法大致可分为物理法和化学法两种。物理法有吸附、分馏、利用共沸蒸馏将水分带走等方法。化学法是用干燥剂来进行去水，去水作用又可分为两类。一类是干燥剂能与水可逆地结合成水合物，如氯化钙、硫酸镁等。用这类干燥剂干燥含水的有机液体时，无论加入量多少都不可能除去全部水分，所以在应用这些干燥剂对液体有机化合物干燥时，在蒸馏时总会有前馏分。如加入干燥剂的量过多，将会使有机液体被吸附而损失增多；通常这类干燥剂成为水合物需要一定的平衡时间，这就是液体有机物进行干燥时要久置的原因。加热可以缩短生成水合物的平衡时间，所以干燥时可先在水浴上加热，然后再在尽量低的温度下放置，以提高干燥效果。干燥剂吸收水分是可逆的，因此，在进行蒸馏以前，必须将这类干燥剂滤去。另一类是干燥剂与水发生不可逆的化学反应而生成一个新的化合物，如金属钠、五氧化二磷。这类干燥剂在进行蒸馏以前不必滤去。

离子交换树脂和分子筛也常用来进行脱水干燥。如苯磺酸钾型阳离子交换树脂是由苯乙烯和二乙烯基苯共聚后经磺化、中和等处理的细圆珠状粒子，内有很多空隙，可以吸附水分子。如果将其加热至 150℃以上，被吸附的水分子又将释出。分子筛是多水硅铝酸盐的晶体，晶体内部有许多孔径大小均一的孔道和占本身体积一半左右的许多孔穴，它允许小的分子“躲”进去。从而达到将不同大小的分子“筛分”的目的。

（2）干燥剂的选择　干燥液体化合物时，通常是干燥剂直接与其接触，因而所用的干燥剂必须不与该物质发生化学反应或起催化作用，也不溶解于该液体中，而且还应该有一定的吸水量。例如酸性物质不能用碱性干燥剂，而碱性物质则不能用酸性干燥剂。有的干燥剂能与某些被干燥的物质生成配合物，如氯化钙易与醇类、胺类形成配合物，因而也不能用来干燥这些液体。强碱性干燥剂（如氧化钙、氢氧化钠）能催化某些醛类或酮类发生缩合、自动氧化等反应，也能使酯类或酰胺类发生水解反应；氢氧化钾（钠）还能显著地溶解于低级醇中。因此在选用干燥剂时，一定要细心考虑。

在使用干燥剂时，还要考虑干燥剂的吸水容量和干燥效能。吸水容量是指单位重量干燥剂所吸收的水量，干燥效能是指达到平衡时液体干燥的程度。对于形成水合物的无机盐干燥剂，常用吸水后结晶水的蒸气分压来表示。例如，硫酸钠形成 10 个结晶水的水合物，其吸水容量达 1.25。氯化钙最多能形成 6 个结晶水的水合物，其吸水容量为 0.97。两者在 25℃时水蒸气分压分别为 0.26 kPa 和 0.04 kPa。因此，硫酸钠的吸水量较大，但干燥效能弱；而氯化钙的吸水量小，但干燥效能强。所以在干燥含水量较多而又不易干燥（如含有亲水性基团）的化合物时，常先用吸水量较大的干燥剂除去大部分水分，然后再用干燥效能强的干燥剂干燥。此外选择干燥剂时还要考虑干燥速度和价格，常用干燥剂的性能见表 2-4。

表 2-4 常用干燥剂的性能与应用范围

干燥剂	吸水作用	吸水容量	干燥效能	干燥速度	应用范围
Na_2SO_4	$Na_2SO_4 \cdot nH_2O$	1.25	弱	缓慢	中性，用于有机液体的初步干燥
$MgSO_4$	形成 $MgSO_4 \cdot nH_2O$，$n=1,2,4,5,6,7$	1.05，按 $MgSO_4 \cdot 7H_2O$ 计	较弱	较快	中性，适用于各种化合物的干燥
$CaCl_2$	形成 $CaCl_2 \cdot nH_2O$，$n=1,2,4,6$	0.97，按 $CaCl_2 \cdot 6H_2O$ 计	中等	较快	因形成配合物而不能干燥醇、酚、胺、酰胺及某些醛酮等。需久置
$CaSO_4$	$2CaSO_4 \cdot H_2O$	0.06	强	快	中性，常与硫酸镁（钠）配合，作最后干燥
K_2CO_3	$2K_2CO_3 \cdot H_2O$	—	较弱	慢	弱碱性，用于干燥醇、酮、酯及胺、杂环等碱性化合物；不用于干燥酸、酚及其他酸性化合物
NaOH、KOH	溶于水	—	中等	快	强碱性，用于干燥胺及杂环等碱性化合物
Na	反应型	—	强	快	限于干燥醚及烃类化合物，不得用于任何卤代烃
CaO	反应型	—	强	较快	适于干燥低级醇类
CaH_2	反应型，生成 $Ca(OH)_2$，H_2	—	强	快	用于烃、醚、酯、C_4 醇和更高级的醇（勿用于 C_1 醇、C_2 醇、C_3 醇），不得用于醛和活泼羰基化合物
P_4O_{10}	反应型	—	强	较快	适于干燥烃、醚、卤代烃、腈等；不适用于干燥酸、酚、醇、醛、酮、胺等
分子筛	物理吸附	约 0.25	强	快	适用于各种化合物的干燥
$LiAlH_4$	与水生成 LiOH、$Al(OH)_3$、H_2	—	强	快	只适用于惰性溶剂，使用时要小心；多余者可慢慢加入乙酸乙酯加以破坏

(3)干燥剂的用量　干燥剂的用量可根据水在非水液体中的溶解度（从手册查出或从它在水中的溶解度来推测，难溶于水者，水在它里面的溶解度也不会大。但须注意：这种关系并不完全互易！）或根据它的结构来估计干燥剂的用量（水在极性有机物中的溶解度较大）。一般对于含有亲水性基团的化合物（如醇、醚、胺等），所用的干燥剂要适当多些。由于干燥剂也能吸附一部分液体，所以干燥剂的用量应控制得当。一般干燥剂的用量为每 10 mL 液体需 0.5～1 g，但由于液体中的水分含量不等，干燥剂的质量、颗粒大小和干燥时的温度不同，以及干燥剂也可能吸附一些产物（如氯化钙吸收醇）等诸多原因，因此很难规定具体的数量。操作者应

细心地积累这方面的经验。在实际操作中，加入干燥剂后，如果发现干燥剂附着瓶壁，互相黏结，常表示干燥剂不够，应继续添加；如果在有机液体中存在较多的水分，这时常有可能出现少量的水层，必须将此水层分去或用吸管将水层吸去，再加入一些新的干燥剂，放置一段时间（至少半小时，最好放置过夜），并不时加以振摇。干燥一定时间后，观察干燥剂的形态，若它的大部分棱角还清楚可辨，这表明干燥剂的量已足够了。有时在干燥前，液体呈浑浊，经干燥后变为澄清，这并不一定说明它已不含水分，澄清与否和水在该化合物中的溶解度有关。然后将已干燥的液体通过置有折叠滤纸的漏斗直接滤入烧瓶中进行蒸馏。对于某些干燥剂，如金属钠、石灰、五氧化二磷等，由于它们和水反应后生成比较稳定的产物，有时可不必过滤而直接进行蒸馏。

2. 固体化合物的干燥

固体化合物一般采用自然晾干，或在红外灯、电热恒温干燥箱内烘干。烘干时，设备的温度应低于化合物的熔点、风化温度。还必须注意，由于溶剂的存在，固体可能在较其熔点低很多的温度下就开始熔融了，因此必须十分注意控制温度并经常翻动样品。

对于极易吸潮的化合物，可置于干燥器或真空干燥器中干燥。普通干燥器的盖与缸身之间的平面经过磨砂，在磨砂处涂以润滑脂，使之密闭。缸中有多孔瓷板，瓷板下面放置干燥剂，上面放置盛有待干燥样品的培养皿等。

真空条件下，可以在较低的温度下对样品进行干燥。真空干燥装置包括真空干燥器、冷凝管及真空泵。干燥器顶部经活塞接通冷凝管。冷凝管的另一端顺序连接吸滤瓶、干燥塔和真空泵。蒸汽在冷凝管中凝聚后滴入吸滤瓶中。干燥器内放有干燥剂可以干燥和保存样品。样品量少可用真空干燥器，样品量大可用真空干燥箱。但被干燥物的量应适当，以免液体起泡溢出容器，造成损失和污染真空干燥箱。真空干燥箱与普通干燥箱不同之处在于真空干燥箱盖上有玻璃活塞，用以抽真空，活塞下端呈弯钩状，口向上，防止在通向大气时，因空气流入太快将固体冲散。样品最好置于成套培养皿中。

干燥器内使用的干燥剂应按样品所含的溶剂来选择。例如，五氧化二磷可吸水；生石灰可吸水或酸；无水氯化钙可吸水或醇；氢氧化钠吸收水和酸；石蜡片吸收乙醚、氯仿、四氧化碳和苯等。有时在干燥器中同时放置两种干燥剂，如在底部放浓硫酸（在 1 L 浓硫酸中溶解 18 g 硫酸钡的溶液置在干燥器底部，如已吸收了大量水分，则硫酸钡就沉淀出来，表明已不再适用于干燥而需要重新更换），另用浅的器皿盛氢氧化钠放在瓷板上，这样来吸收水和酸，效率更高。

八、萃取

利用物质在两种不互溶（或微溶）溶剂中溶解度的不同进行分离、提纯混合物的操作叫萃取。通过萃取可以从混合物中提取出所需要的物质，也可以除去混合物中少量杂质。通常后一种情况称为“洗涤”。

1. 萃取溶剂的选择

用于萃取的溶剂叫萃取剂。常用的萃取剂有有机溶剂、水、稀酸溶液、稀碱溶液、浓硫酸等。实验中可根据情况加以选择。

(1)选择萃取溶剂的基本原则

①萃取溶剂对被提取物有较大的溶解度，并且与原溶剂不相溶或微溶；

②两溶剂之间的相对密度差异较大以利于分层；

③化学稳定性好，与原溶剂和被提取物都不反应；

④沸点较低，萃取后易于用常压蒸馏回收。此外，也应考虑价廉、毒性小、不易着火等。

(2)常用的萃取剂

①有机溶剂　苯、乙醇、乙醚和石油醚等有机溶剂可将混合物中的有机产物提取出来，也可除去某些产物的有机杂质。

②水　可用来提取混合物中的水溶性产物，又可用于洗去有机产物中的水溶性杂质。

③稀酸(或稀碱)溶液　常用于洗涤产物中的碱性(或酸性)杂质。

④浓硫酸　可用于除去产物中的醇、醚等少量有机杂质。

2. 液体物质的萃取(或洗涤)

液体物质的萃取常在分液漏斗中进行。分液漏斗的使用及萃取操作如下：

(1)使用前的准备

①洗涤　选择容积较液体体积大一倍以上的分液漏斗，洗净。

②涂凡士林　用滤纸吸干旋塞及旋塞孔道的水分。在旋塞上薄薄地涂上一层凡士林，然后将其小心插入孔道并旋转数圈，使凡士林分布均匀成透明为止。用橡皮筋固定旋塞。

③检漏　关好旋塞，在分液漏斗中装上水，观察旋塞两端有无渗漏现象，再开启旋塞，观察水是否能顺畅流下；然后，盖上顶塞，用手抵住顶塞，倒置漏斗，检查其严密性。

(2)萃取(或洗涤)操作

①装液　将分液漏斗放在铁圈中(铁圈固定在铁架上)。将混合溶液和萃取剂(一般为溶液体积的1/3)依次自上口倒入分液漏斗中，塞好顶塞(此塞子不能涂油，塞好后可再旋紧一下，以免漏液)。

②振摇　取下分液漏斗振摇，以使两液相之间的接触面增加，提高萃取效率。

振摇方法如图2-33所示，以右手手掌顶住漏斗磨口玻璃塞子，手指(根据漏斗的大小)可握住漏斗颈部或本身，左手持旋塞部位，大拇指和食指按住活塞柄，中指垫在塞座下边，振摇时将漏斗稍倾斜，漏斗的活塞部分向上，这样便于活塞放气。

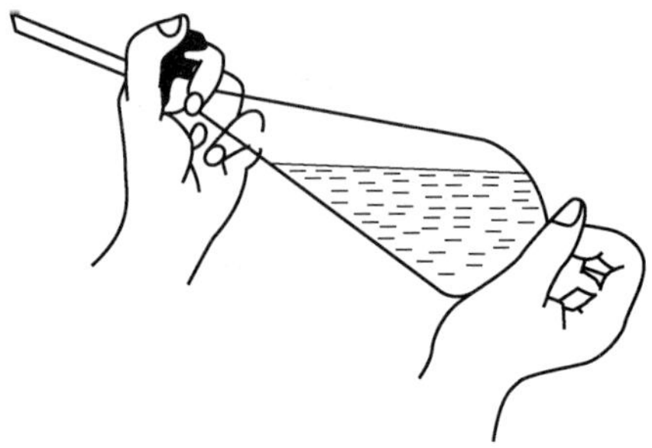

图2-33　振荡分液漏斗示意图

③放气　开始时振摇要慢，振摇几次以后，打开活塞，排出因振摇而产生的气体。如果不经常放气，塞子就可能被顶开而出现漏液。

④静置　待漏斗中过量的气体逸出后，再剧烈振摇2～3 min，然后将漏斗放回铁圈中，打开顶塞，静置分层。

(3)分离操作　当两层液体界面清晰后，先把分液漏斗下端靠在接收器的内壁上，再将活塞缓缓旋开，放出下层液体。当两液体间的界线接近旋塞处时，暂时关闭旋塞，将分液漏斗轻轻振摇一下，再静置片刻，使下层液体聚集得多一些，然后打开旋塞，仔细放出下层液体。当液体间的界线移至旋塞孔的中心时，关闭旋塞。最后将上层液体从分液漏斗的上口倒出。

萃取次数取决于分配系数，一般为3～5次。将所有的萃取液合并，加入合适的干燥剂干燥，然后蒸去溶剂。萃取所得的有机物视其性质可利用蒸馏、重结晶等方法纯化。

(4)操作注意事项

①分液漏斗中装入的液体量不得超过其容积的1/2。因为液体量过多,进行萃取时,不便振摇漏斗,两相液体难以充分接触,影响萃取效果。

②在萃取碱性溶液或振摇过于激烈时,常常会产生乳化现象;有时由于存在少量絮状沉淀、溶剂互溶、两液相的密度相差较小等原因也可能使两液相界线不明显,造成分离困难。解决以上问题的方法有:

a)较长时间静置;

b)加入少量电解质,以增加水相的密度,利用盐析作用,破坏乳化;

c)若因溶液碱性而产生乳化,常可加入少量稀硫酸振摇;

d)当含有絮状沉淀时,可将两相液体过滤;

e)滴加数滴乙醇,改变液体表面张力,使两相分层。

③分液漏斗使用完毕,应用水洗净,擦去旋塞和孔道中的凡士林,在顶塞和旋塞处垫上纸条,以防久置黏结。

3. 固体物质的萃取

固体物质的萃取可以采用浸取法,将固体物质浸泡在特定的溶剂中,其中易溶成分被慢慢浸取出来。实验室通常是采用索氏提取器(脂肪提取器)萃取固体物质。

索氏提取器是利用溶剂回流和虹吸原理,使固体物质每一次都能为纯的溶剂所萃取,实现连续、多次萃取,因而效率较高。

索氏提取器如图2-34所示,主要由圆底烧瓶、提取器和冷凝管三部分组成。

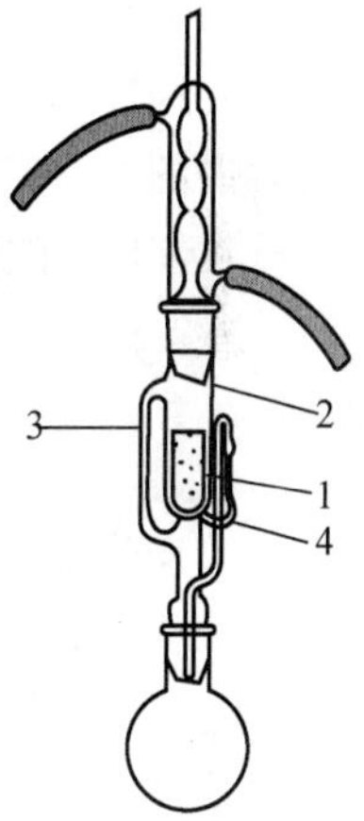

图2-34　索氏提取器

1. 滤纸套　2. 索氏提取器
3. 玻管　4. 虹吸管

(1)萃取前应先将固体物质研细,以增加液体浸溶的面积,然后将固体物质放在滤纸套1内,置于提取器2中。按图2-34安装好装置。

(2)溶剂沸腾时,蒸气通过玻管3上升进入冷凝管,冷凝成为液体,滴入提取器中,浸泡固体并萃取出部分物质。当萃取的溶剂的液面超过虹吸管4的最高处时,即虹吸流回烧瓶。这样循环往复,就这样利用溶剂回流和虹吸作用,使固体中的可溶物质富集到烧瓶中。然后用其他方法除去溶剂,便可得到要提取的物质。

九、升华

升华是纯化固体有机化合物的一种方法。某固态物质受热后不经过液态直接气化,蒸气受到冷却又直接变成固体,这个过程叫升华。升华所需的温度一般较蒸馏时低,但是只有在其熔点温度以下具有相当高蒸气压(高于2.67 kPa)的固态物质,才可用升华来提纯;其次该物质与杂质的蒸气压差要大。如樟脑在179℃时(熔点)的蒸气压为49.3 kPa(370 mmHg),在未达熔点温度之前,樟脑已具备很高的蒸气压,若将它在熔点温度之下加热,它将不经液态直接气化,蒸气遇冷凝面就可以凝结为固体,这样得到纯度很高的样品。利用升华可除去不挥发性杂质,或分离不同挥发度的固体混合物。升华常可得到较高纯度的产物,但操作时间长,损失也较大,在实验室里只用于较少量(1～2 g)物质的纯化。

为了加快升华速度,升华可在减压下进行。减压升华特别适用于常压下蒸气压不高或受热易分解的物质。

最简单的升华装置如图 2-35 所示。它是用一蒸发皿，在其中放要升华的物质，上面覆盖一张刺有许多小孔的滤纸，然后将大小合适的玻璃漏斗倒盖在上面，漏斗的颈部塞有玻璃毛或棉花团，以减少蒸气逸散。使用常压升华装置升华时，可在石棉网上渐渐加热（最好用沙浴），小心调节火焰，控制浴温低于被升华物质熔点，使其慢慢升华。蒸气通过滤纸小孔上升，遇冷空气冷却凝结在滤纸上或漏斗壁上。

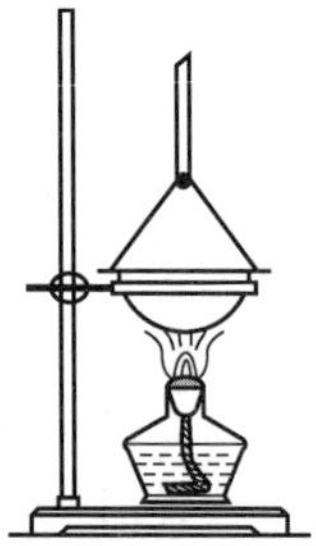

图 2-35 升华装置

十、薄层色谱

1. 基本原理

薄层色谱（TLC）是利用铺有吸附剂（固定相）的玻璃板，在它和展开剂（流动相）对混合物的共同作用下将混合物分离的一种操作。由于吸附剂对混合物中各个组分的吸附能力不同，当展开剂流经吸附剂时，发生无数次吸附和解吸，吸附能力弱的组分随流动相迅速向前移动，吸附能力强的组分滞留在后。由于各组分不同的位移速率，最终得以在固定相薄层上分离。一种物质在 TLC 上上升的高度与展开剂上升的高度的比值，称作该化合物的比移值，用 R_f 表示。即

$$R_f = 化合物移动距离/展开剂移动距离$$

当实验操作条件（如固定相、流动相等）固定时，R_f 是一个化合物的特有常数，故可利用它来鉴别有机化合物或作为监测反应进程的一种手段。TLC 应用于分离提纯的操作，是将展开后的各个色带取下，用溶剂溶解各个色带的物质从而获得纯度高的产品，此时称之为薄层制备色谱。此外 TLC 也经常用于寻找柱色谱的最佳分离条件。

薄层色谱常用的固定相有硅胶或氧化铝。硅胶具有不同的型号，如硅胶 H（不含粘合剂）、硅胶 G（含煅石膏黏合剂）、硅胶 GF_{254}（既含煅石膏又含荧光剂）等类型。氧化铝也具有上述型号，且有中性、酸性、碱性之分，分别用于分离中性、酸性和碱性物质。用不含有黏合剂的硅胶制成的板叫软板，用含有黏合剂的硅胶制成的板叫硬板。实用中即使使用硅胶 G，也要再加入羧甲基纤维素钠或淀粉黏合剂，以增强板的硬度。

硅胶、氧化铝吸附剂是极性化合物，它和化合物分子之间的作用力主要是范德华力和氢键，所以当展开剂的极性远远大于混合物中各组分的极性时，它将代替混合物中各个组分而被吸附，这样各组分只能保留在流动相中，此时 $R_f=1$，达不到分离目的。相反，当展开剂极性远远低于混合物各组分极性时，展开剂移动过快，$R_f=0$，也达不到分离的目的。所以在实际科研工作中，展开剂的选择是重要的一环。选择一个展开剂往往要经过多次实验进行对比，有时单一溶剂不行，可以采用不同比例的多组分混合溶剂。

常见溶剂的极性次序大致为：乙酸＞吡啶＞水＞甲醇＞乙醇＞丙醇＞丙酮＞乙酸乙酯＞乙醚＞氯仿＞二氯甲烷＞苯＞甲苯＞二硫化碳＞三氯乙烯＞四氯化碳＞环己烷和石油醚。

2. 实验装置和仪器

薄层色谱所使用的仪器是由铺有硅胶或氧化铝固定相的玻璃板放在一个相应的展开器中构成，如图 2-36 所示。加盖的广口瓶也可用作展开槽。通常作定性分析所使用的玻璃板为 7.5 cm×2.5 cm 或相近规格，而作为分离提纯使用的制备薄层色谱的玻璃是根据实际情况确

定的（比如 20 cm×20 cm）。

3. 实验操作

（1）薄层板制作与活化　大量制作薄层板时可使用涂布器涂布，少量制作时常采用手工平铺。具体制作方法是：分别取 2 g 硅胶 G 与 6～7 mL 0.5%～1%的羧甲基纤维素钠水溶液调合成糊状，铺于干燥清洁的玻璃载片上，轻轻振摇，使表面均匀平滑，室温晾干后放于 110℃烘箱中活化 30 min，取出后放冷即可使用。薄层板的好坏，将直接影响色谱分离效果，所以要求制出的薄层板表面平整，厚度均匀（0.25～1 mm），否则展开剂前沿不齐，色谱结果也不易重复。

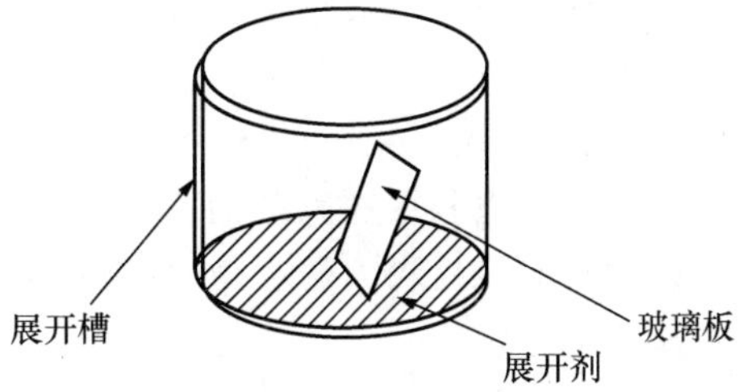

图 2-36　薄层色谱的展开

（2）点样　用铅笔在薄层板上距一端 10 mm 处轻轻画一条横线作点样线，然后用内径小于 1 mm 的毛细管吸取少量（1%～5%）样品溶液，在起始线上小心点样，斑点直径不超过 2 mm。如需重复点样，则须待第一次点样的溶剂挥发后才可重新点样，以防样点过大，造成拖尾、扩散等现象，影响分离效果。若在同一板上点两个样，样点间距应在 1～1.5 cm。待样点干燥后，进行展开。制备薄层色谱点样时，是使用一个管口很细的吸管取样，在起始线上点出一条线。

（3）展开　向展开器中加入 0.5 cm 高的展开剂，将点有样品点的薄板使点样端向下斜靠在瓶壁上，不要使样品点进入展开剂，盖好盖子。展开剂将通过毛细作用沿薄板上行，当展开剂前沿上升到离顶端约 1 cm 时取出，并用铅笔立即标出溶剂前沿位置。待溶剂挥发后，观察斑点位置。计算 R_f 值。展开应在密闭的器皿中进行。为使器皿内溶剂蒸气迅速达到平衡，可放入一张滤纸条。

（4）显色　当被分离的化合物带有颜色时，可以直接看出样品浓度中心，无色的化合物有时可借助紫外灯观察（当吸附剂中有的物质或化合物本身有荧光时），通常需要一定的显色后才能观察。显色方法有碘熏显色和喷显色剂等。碘熏显色是借碘蒸气可以与有机化合物形成暗棕色可逆配合物这一特点来显色的，在广口瓶中先放少量碘，然后将展开并干燥后的薄板放入，至样品点出现明显的暗棕色斑点时取出，立即标出位置。喷显色剂显色是根据化合物结构和性质的特点，选择一定的显色剂溶液直接喷洒在干燥后的薄板上使之显色。如氨基酸可使用水合茚三酮显色。

十一、柱色谱

1. 基本原理

柱色谱有吸附型色谱和分配型色谱两种，其中吸附型色谱是借助于填充吸附剂的玻璃柱，在吸附剂与洗脱剂对混合物组分的共同作用下将混合物分离的一种操作。原理和前述薄层色谱的原理相同。只是柱色谱的处理量大，多用于化合物的制备。

将待分离的混合物加到填充有活化过的多孔性粉状吸附剂的柱顶，再加洗脱剂使自上而下流动，当洗脱剂流下时，由于不同化合物吸附能力不同，往下洗脱速度也不同。于是在柱中自上而下按对吸附剂亲和力大小分别形成若干色带，再用溶剂洗脱时，已经分开的各个组分顺次被洗出色谱柱，分别收集即得各组分的溶液，蒸去溶剂作相应处理即可得各组分样品。若样品无色时，可以用 TLC 检测分离效果，不好时，可以将此组分再次分离。

吸附柱色谱常用的吸附剂有硅胶(弱酸性)、氧化铝(酸性、中性、碱性),有时也用氧化镁、碳酸钙和活性炭等。分离某一混合物需用什么吸附剂应视其组分的性质决定,当物质呈酸性时可用硅胶、酸性氧化铝;呈碱性时,可用碱性氧化铝、氧化镁;呈中性时可用中性氧化铝、活性炭等。为更好地利用柱色谱,通常需要了解不同物质与吸附剂的亲和能力大小。一般地,化合物分子中含有极性较大的基团时,与吸附剂的亲和力也较强。如氧化铝对各种化合物的吸附性依次序如下:

酸、碱>醇、胺、硫醇>酯、醛、酮>芳香族化合物>卤代物、醚>烯>饱和烃

柱色谱洗脱剂的选择,通常依赖于 TLC。然而,柱色谱上用的吸附剂颗粒一般比 TLC 上用的大,柱色谱用的洗脱剂也应比 TLC 的展开剂极性略小,这样才能得到较好的分离效果。为此,所用溶剂必须干燥,否则将严重影响分离效果(需要含水溶剂洗脱时除外)。

2. 实验装置与仪器

柱色谱实验所用的仪器是填充有活化过的多孔性粉状吸附剂的色谱柱。色谱柱的大小取决于被分离的物质的量及其吸附性。一般色谱柱较长,而吸附剂的填充高度通常是其直径的 4~10 倍,上部应有足够空间盛洗脱剂。有时可以使用一支酸滴定管作色谱柱。

3. 实验操作

(1)装柱　在选择好洗脱剂和吸附剂后,即可进行装柱。装柱有干法和湿法两种方式,湿法装柱效果较好,这里只介绍湿法装柱。

如图 2-37 所示,将色谱柱垂直固定于铁架台上,取少许脱脂棉(或玻璃丝)置于色谱柱底部,必要时可用一根长玻璃棒将其送至色谱柱底部并轻轻塞紧,再在脱脂棉上盖一层厚 0.5 cm 的石英砂,关闭活塞,向柱中倒入一定量洗脱剂,用一定量洗脱剂和吸附剂调成糊状,搅拌下再慢慢倒入色谱柱,同时打开活塞使洗脱剂缓慢流出至锥形瓶接收器;此期间应用带有橡皮塞的玻璃棒轻轻敲击柱身下部四周,以保证填装紧密。装毕,待吸附剂全部沉积后再加入 0.5 cm 高的石英砂,关闭活塞。

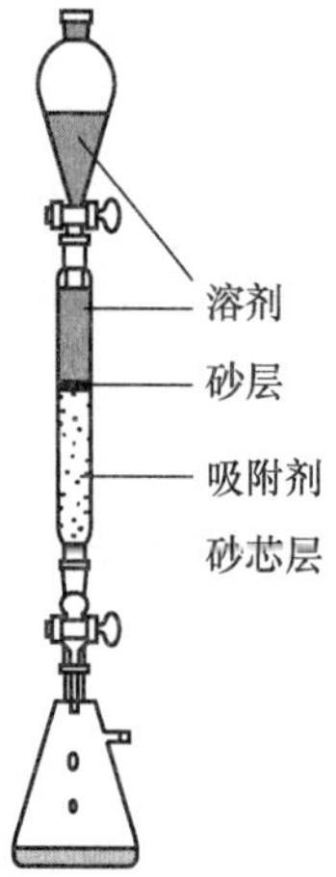

图 2-37　柱色谱装置

注意:色谱柱装得好坏,将严重影响分离效果。装得好的色谱柱,应使吸附剂不得有裂缝和气泡,且使液面不低于吸附剂或砂层表面。

(2)装样及洗脱　将待分离的混合物溶于尽量少的溶剂中。待色谱柱中溶剂液面降至石英砂表面时,用滴管将混合物溶液移至色谱柱,不断加入洗脱剂洗脱。此时应时刻注意色带下移情况,并及时更换锥形瓶,以接收不同组分。洗脱过程中溶剂流出速度不能太快,也不能使溶剂流干。

十二、纸色谱

1. 基本原理

通常所说纸色谱(又称纸上层析)是分配色谱的一种。它是借助滤纸作为支持物,用水饱和后构成固定相,当与固定相不相混溶的有机溶剂流动相通过固定相时,使被分离的各个组分连续地在固定相与流动相两相之间动态分配,从而达到分离的一种操作。与 TLC 一样,化合物在纸色谱上的位置也用比移值 R_f 表示。R_f 值随被分离化合物的结构、固定相与流动相的性质、温度以及纸的质量等因素而变化。当温度、固定相等实验条件固定时,比移值 R_f 就是一

个特有的常数，因而可作定性分析的依据。由于影响 R_f 值的因素很多，实验数据往往与文献记载不完全相同，因此在鉴定时常常采用标准样品作对照。此法一般用于多功能团或高极性化合物如糖、氨基酸等有机物质的微量(5～500 mg)定性分析。

2. 实验装置与仪器

将一张滤纸悬挂于带盖子的层析槽中即构成纸色谱装置，如图 2-38 所示。也可以使用一个加塞子的大试管稍微倾斜放置，将滤纸折叠一定角度塞入试管构成。滤纸的尺寸一般为 2 cm × 15 cm。

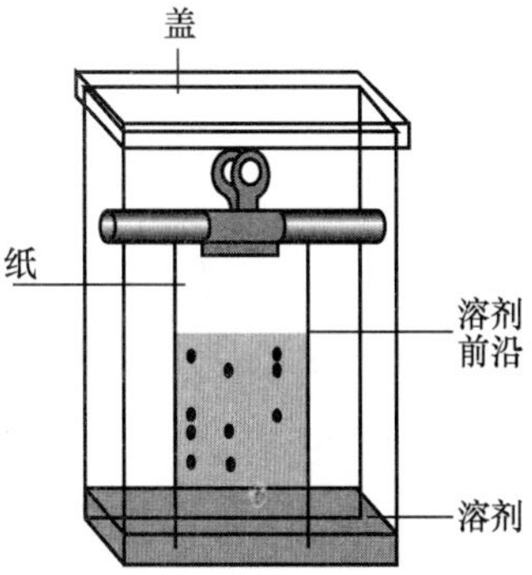

图 2-38　纸色谱的展开

3. 实验操作

将裁好的滤纸在距离一端 2～3 cm 处用铅笔画好起始线，然后将要分离的样品溶液用毛细管点在起始线上，待样品溶剂挥发后，将滤纸的另一端悬挂在展开槽的玻璃钩上，使滤纸下端与展开剂接触，当展开剂前沿接近滤纸上端时，将滤纸取出，记下溶剂的前沿，测定化合物的比移值。纸色谱的这种展开方法叫上升法，除此之外还有下降法、圆形纸色谱法和双向纸色谱法等。

分离的混合物无色时，须将展开后的滤纸风干后，置于紫外灯下观察是否有荧光，或者根据化合物的性质，喷上显色剂，观察斑点位置；显色方法与 TLC 相似。

第六节　物理常数的测定技术

一、熔点

1. 基本原理

通常所说，一个化合物的熔点是指在 101.325 kPa 压力下固液两相达成平衡时的温度。纯净的固体有机化合物一般都有固定的熔点，固液两相之间的变化是非常敏锐的，自初熔温度至全熔温度(熔程)一般不超过 0.5℃。

在一定温度和压力下，如果将某物质的固液两相置于同一容器中，这时可能发生 3 种情况：固相迅速转化为液相(固体熔化)；液相迅速转化为固相(液体固化)；固相液相同时并存。为了了解在某一温度时哪一种情况占优势，我们可以从物质的蒸气压(p)与温度(T)的曲线图 2-39 来理解。图中曲线 SM 表示某物质的固相蒸气压与温度的关系，曲线 ML 表示该物质的液相蒸气压与温度的关系。由于固相的蒸气压随温度变化的速率较液相大，因此两曲线相交于 M 处。在交点 M 处，固液两相可同时并存，此时的温度 T_M 即为该物质的熔点。当温度高于 T_M 时，所有的固相会全部转变为液相；若低于 T_M 时，则由液相转变为固相；只有当温度是 T_M 时，固液两相的蒸气压才是一致的，此时固液两相方可同时并存。这就是纯粹晶体物质有固定和敏锐熔点的道理。一旦温度超过 T_M，甚至只有几分之一

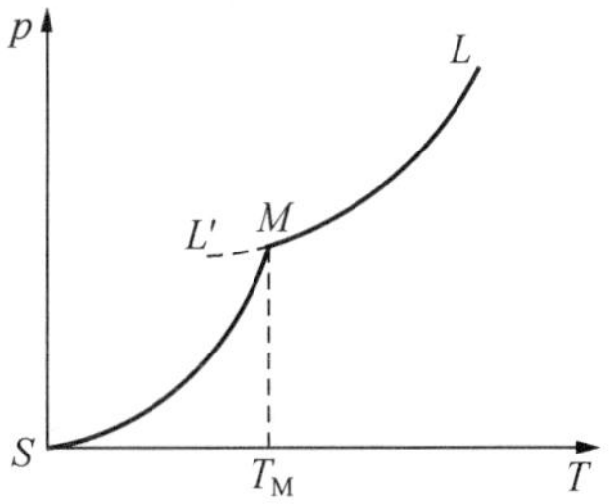

图 2-39　物质的蒸气压与温度的关系图

度时，如有足够的时间，固体就可全部转变为液体。所以要精确测定熔点，在接近熔点时加热速度一定要慢，升温的速度以每分钟不超过 1～2℃为宜。只有这样，才能使整个熔化过程尽可能接近于两相平衡的条件。

通常可以通过测定熔点，对化合物的纯度作出定性判定。若固体化合物中存在可熔性杂质，会使化合物的熔点降低，熔程增长。利用这一特点，还可以鉴别两种物质是否是同一化合物。

也有少数有机化合物在加热温度尚未达到其熔点之前即局部分解，分解物的作用与可熔性杂质相似，因此这类化合物没有恒定的熔点。

还有一些化合物之间可以形成共熔物，共熔物也有固定的熔点，但是是一个混合物。例如 α-萘酚（熔点 95.5℃）与萘（熔点 80℃）在压力为 103.325 kPa 下以摩尔比 0.395/0.605 存在时也具有固定熔点（约为 61℃），但从显微镜下观察到两个组分不同的晶体。所以，具有固定熔点的物质不一定是纯净的化合物。

在实际测定熔点的过程中，如杂质的含量很少时会看不到真正的初熔过程，可能观察的熔程并不一定很长。

2. 实验装置与仪器

(1)毛细管熔点测定法　毛细管熔点测定熔点的方法，是《中华人民共和国药典》确认并采用的方法，虽不是最精确的方法，但由于样品用量少、简便易行，故被广泛采用。

在实验室中最常用的熔点测定装置是提勒(Thiele)管式，由提勒管、固定于开口塞上的温度计、浴液和酒精灯四部分组成，如图 2-40 所示。加入浴液时，应使冷的浴液面略高于侧管上沿，用铁夹夹住提勒管颈部固定于铁架台上。装上温度计，使温度计的水银球处于提勒管上下两支管口之间，刻度面向胶塞开口。用橡皮圈将装好样品的熔点管固定于温度计下端，使样品部分置于水银球侧面中部。当在图示位置加热时，受热的浴液作沿管上升运动，从而促成了整个 b 形管内浴液呈对流循环，使得温度较为均匀。

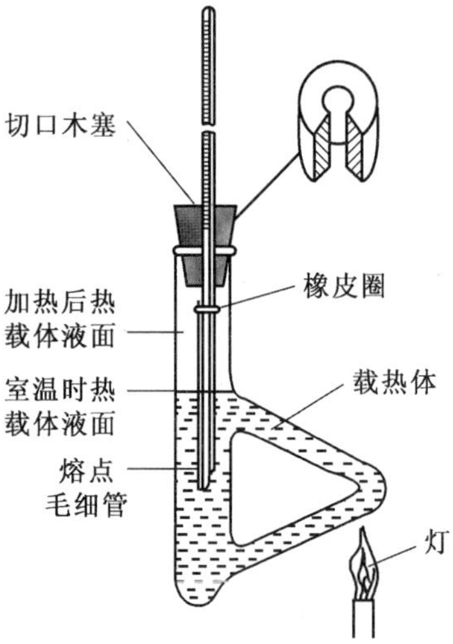

图 2-40　Thiele 管熔点测定装置

(2)熔点测定仪测定法　熔点测定仪类型很多，有数字熔点仪和显微熔点仪(图 2-41)。显微熔点仪(图 2-42)较常用，它主要由电加热系统、温度计和显微镜组成。这种装置可以通过显微镜观察晶体的熔化过程，且样品用量很少。

3. 毛细管熔点测定法实验操作

(1)样品的处理与装入　将待测熔点的干燥样品约 0.1 g 置于干燥洁净的表面皿上，用干燥的玻璃塞研成粉末并积成堆，手持一端熔封的毛细管，将熔点管开口端向下插入粉末中，然后把熔点管开口端向上，轻轻地在桌面上敲击，以使粉末落入和填紧管底。待样品全部进入管中后，将样品管沿一长 30～40 cm 的两端开口的玻璃管垂直自由落至桌面，往复数次，将样品紧密装至高度为 2～3 mm。将沾在管外壁的样品擦净备用。要准确测定熔点，样品的处理非常关键。样品一定要研得细，装得实，使热量的传导迅速均匀。

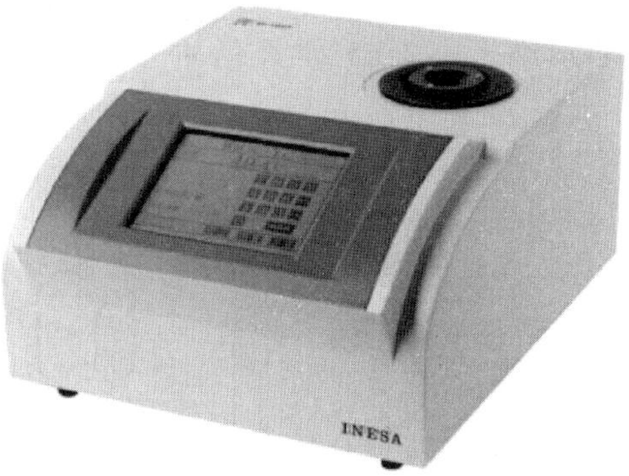

图 2-41　数字熔点仪

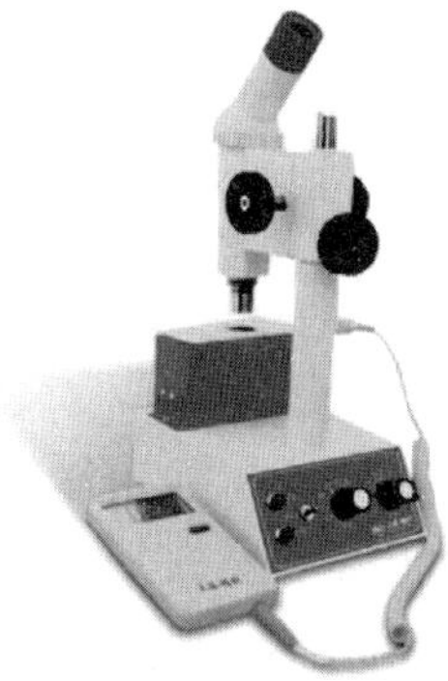

图 2-42　显微熔点仪

(2)安装仪器　将提勒管垂直夹于铁架上，装入浴液，浴液面略高于侧管上沿，用橡皮圈将装好样品的熔点管固定于温度计下端，使样品部分置于水银球侧面中部。

(3)熔点的测定　在图 2-40 所示部位加热。开始时升温速度可以较快，当温度升至距离熔点 10～15℃时，控制升温速度在 1～2℃/min，愈接近熔点，升温速度应愈慢(掌握升温速度是准确测定熔点的关键)。这一方面是为了保证有充分的时间使热量由管外传至管内，以使固体熔化；另一方面因观察者不能同时观察温度计所示度数和样品的变化情况。只有缓慢加热，才能使此项误差减小。记下样品开始塌落并有液相(俗称“出汗”)产生时(初熔)和固体完全消失时(全熔)的温度计读数，即为该化合物的熔程。要注意仔细观察样品在初熔前是否有萎缩或软化、放出气体以及其他分解现象，并记录样品初熔和全熔温度。每份样品重复 2～3 次，平行数据相差不得超过 1℃。第二次测定时，应等浴温降至熔点以下 20～30℃；每一次测定都必须用新的熔点管另装样品，不能将曾熔化过又凝固的样品用作第二次测定，因为某些物质会产生部分分解，有些会转变成具有不同熔点的其他结晶形式。

测定未知样品时，应先粗测一次，加热速度可以稍快，知道大致的熔点范围后，待浴温冷至熔点以下 30℃左右，再取另一根装样的熔点管作精确测定。

二、沸点

1. 基本原理

液体的分子即使在较低的温度下，也可以从其表面逸入空间成为气体分子，同时气体分子也不断在液体表面凝结。某一液体，在某一温度下，气相与液相的这种挥发与凝结达到平衡，此时蒸气的压力称为该物质在该温度下的饱和蒸气压。随着温度的升高，各种物质的饱和蒸气压均随之升高。当饱和蒸气压与外界大气压相等时，液体开始沸腾，此时液体的温度就是该化合物的沸点。它是化合物重要的物理常数之一，在液体化合物的分离和纯化过程中，具有重要意义。实验表明，一个物质的沸点与该物质所受的外界压力有关。外界压力增大，沸点升高；相反，若外界压力减小，沸点就降低。经验表明，多数液体在 0.1 MPa(760 mmHg)附近时，每当压力下降 1.33 kPa(10 mmHg)，沸点下降约 0.5℃。在较低压力时，压力每降低一半，沸点约下降 10℃。由于物质的沸点随外界大气压的改变而变化，因此，讨论或报道一个化合物的沸点时，一定要注明测定沸点时外界大气压，以便与文献值相比较。

除压力之外，杂质的存在也会影响液体的沸点。在一定压力下，凡纯净的化合物均有固定的沸点，因此可利用沸点的测定鉴定化合物的纯度。但必须指出，固定的沸点不能作为物质纯度的唯一判据。因为当两种或两种以上物质形成共沸物时也具有固定的沸点，如：95.6%乙醇和4.4%水，沸点78.2℃；83.2%乙酸乙酯、9.0%乙醇和7.8%水，沸点70.3℃。

2. 实验装置与仪器

沸点测定有常量法和微量法两种。常量法使用于大量液体的沸点测定，测定装置与蒸馏装置相同。液体不纯时沸程很长（常超过3℃），在这种情况下无法测定液体的沸点，应先把液体用其他方法提纯后，再进行沸点测定。

微量法适用于小量液体的沸点测定，操作仍然在Thiele管中进行（图2-43），安装要求与熔点测定相同，只是样品管有所不同。沸点测定的样品管由外管和内管两部分组成，外管为内径3～4 mm，长度6～7 mm，一端熔封、厚度均匀的毛细管；内管为内径1 mm的厚度均匀的毛细管，在距离一端1～1.5 mm处熔封。测定时内管插入外管。

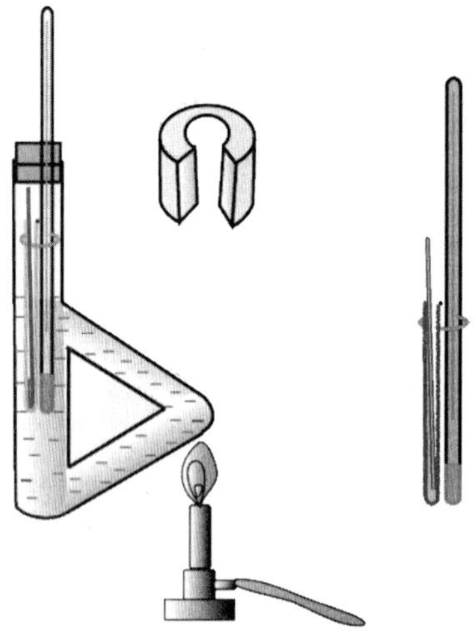

图2-43 沸点管的装配及微量法测沸点装置

3. 实验操作

（1）样品的装入 将外管在酒精灯上预热，迅速将开口处插入待测液体中，随外管温度的降低，液体自动进入管内，振动使样品液体流至熔封一端。装入样品高度1 cm左右。再将内管小心放入液体中，然后将沸点外管用小橡皮圈附于温度计旁，保证样品在温度计水银球中部。放入Thiele管中进行测定。

（2）沸点的测定 用酒精灯在Thiele管侧管部位加热。加热时，由于气体膨胀，内管中会有小气泡缓缓逸出，在到达该液体沸点时，将有一连串的小气泡快速地逸出。此时可停止加热，使浴温自行下降，气泡逸出的速度即渐渐变慢。在气泡不再冒出而液体刚要进入内管的瞬间（即最后一个气泡刚欲缩回至内管中时），表示毛细管内的蒸气压与外界压力相等，此时的温度即为该液体的沸点。为校正起见，待温度降下几度后再缓慢加热，记下刚出现大量气泡时的温度。两次温度计读数相差应该不超过1℃。每个样品需要重复2～3次，平行数据差不得超过1℃。重复测定时，可将内管取出，加热赶出其中液体，冷却后再插入外管进行测定。

三、旋光度

1. 基本原理

有机化合物的分子结构不对称时，它可以使通过的平面偏振光的振动平面偏转一定角度，这种现象称为“旋光”，具有这种性质的化合物称为旋光性物质。偏振光通过旋光性物质后，振动平面所旋转的角度称旋光度，用α表示。使偏振光振动平面向右旋转的为右旋物质，用（+）表示；使偏振光振动平面向左旋转的为左旋物质，用（−）表示。

物质的旋光度大小除与物质的本性有关外，还与待测液浓度、样品管的长度、测量时的温度、测量所用光的波长以及溶剂的极性等有关，常用比旋光度[α]来比较各种旋光性物质的旋光能力。比旋光度是物质的特征常数之一，可以在手册中查到。实测旋光度与比旋光度的关系是：

$$[\alpha]_{\lambda}^{t}=\frac{\alpha}{L\times c}$$

式中：$[\alpha]_{\lambda}^{t}$ 为某特定波长和特定温度下的比旋光度；α 为测得的旋光度；L 为样品管的长度（dm）；c 为溶液的质量浓度（g/mL）。

旋光度常用旋光仪来测定。

2. 旋光仪的构造及测量基本原理

如图 2-44 所示，由光源发出的自然散射光经起偏镜尼科尔棱镜变为单一方向上振动的偏振光。当此偏振光通过盛有旋光性物质的样品管时，振动方向旋转一定角度。此时调节附有刻度盘的检偏镜，使最大量的光线通过，检偏镜所旋转的角度和方向显示在刻度盘上，此即实测的旋光度 α。

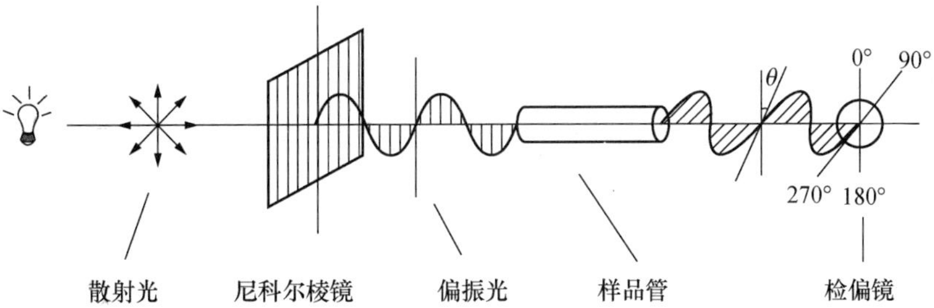

图 2-44　旋光仪构造示意图

3. 测定方法

旋光仪有多种类型，现以数字式自动显示旋光仪为例，其操作方法如下：

(1)配制溶液　准确称取 0.1～0.5 g 样品，在 25 mL 容量瓶中配成溶液，通常可选用水、乙醇或氯仿作溶剂。溶液配成后必须透明、无不溶性杂质，否则需经干滤纸过滤。液体样品亦可直接用于旋光度的测定，如果旋光度太大，可用较短的盛液管。

(2)预热　接通旋光仪电源，打开开关，预热 5 min，使钠光灯发光正常（稳定的黄光）后即可开始工作。

(3)盛液管装入待测液　将旋光管的一头用玻盖和铜帽封上，然后将管竖起，口向上，注入溶液至管口，并使溶液因表面张力而形成的凸液面中心高出管顶，然后将旋光管上的玻璃盖贴在管口边上平移过去，使旋光管中不留空气泡，然后旋上铜帽。

注意：玻盖与旋光管之间系直接接触；在铜帽与玻盖之间，须有橡皮补垫。铜帽与玻盖之间不可旋压太紧，只要不流出液体即可。因为旋压得太紧会使玻盖出现张力，致使旋光仪内产生空隙，就会使偏振光发生旋转。

(4)调零　在盛液管中装入用来配制待测样品溶液的溶剂或蒸馏水，将样品管放置于测试槽中，关上盖，使数字显示屏读数为零。

(5)测定　每次测定前应先用少量待测液体洗涤盛液管数次，以使浓度保持不变，然后按上述步骤装入待测液进行测定。每个样品的测定应重复 3 次，取其平均值。根据公式计算比旋光度。

测定结束后，将盛液管用蒸馏水洗涤干净，放入指定位置；关闭旋光仪电源。

四、折光率

1. 基本原理

折光率是物质的特性常数，固体、液体和气体都有折光率。对于液体有机化合物，折光率是最重要的物理常数之一，它作为液体物质纯度的标准，比沸点更为可靠。同时折光率也可用于未知有机物的鉴定及确定液体混合物的组成(见分馏实验)。用于测定液态化合物折光率的仪器是阿贝(Abbe)折光仪，它用于测定透明液体的折光率数据时，能够直接读到小数点后第四位，其精确度高，可重复性大。

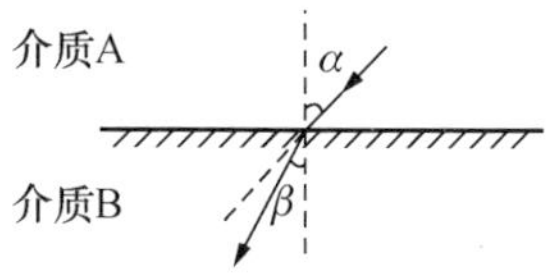

图 2-45 光的折射现象

阿贝折光仪的光学原理是：由于光在两个不同介质中的传播速度是不相同的，所以当光线从一个介质进入另一个介质时，如果它的传播方向与两个介质的界面不垂直，则在界面处发生改变，这种现象称为光的折射现象，如图 2-45 所示。根据折射定律，在确定的外界条件(如温度、压力等)下，一定波长的单色光线从一个介质 A 进入另一个介质 B 时，入射角 α 和折射角 β 的正弦之比和这两个介质的折光率 n_A(介质 A 的)与 n_B(介质 B 的)成反比：

$$\frac{\sin\alpha}{\sin\beta}=\frac{n_B}{n_A}$$

如果介质 A 为光疏介质，B 为光密介质，即 $n_A<n_B$，则折射角 β 必小于入射角 α。当入射角 α 为 90°时，$\sin\alpha=1$，此时折射角达到最大值，称为临界角，用 β_0 表示。若介质 A 是真空，则 $n_A=1$，上式成为：

$$n=\frac{1}{\sin\beta_0}$$

所以一个介质的折光率，就是光线从真空进入这个介质时的入射角和折射角的正弦之比，这种折光率称为该介质的绝对折光率。光通过两种介质所得的折光率称为相对折光率。通常测定的折光率，都是采用空气作为近似真空标准状态。很明显，在一定波长与一定条件下，β_0 也是一个常数。阿贝折光仪就是根据这一原理制成的，其结构如图 2-46 所示。

图 2-46 阿贝折光仪

阿贝折光仪的主要部分由两块直角棱镜组成。上面一块是光滑的，下面的表面是磨砂的，两棱镜平面叠合时，被放入两平面之间的待测液形成一均匀的液膜，当光线由反光镜入射透过磨砂棱镜时，光产生漫射，以 0～90°的不同入射角进入液体层再到达光滑棱镜。由于棱镜的折光率很高(约 1.85)，大于液体折光率，当光线发生折射时，其折射角 β 小于入射角 α。此时，在临界角以内区域均有光线通过，因而是明亮的；而临界角以外区域由于折射光线消失、没有光线通过因而是暗的，形成半明半暗界线清晰的像，经消色散棱镜又称阿米西棱镜(装在镜筒内)和会聚透镜(在镜筒内)到目镜。液体介质不同，临界角不同，从目镜观察到明暗线位置也不同。当每次测定时，明暗界线与目镜的“＋”字交叉线交点重合，记下标尺上读数，即为所测液体折光率(阿贝折光仪已将折射角换算为折光率),如图 2-47 所示。同时阿贝折光仪有消色散装置,故可直接使用日光,其测得的数字与钠光线所测得的一样。这些都是阿贝折光仪的优点所在。

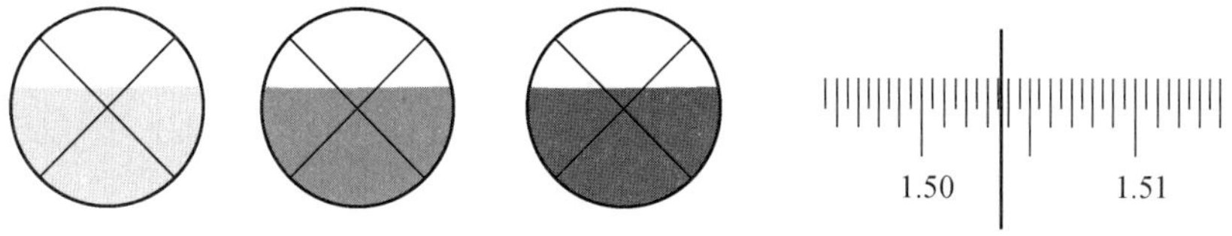

图 2-47　阿贝折光仪视场及读数示意图

某一物质的折光率随入射光线波长、测定温度、被测物质结构、压力等因素而变化,所以折光率的表示须注明光线波长 D 和测定温度 t,常表示为 n_D^t;D 是以钠灯的 D 线(波长 589.3 nm)作光源,t 是与折光率相对应的温度。大气压的变化对折光率影响不大,一般的测定不考虑其影响。

一般地,当温度增高 1℃时,液体有机化合物的折光率就减小 $3.5\times10^{-4}\sim5.5\times10^{-4}$。某些液体,特别是测定折光率时的温度与其沸点相近时,其温度系数可达 7×10^{-4}。在实际工作中,往往把某一温度下测定的折光率换算成另一温度下的折光率,为了便于计算,一般采用 4×10^{-4} 为温度变化常数,虽有误差,但具有参考价值。

2. 阿贝折光仪的使用方法

将折光仪恒温器接头接超级恒温槽,装好温度计,通入恒温水,使之恒温于(20.0±0.2)℃。打开直角棱镜,在镜面上滴 1～2 滴丙酮,合上棱镜,使镜面全部被丙酮润湿再打开棱镜。用镜头纸擦干丙酮,然后用蒸馏水或已知折光率的标准折光玻璃块校正标尺刻度。

用蒸馏水为标准样时,可加一滴蒸馏水于下面棱镜毛玻璃面上,关闭棱镜,调节反光镜使镜内视场明亮,转动棱镜直至镜内观察到有界线或出现彩色光带;若出现彩色光带,则调节色散,使明暗界线清晰,再转动直角棱镜使界线恰巧通过"十"字的交点。记录读数与温度,重复两次测得纯水的平均折光率与纯水的标准值($n_D^{20}=1.332\ 99$)比较,可求得折光仪的校正值,然后以同样方法测求待测液体样品的折光率。校正值一般很小,若数值太大时,整个仪器必须重新校正。

阿贝折光仪的使用,关键在于保护一对棱镜。因此,使用阿贝折光仪必须注意以下几点:

(1)阿贝折光仪的量程从 1.300 0～1.700 0,精密度为±0.000 1;若液体折光率不在 1.300 0～1.700 0 范围内,则不能用阿贝折光仪测定。测量时应注意保温套温度是否正确。如欲测准至±0.000 1,则温度应控制在±0.1℃的范围内。

(2)仪器在使用或储藏时,均不应曝于日光中,不用时用黑布罩住。

(3)折光仪的棱镜必须注意保护,不能在镜面上造成刻痕。滴加液体时,滴管的末端切不可触及棱镜;严禁使用腐蚀性液体、强酸、强碱、氟化物等。

(4)在每次滴加样品前应洗净镜面;在使用完毕后,也应用丙酮洗净镜面,待晾干后再关闭棱镜。

(5)对棱镜玻璃、保温套金属及其间的胶合剂有腐蚀或溶解作用的液体,均应避免使用。

最后还应当指出,阿贝折光仪不能在较高温度下使用,对于易挥发或易吸水样品测量有一定困难,同时对样品的纯度要求也较高。

3. 液体折光率的测定

(1)测定时,将待测液体滴在洗净并擦干的磨砂棱镜面上,旋转棱镜锁紧扳手使液体均匀充满视场，如样品易挥发，可用滴管从棱镜间小槽滴入。

(2)调节反光镜，使两个镜筒视场明亮。

(3)转动棱镜，在目镜中观察到半明半暗现象，因光源为白光，故在界线处呈现彩色，此时可调节阿米西棱镜手轮使明暗清晰；然后再调节读数镜筒使明暗界线刚好与目镜中"+"字线交点重合。从标尺上直接读取折光率 n_D，读数可至小数点后第 4 位。最小刻度是 0.001，可估计到 0.000 1，数据的可重复性为±0.000 1。每个样品重复测定 2～3 次。

(4)使用完毕，打开棱镜组，用丙酮洗净镜面，干燥，并用镜头纸擦净。

第三章　实验室常用仪器简介

第一节　天　　平

准确称量物体质量是化学实验中最基本的操作之一。由于不同的实验对物体质量称量的准确度要求不一样，因此在具体的实验操作过程中，需要根据具体的实验目的选用不同准确度的称量仪器。常见的称量仪器有托盘天平、电光天平和分析天平。电光天平由于操作繁琐，现在已经很少使用。下面将主要介绍托盘天平和分析天平。

一、托盘天平

托盘天平是依据杠杆平衡的原理设计制作的，具体构成见图3-1。由于托盘天平的称量误差较大，在实际工作中主要用于粗略的称量物体质量。托盘天平的称量范围为0～200 g，一般能准确称量0.1 g物体的质量。

1. 托盘天平的操作方法

(1)使用前，将游码移至称量标尺左端的"0"刻度线上，调节平衡螺母，使指针尖端对准分度标尺中央的刻度线。

(2)称量时，应把称量物品放在左盘，砝码放在右盘，添加10 g以下的砝码时，可移动标尺上的游码。当称量物品的质量大于10 g时，添加砝码和移动游码，使指针对准分度标尺的中央，此时砝码质量与称量标尺上的示数值之和即为所称量物品的质量。

(3)称量完毕后将砝码放到砝码盒内，游码退回到标尺的零处。

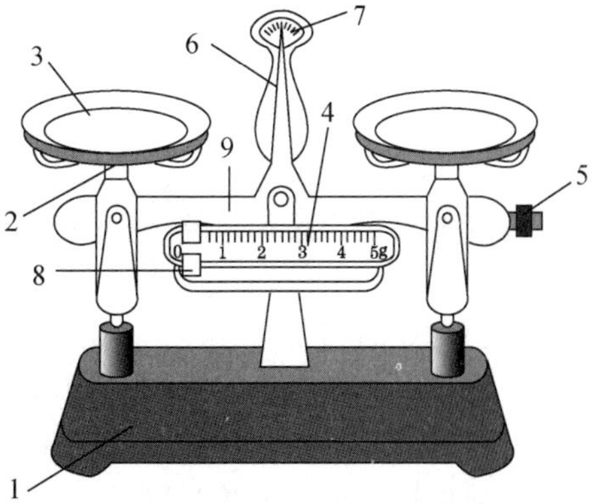

图3-1　托盘天平

1. 底座　2. 托盘架　3. 托盘　4. 标尺　5. 平衡螺母　6. 指针　7. 分度盘　8. 游码　9. 横梁

2. 使用托盘天平的注意事项

(1)天平和砝码应妥善保管，将其置于清洁干燥之处，不得置于潮湿、易氧化、易腐蚀之处，并避免与酸、碱或油脂等物质接触。

(2)砝码不能用手直接取用，需要使用镊子夹取，且砝码只允许放在砝码盒内的固定位置，不允许到处乱放，以免弄脏砝码，使称量质量不准确，影响称量的准确度。

(3)过冷过热的物体不可直接放在天平上称量。应先在干燥器内放置至室温后再称量。

二、电子天平

电子天平是基于电磁力平衡的原理设计制作的。因其具有可以直接称量、全量程不需砝码、直接显示读数、称量速度快、精度高等特点，在各个领域得到了广泛的应用。同时，它可以与计算机、记录仪等联用实现多种功能。实验室常用的电子天平的正面图见图 3-2。

1. 电子天平的使用方法

(1)使用前先观察水准器，如水泡偏移，需调节水平调节角，使水泡位于水准器中心。

(2)接通电源，打开开关，通电预热一定时间(约 30 min)后，待零点稳定后即可称量使用。

(3)打开显示键按“去皮”键，使显示屏显示零点(0.000 0 g)。

(4)打开电子天平的右侧门，缓慢地向称量纸或容器内加样，当达到所需的质量时，停止加样，关闭电子天平的侧门，待示数稳定后，记录称量结果。

(5)称量完毕后，移去称量纸或容器，关闭电子天平的侧门，按“去皮”键，使显示屏显示零点(0.000 0 g)。

(6)关闭显示键，拔掉电源。盖上天平罩，登记仪器的使用情况。

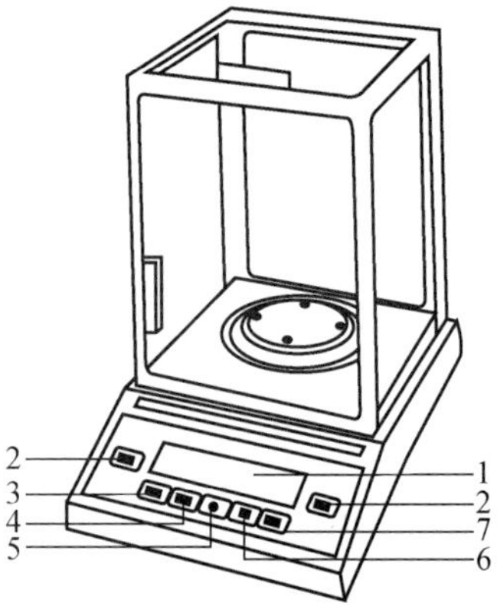

图 3-2 电子天平正面图

1. 显示器 2. 除皮键［TARE］ 3. 接通/关闭键［ON/OFF］ 4. 调校键［CAL］ 5. 功能键［F］ 6. CF 键［CF］ 7. 打印键(数据输出)

2. 仪器保养和使用注意事项

(1)电子天平的工作环境应无大的振动及电源干扰，无腐蚀性气体及液体。

(2)称量前必须用软毛刷清扫天平，天平箱应保持清洁干燥，定期更换干燥剂(一般用变色硅胶)。

(3)电子天平为精密仪器，称量物品时，应注意轻拿轻放。

(4)称量物品不得超过天平的最大载重量。热的物品必须放在干燥器内冷却至室温后才能放在天平上称量。

(5)称量时需要把天平的门关好，以免空气流动而影响指针的摆动，造成读数的误差。

(6)称量的数据应及时记在记录本上，不得记在纸片或者其他地方。

(7)使用过程中如发现异常情况或者故障，应立即报告指导教师或实验技术人员，予以及时调整和修理，绝对不允许自己动手调整。

第二节 酸度计

酸度计，又称 pH 计，是一种常用的仪器设备，主要用于精密测量液体介质的 pH，配上相应的离子选择电极也可以测量离子电极的电位 mV 值，广泛应用于工业、农业、科研、环保等领域。

酸度计是对溶液中氢离子活度产生选择性响应的一种电化学传感器。它与参比电极、指示电极和溶液组成工作电池，并连接精密的电位差计，测出电池的电动势。由于待测溶液的

pH 不同，所以产生的电动势也不同。因此，测定溶液的电动势，即可测得溶液的 pH，两者的关系满足能斯特方程。

酸度计的种类很多，它们的原理相同，结构略有差异。现介绍实验室常用的几种。

一、pHS-3C 型酸度计

pHS-3C 数字型酸度计，可连接电脑或记录仪使用，是较新型的酸度计。仪器面板旋钮如图 3-3 所示。

1. 使用方法

(1)准备工作

①接通电源并开机，仪器开始工作，显示屏显示数字(仪器未稳定前，数字可能有跳动)。

②开机预热 10 min，待数字稳定后，将电极插入仪器上复合电极接口 5。插入后必须顺时针方向转动 90°。(当需要取下电极时，应逆时针转动 90°，才能取下电极)。

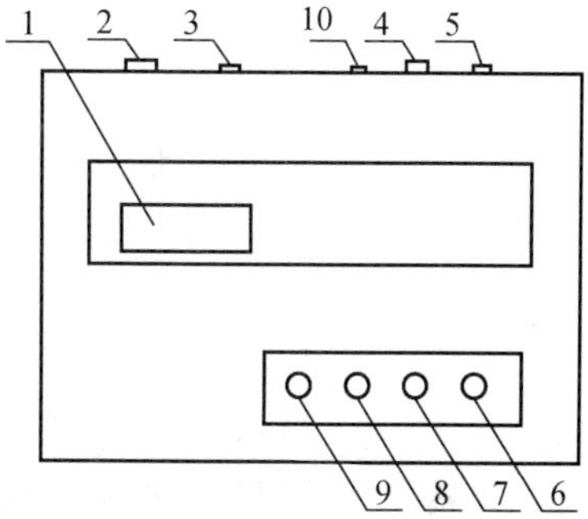

图 3-3　pHS-3C 型酸度计面板旋钮图

1. 数字显示屏　2. 上：保险丝　下：电源插座　3. 电源开关　4. 参比电极接口　5. 复合电极接口　6. 温度补偿器　7. 斜率调节器　8. 定位调节器　9. pH/mV 选择开关　10. 信号输出接口，接记录仪或电脑

(2)仪器校正

①配制 pH 6.86、pH 4.00、pH 9.18 标准溶液，分别倒入烧杯中，用温度计测量该溶液的温度，将温度补偿器 6 调到相同温度值。

②将 pH/mV 功能键调至 pH 档，显示屏显示 pH。

③定位调节。将电极浸入 pH 6.86 标准溶液中，搅动电极以加速响应时间。静置，待示值稳定后，调节定位调节器 8，使显示值与该液温度下的标准值一致(表 3-1)。

表 3-1　标准缓冲溶液的 pH 与温度对照表

温度 t/℃	pH 4.00	pH 6.86	pH 9.18
0	4.01	6.98	9.46
5	4.00	6.95	9.39
10	4.00	6.92	9.33
15	4.00	6.90	9.28
20	4.00	6.88	9.23
25	4.00	6.86	9.18
30	4.01	6.85	9.14
35	4.02	6.84	9.10
40	4.03	6.84	9.07
45	4.04	6.83	9.04
50	4.06	6.83	9.02

续表 3-1

温度 t/℃	pH 4.00	pH 6.86	pH 9.18
55	4.07	6.83	8.99
60	4.09	6.84	8.97
70	4.12	6.85	8.93
80	4.16	6.86	8.89
90	4.20	6.88	8.86
95	4.22	6.89	8.84

④斜率调节。取出电极，洗净拭干，浸入 pH 4.00（待测液是酸性溶液）或 pH 9.18（待测液是碱性溶液）标准溶液中，搅拌、静置。待显示值稳定后与标准值对照。

⑤重复③、④，直到显示值与标准值一致，校正完毕。

（3）测试被测溶液　将校正好的电极洗净，用滤纸吸干后，浸入被测溶液中，搅拌、静置，待显示值稳定后记下显示值，即为该被测溶液的 pH。

（4）测试完毕　测试完毕后关机，洗净电极，pH 电极套上保护套或浸泡在 3.3 $mol \cdot L^{-1}$ 氯化钾溶液中，以备下次使用。

2. 注意事项

（1）连接复合电极的插头、插座，其内芯需保持清洁、干燥，不得污染。

（2）对精度要求高的测量，pH 电极应置于 3.3 $mol \cdot L^{-1}$ 氯化钾溶液中，浸泡 6 h 进行活化，标定和测量最好在同一温度和同一时间下进行，以减少因电极活化不够、温度和时间差异带来的误差。

（3）仪器校正步骤不可混淆，否则仪器平衡破坏，数值严重失真。

（4）pHS 型酸度计使用时不需调零位（仪器零位设在 7.0 pH）。

（5）复合电极是玻璃电极和参比电极组合在一起的新颖电极。因此，不适宜长时间浸泡在蒸馏水（或去离子水）中。当电极浸入被测液时，应搅拌。否则，反应缓慢，影响测量精度。

（6）仪器经校正好后，测试被测溶液时，不可再调节定位调节器和斜率调节器。否则，仪器线性破坏，影响测试精度。

（7）配制的标准溶液，其存放期一般是 2～3 个月，超过时间或有霉变、混浊情况，应重新配制。

（8）有下列情况之一，仪器应重新校正：

①长期不用；②更换电极；③动过定位调节器、斜率调节器；④温差较大。

（9）新购仪器初次使用，或长期不用时，仪器可能会出现数字跳动不停的现象。特别是在调定位调节器、斜率调节器时，数字跳动更加明显。

（10）电极在强碱（pH≥12）或含有氟化物的溶液中，测试时间要短，测试完后，要反复冲洗电极，否则将影响电极寿命。

二、pHS-3E 型酸度计

pHS-3E 微机型精密酸度计具有液晶显示屏，它可以同时显示操作状态图标、温度、pH 或 mV 值。pHS-3E 型酸度计面板如图 3-4 所示。

1. 使用方法

(1)开机准备

①接通电源,打开仪器开关,显示屏显示“pHS-3E”字样。

②预热约 10 min,使显示的 pH 恒定不变,将电极插入仪器上复合电极接口。插入后必须顺时针方向转动 90°。(当需要取下电极时,应逆时针转动 90°,才能取下电极)。完成仪器的开机准备工作。

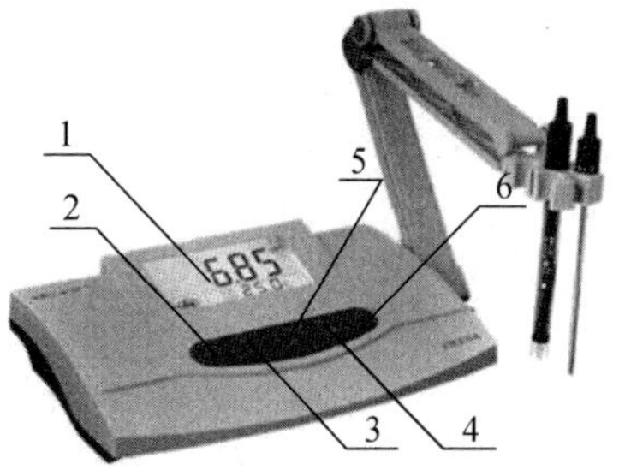

图 3-4 pHS-3E 型酸度计外观图

1. 显示屏 2. pH/mV 3. 温度调节器 4. 定位调节器 5. 斜率调节器 6. 确认

(2)设置温度

①用温度计测量被测溶液的温度。

②将温度调节器调到当前被测溶液的温度值,确认。

(3)仪器校正

①将 pH/mV 功能键调至 pH 档,显示屏显示 pH。

②定位调节。将复合电极浸入 pH 6.86 标准缓冲溶液中,搅动溶液以加速响应时间,静置,待示值稳定后,调节定位调节器,使显示值与该液温度下的标准值一致(表 3-1),确认。

③斜率调节。取出电极,洗净拭干,浸入 pH 4.00(待测液是酸性溶液)或 pH 9.18(待测液是碱性溶液)标准缓冲溶液中,搅拌、静置。待示值稳定后,调节斜率调节器,使显示值与该液温度下的标准值一致(表 3-1),确认。仪器校正完毕。

(4)测试被测溶液 将校正好的电极洗净,用滤纸吸干水分后,浸入被测溶液中,搅拌、静置,待示值稳定后记下示值,即为该被测溶液的 pH。

注意:电极可连续测定几种溶液的 pH,但每测定一种溶液之前,均需将电极洗净吸干水分。

(5)测试完毕 测量结束后关机,洗净电极后用滤纸吸干水分,置于电极保护罩(内盛饱和氯化钾溶液)中,以备下次使用。关闭电源,取下电极。

2. 注意事项

(1)电极的引出端必须保持清洁干燥,绝对防止输出两端短路,否则将导致失准或失效。

(2)第一次使用的 pH 电极或长期停用的 pH 电极,在使用前必须用 3.3 $mol \cdot L^{-1}$ 氯化钾溶液浸泡 24 h。

(3)在电极的使用过程中,应避免电极的敏感玻璃泡与硬物接触,因为任何破损或擦毛都使电极失效。

(4)仪器校正步骤不可混淆,否则仪器平衡破坏,数值严重失真。

(5)仪器经校正好后,测试被测溶液时,不可再调节定位、斜率调节器,否则仪器线性被破坏,影响检测的精度。

(6)测量强碱性溶液的 pH 时,应尽快操作,测量完毕后应立即用水冲洗,并用蒸馏水浸泡,以免碱液腐蚀玻璃。

(7)被测溶液中如含有易污染玻璃泡而使电极钝化的物质时,则应根据污染物的性质选取适当的溶剂清洗电极,但注意不能用四氯化碳、三氯乙烯、四氢呋喃等能溶解聚碳酸树脂的清洗液。因为电极外壳是用聚碳酸树脂制成的,其溶解后极易污染玻璃泡,从而使电极失效。

(8)测量结束后,将电极浸泡在 3.3 $mol \cdot L^{-1}$ 的氯化钾溶液中或及时套上保护套,套内装少量 3.3 mol·L^{-1} 氯化钾溶液，以保证电极玻璃泡的湿润，切忌浸泡在蒸馏水中。

(9)电极经长期使用后，如发现斜率略有降低，则可以把电极下端浸泡在 4%氢氟酸中 3～5 s，然后用蒸馏水洗净，然后在 0.1 mol·L^{-1} 盐酸溶液中浸泡，使之复新。

第三节 分光光度计

分光光度计是一种常用的光学分析仪器。实验室常用的有 721、722S、7200 和 i2 等型号。分光光度计具有结构简单、稳定可靠、读数准确等特点，广泛应用于高校基础教学、医疗卫生、临床检验、环境保护等各个领域。

不同型号的分光光度计虽然外观设计不同，但具体工作原理相同。工作原理主要是基于朗伯-比耳定律。即当一束平行的单色光通过均匀非散射的稀溶液时，该物质会对光产生量子化的选择性吸收，即只吸收一定波长(频率)的光，因此不同物质具有各自的吸收光谱，并且该物质对这种波长的光的吸光度在一定的范围内与其浓度成正比。分光光度计正是基于这种原理设计的。它既可以根据吸收光谱用于化合物的定性鉴定，也可以用于定量分析，是一种常见的分析仪器。它主要有光源、单色器、样品室、检测器和记录系统等部件。

朗伯-比耳定律的数学表达式为：

$$A=\lg\frac{I_0}{I_t}=Kbc$$

式中：A 为吸光度；I_0 为入射光强度；I_t 为透射光强度；K 为比例常数，b 为液层厚度(即光程)；c 为溶液的浓度。

现介绍实验室常用的几种分光光度计。

一、722S 型分光光度计

722S 型分光光度计以卤素灯为光源，采用光电管为光电转换元件，衍射光栅为色散元件，工作波段范围为 340～1 000 nm。具有自动调零与自动调 100% T 功能，数显式吸光度与浓度直读测定，并可配合(连接)计算机处理数据，是一种简洁、精巧、易用和更新型的分光光度计。

1. 仪器外形结构及操作键功能

722S 型分光光度计外形结构如图 3-5 所示。

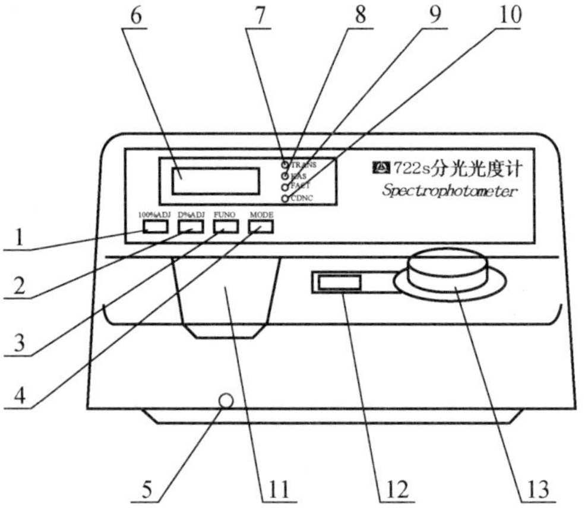

图 3-5 722S 型分光光度计外形结构示意图

1. ↑/100%T 键 2. ↓/0%T 键 3. Function 键 4. MODE 键 5. 试样槽架拉杆 6. 显示窗 7. TRANS 指示灯 8. ABS 指示灯 9. FACT 指示灯 10. CONC 指示灯 11. 样品室 12. 波长指示窗 13. 波长调节钮

2. 使用方法

(1)预热 仪器开机后，灯及电子部分需热平衡，故开机预热 30 min 后才能进行测定工作，如紧急应用时请注意随时调 0，调

100% T。

(2)调零 打开试样盖(关闭光门),然后按"0% T"键,即能自动调整零位。

(3)调整100% T 将用作背景的空白样品置入样品室光路中,盖下试样盖(同时打开光门)按下"100% T"键即能自动调整100% T(一次有误差时可加按一次)。

注意:调整100% T时整机自动增益系统重调可能影响0% T,调整后请检查0% T,如有变化可重调0% T一次。

(4)调整波长 转动波长旋钮,旋钮左侧的显示窗显示所选波长,读出波长时目光需垂直观察。

注意:本仪器因采用机械联动切换滤光片装置,故当旋钮转动经过480 nm时会有金属接触声。如在480~1 000 nm存在轻微金属摩擦声,属正常现象。

(5)改变试样槽位置让不同样品进入光路 仪器标准配置中试样槽架是四位的,用试样槽拉杆来改变位置,最内为"0"位置,依次向外拉出相应为"1""2""3"位置,当拉杆到位时有定位感,到位时请前后轻轻推动一下以确保定位正确。

(6)确定滤光片位置 本仪器备有减少杂光、提高340~380 nm波段光度准确性的滤光片,位于样品室内侧,用一拨杆来改变位置。当测试波长在340~380 nm波段内如作高精度测试可将拨杆推向前(见机内印字指示),通常不使用此滤光片,可将拨杆置在400~1 000 nm位置。

注意:如在380~1 000 nm波段测试时,误将拨杆置在340~380 nm波段,则仪器将出现不正常现象(如噪声增加,不能调整100%T等)。

(7)改变标尺 本仪器设有4种标尺:

TRANS透射比:用于对透明液体和透明固体测量透点;

ABS吸光度:用于采用标准曲线法或绝对吸收法分析,在作动力学测试时亦能利用本系统;

FACT浓度因子:用于在浓度因子法浓度直读时设定浓度因子;

CONC浓度直读:用于标样法浓度直读时,作设定和读出,亦用于设定浓度因子后的浓度直读;

各标尺间的转换用MODE键操作并由"TRANS"、"ABS"、"FACT"、"CONC"指示灯分别指示,开机初始状态为TRANS,每按一次顺序循环。

3. 注意事项

(1)仪器使用环境温度10~30℃,环境湿度< 85%。

(2)电源电压应在220(1+10%)V范围内。

(3)仪器表面要用温水擦拭,请勿用乙醇、乙醚、丙硐等溶剂清洁。不用时请加盖防尘罩。

(4)每台仪器所配套的吸收池,不能与其他仪器上的吸收池单个调换。

(5)仪器不要连续使用太长时间,以免光电管疲劳。

(6)拿取比色皿时,手指不能接触其透光面。溶液应装至比色皿高度的4/5处,不宜过满,盛好溶液后,应先用滤纸轻轻吸去比色皿外部的水分,再用擦镜纸轻轻擦拭透光面,直至洁净透明。另外,还应注意比色皿内部不得黏附细小气泡,否则影响透射比的测定。

(7)为了使比色皿中测定溶液与原溶液的浓度保持一致,应先用该溶液清洗比色皿内壁2~3次。在测定一系列溶液的吸光度时,通常都是按从稀到浓的顺序进行以减小误差。

(8)必要时比色皿可用盐酸或适当溶剂浸洗，切忌用碱或强氧化剂洗涤，也不能用毛刷刷洗，以免损伤比色皿。

(9)在实际分析中，通常根据溶液中被测物含量的不同，选用厚度不同的比色皿，使溶液的吸光度控制在 0.2～0.8 范围之内。并在每次使用后用石油醚清洗，并用擦镜纸轻拭干净，存于比色皿盒中备用。

二、WFJ 7200 型分光光度计

WFJ 7200 型可见分光光度计采用低杂散光、高分辨率的单光束光路结构单色器，仪器具有良好的稳定性、重现性和精确的测量读数。5 nm 光谱带宽可满足绝大多数分析测试项目的要求。

采用最新微处理机技术，使仪器具有自动调 0% T 和 100% T 等控制功能以及多种方法的浓度运算和数据处理功能。

无论选用何种测量方式，都必须遵循以下基本操作步骤：

(1)连接仪器电源线，确保仪器供电电源有良好的接地性能。

(2)接通电源，使仪器预热 20 min(不包括仪器自检时间)。

(3)用<MODE>键设置测试方式：透射比(T)，吸光度(A)，已知标准样品浓度值方式(C)和已知标准样品斜率(F)方式。

(4)用波长选择旋钮设置所需的分析波长。

(5)将参比样品溶液和被测样品溶液分别倒入比色皿中，打开样品室盖，将盛有溶液的比色皿分别插入比色皿槽中，盖上样品室盖。

(6)将 0% T 校具(黑体)置入光路中，TRANS 指示灯亮时按"0% T"键，此时显示器显示透光率为"0.000"。

(7)将装有参比样品的比色皿推(拉)入光路中，TRANS 指示灯亮时，按"100% T"键调 100% T，此时显示器显示的"BLA"值至"100.0"%T，表示透光率为"100%"。ABS 指示灯亮时，数字显示为"0.000"，表示此时吸光度 A 为"0.000"。

(8)当仪器显示器显示出"100.0"% T 或"0.000"A 后，将装有被测样品的比色皿推(拉)入光路，这时，便可从显示器上读出被测样品的透射比 T 或吸光度 A 值。

三、i2 型分光光度计

i2 型分光光度计以卤素灯为光源，工作波段范围为 320～1 100 nm。该仪器具有自动调零与自动调 100% T 功能，数显式，吸光度与浓度直读测定，并可配合计算机处理数据，是一种简洁、精巧、易用和更新型的分光光度计。

1. 仪器操作键功能

仪器操作面板见图 3-6，现分别介绍每个按键的功能：

Set(3)：设定各个功能下的测量模式或测试参数等；

清除/删除键(4)：清除或删除数据或操作；

确认键(5)：用于数据和菜单的确认；

开始/停止键(7)：开始测试或者停止测试键；

校空白键(8)：用于调 0.000 A 和 100% T；

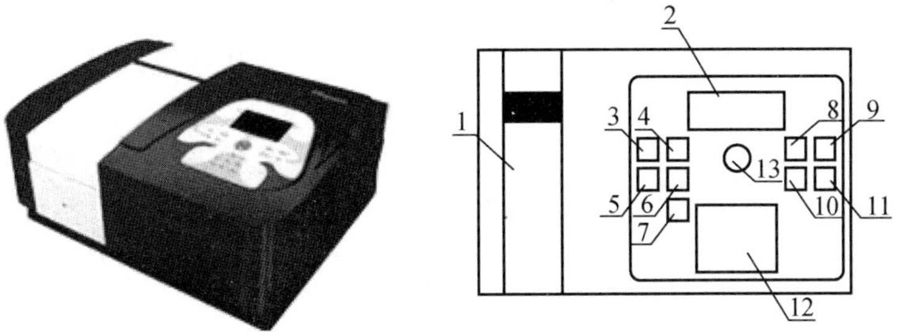

外观　　平面图

图 3-6　i2 型分光光度计面板

1. 盖子　2. 显示屏　3. SET　4. 清除/删除键　5. 确认键　6. CELL　7. 开始/停止键　8. 校空白键　9. 打印键　10. GOTO λ　11. 返回键　12 键盘　13. 上下键

打印键(9):用于打印测试结果;

GO TO λ(10):用于波长设置;

返回键(11):用于返回上级菜单;

上键(13):选择向上移动;

下键(13):选择向下移动。

2. 分光光度计的使用方法

(1)仪器开启　将电源线连接上电源,打开仪器开关。

(2)系统自检　仪器会自动对滤色片、检测器、钨灯、波长校正系统参数和暗电流进行检测。

(3)系统自检后,仪器进入预热状态,预热时间约为 20 min。

(4)预热结束后,完成仪器的准备工作。仪器进入主菜单界面,根据实验要求,按上键或者下键,选择特定的功能(仪器含有光度测量、定量测量、系统设定功能键)。下面将分别介绍实验中常用的光度测量功能和定量测量功能。

(5)光度测量功能的设置

①选定功能:在主界面状态时,选定"光度测量"项,按"enter"键,进入光度测量主界面。

②按"SET"键进入测量模式(包含有吸光度、透过率、能量)选择界面。根据实验要求,选定具体的测量模式。按"enter"后,再按"esc"键,自动返回光度测量主界面,显示模式即为选定模式。

③设置波长:在选定的模式下,按"GO TO λ"键设定实验所需的波长,设置结束后,按"enter"确认。

④调 0.000Abs/100.0% T:在该模式下,按"zero"键对当前波长下的空白样品(注意一定要将空白样品拉入光路中)调 0.000Abs/100.0% T。

⑤测量样品:调 0.000Abs/100.0%T 完成后,将待测样品拉入光路中,按"enter"键进入测量界面。按"start"键即可对样品进行测定。系统自动记录数据(显示屏只能显示 5 行数据)。

⑥打印结果:测量结束后,直接按"print"键,打印实验结果。

(6)定量测量功能的设置　在主界面状态时,选定"定量测量"项,按"enter"键,进入定量测量(包含标准曲线法、系数法、浓度单位三个子菜单)主界面。在此,我们只介绍使用广泛的标准曲线法。

①在定量测量主界面下，按上下键选定“标准曲线法”，按“enter”键进入标准曲线法界面。

②在该界面下，使用上、下键选定“新建曲线”功能，按“enter”键，进入标准样品个数设定界面，根据实验要求，确定具体的标准样品个数。

③在标准曲线的标样数设定界面下，按“GO TO λ”设定所需的工作波长。

④根据系统提示，输入1号标准品的浓度，将参比溶液拉入光路中，按“zero”键，对参比溶液调0.000 Abs/100.0% T，再将1号标准品拉入光路中，按“enter”键，仪器自动记录1号标准品的吸光度值。

⑤依次将其他标准品拉入光路中，按“enter”键，测量标准品的吸光度值。

注意：在测定一系列溶液的吸光度时，通常都是按照浓度从稀到浓的顺序进行

⑥当标准品测量完毕后，系统自动绘制标准曲线。可以利用绘制好的标准曲线对未知浓度的样品进行测定。方法简介如下：将参比溶液拉入光路中，按“zero”键，对参比溶液调0.000 Abs/100.0% T，再将未知浓度的样品拉入光路中，按“start”键，仪器便可读出相应样品的浓度。

3. 日常维护及使用注意事项

(1)仪器应放置在水平固定的桌面上，环境温度控制在5～35℃，相对湿度不超过85%。

(2)开机前，先检查样品室中是否有比色皿或者其他物品，物品的存在会导致系统自检出错。

(3)每台仪器配置的比色皿，不能与其他仪器上的吸收池单个调换。

(4)使用比色皿时只能用手指捏住比色皿两侧的磨砂面，切勿触摸透光面，以免玷污而影响透光率，从而影响测定的准确性。

(6)使用比色皿之前，需用待测溶液清洗比色皿内壁2～3次，比色皿内液面的高度不得超过比色皿高度的2/3。

(7)清洗比色皿时，一般用水冲洗。如比色皿被有机物污染，可用盐酸-乙醇混合液(1∶2)浸泡片刻，再用水冲洗。必要时比色皿中测定溶液可用盐酸或适当溶剂浸洗，切忌用碱或强氧化剂洗涤，也不能用毛刷刷洗，以免损伤比色皿。

(8)在实际分析中，通常根据溶液中被测物含量的不同，选用不同厚度的比色皿，使溶液的吸光度控制在0.2～0.8范围之内，并在每次使用后用石油醚清洗，并用擦镜纸轻擦拭干净，存放在比色皿盒中备用。

(9)测试结束时，及时将样品从样品室中取出。如果样品室有漏液，及时擦拭干净，以免引起样品室内部件腐蚀和螺钉生锈。

第四节　旋光仪

旋光仪是测定物质旋光度的仪器。旋光仪的主要用途有以下两个方面：一是研究有机物的结构，二是定量测定旋光物质的浓度及纯度。

WZZ-2S数字式旋光仪具有操作简便、快速、数显式、可直接测定的特点，并可以连接电脑处理数据，是一种更新型的产品。市售的旋光仪有两大类：一类是直接目测的，一类是自动显示数值的。

1. 工作原理

其工作原理参见图 2-44。常用的旋光仪主要有光源、起偏镜、样品管(也叫旋光管)和检偏镜等几部分组成。光源为炽热的钠光灯,其发出波长为 589.3 nm 的单色光(钠光)。起偏镜由两块光学透明的方解石黏合而成,也叫尼科尔(Nicol)棱镜,其作用是使自然光通过后产生所需要的平面偏振光。样品管充装待测的旋光性液体或溶液。当偏振光通过盛有旋光性物质的样品管后,因物质的旋光性使偏振光不能通过第二个棱镜(检偏镜),必须将检偏镜扭转一定角度后才能通过,因此要调节检偏镜进行配光。由装在检偏镜上的标尺盘移动的角度,可指示出检偏镜转动的角度,该角度即为待测物质的旋光度。

自动显示数值的旋光仪由于应用了光电检测器和晶体管自动示数装置,因此灵敏度较高、读数方便、且可避免人为的读数误差,目前应用广泛。

2. 使用方法

(1)接通电源,将电源开关按向上,等待 5 min 使钠灯发光稳定。

(2)将光源开关按向上,此时钠灯在直流供电下点燃。

(3)将样品管(图 3-7)一端的螺帽旋下,取下玻璃盖片,然后将管竖直,管口朝上。将蒸馏水注入样品管,小心将玻璃盖片沿管口方向盖上,如管内有气泡,需重新装填。装好后,将样品管外部擦拭干净。按下"清零"按键,数码管示数为零,完成零点校正。

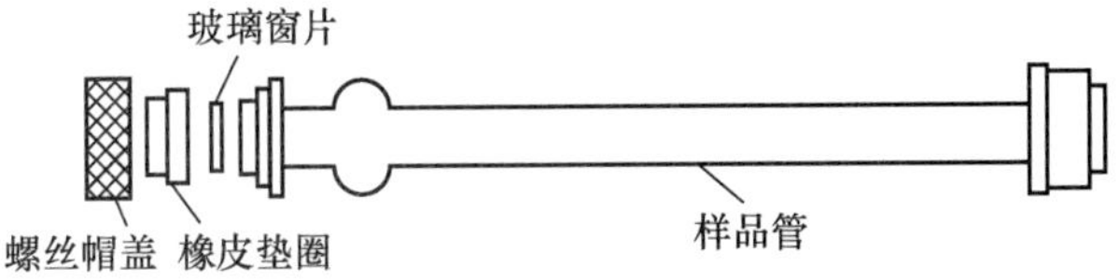

图 3-7　样品管的构造

(4)采用同(3)方法,将待测样品装入样品管,数码管显示所测样品的旋光度值,待示数稳定后再读取数值。

(5)按下"复测"键,取几次测量的平均值作为测量结果。

3. 保养及使用注意事项

(1)仪器应放在空气流通和温度适宜的地方,以免光学零件、偏振片受潮发霉及性能衰退。

(2)仪器连续使用时间不宜超过 4 h。如使用时间过长,中间应将光源关闭 10～15 min,待钠光灯冷却后再继续使用,以免降低亮度,影响钠灯寿命。

(3)旋光管中装入蒸馏水或者样品溶液时,应使液面凸出管口,将玻璃盖片沿管口轻轻推盖好,尽量不要带入气泡。然后旋紧螺帽,但也不要过紧,否则玻璃产生应力,致使管内有空隙,从而造成读数误差。盖好后如发现旋光管内仍有气泡,可将样品管带凸颈的一端向上倾斜,将气泡逐入凸颈部位,以免影响测定。

(4)旋光度与光路中光学活性物质的分子数成正比。对于旋光度值较小的样品,在配置溶液时,易将浓度配高一些,并选用长一点的旋光管,以便于观察。

(5)在测定有变旋现象的物质时,需将样品放置一段时间后,才可测量,否则所测量的旋光度不准确。

(6)样品管使用后,应及时用蒸馏水冲洗干净,擦干存放。

(7)仪器不用时,应将仪器放入箱内或用塑料罩罩上,以防灰尘侵入。

第五节 阿贝折光仪

阿贝折光仪是一种能测定透明、半透明或固体折光率和平均色散率的仪器。折光率是物质的重要物理常数之一，测定物质的折光率可以定量地计算出该物质的浓度和纯度。折射率也可以用来鉴定未知的有机化合物，因此也是研究物质结构的重要工具。

1. 工作原理

阿贝折光仪的工作原理图见第二章第六节图 2-45。

为了测定 β_0 值，阿贝折射仪采用了“半明半暗”的方法，就是让单色光 由 0～90°的所有角度从介质 A 射入介质 B，这时介质 B 中临界角以内的整个区域均有光线通过，因而是明亮的；而临界角以外的全部区域没有光线通过，因而是黑暗的，明暗两区域的界线十分清楚。如果在介质 B 的上方用一个目镜观测，就可以看见界线十分清晰的一明一暗的两个半圆组成的视野。这个明暗分界线，就是临界角的位置。

介质不同，临界角也就不同，目镜中明暗两区的界线位置也不一样。如果在目镜中刻上一个“十”字交叉线，改变介质 B 与目镜的相对位置，使每次明暗两区的界线总是与“十”字交叉线的交点重合，这样就可以测得各种不同介质的临界角值。如果将各种不同临界角相对应的折射率值事先计算好并刻画在一个刻度盘上，当测得临界角值时，就可以直接读出待测液体的相应的折射率数值。同时在阿贝折射仪中还安装有一组阿米西（Amici）棱鏡，可以消除白光通过棱镜所产生的色散，使测得的折射率与以钠光为光源所测得的数值一样。这些都是阿贝折射仪的优点所在。

2. 结构

阿贝折光仪的结构参见第二章第六节图 2-46。

3. 使用方法

(1)仪器的校正　折光仪的标尺零点有时会发生移动，因而在使用前需对其零点进行校正。校正时可用已知折光率的标准液体（如蒸馏水）或已知折光率的标准玻璃块。

a. 用蒸馏水校正　先用橡皮管将折射仪与恒温槽连接，恒温后（一般为 20℃或 25℃），打开进光棱镜，用擦镜纸蘸少许乙醇或丙酮，沿同一方向把上下两棱镜镜面轻轻擦拭干净。待镜面完全干燥后，在折射棱镜的抛光面上滴 1～2 滴蒸馏水，盖上上面的进光棱镜，通过目镜观察视场，同时旋转调节手轮和色散校正手轮，使视场中明暗两部分具有良好的反差，明暗分界线具有最小的色散，视场内明暗分界线准确对准交叉线的交点。如有偏差，可用螺丝刀通过色散校正手轮中的小孔，小心旋转里面的螺钉，使分线板上交叉线上下移动，使明暗界限与“十”字交叉重合，校正工作完成。然后再进行测量，直到测量值符合要求为止。校正完毕后，在以后的测定工作中不允许随意再动此位置。

b. 用标准折射玻璃块校正　在折射棱镜的工作表面上滴 1～2 滴 1-溴代萘，再将玻璃块黏附于此镜面上，然后按上述方法进行校正，直到测量值符合标准玻璃块上所标定的数据。

(2)测定

①将折光仪置于光亮处，但避免阳光直接暴晒，接通电源开关，聚光照明部件中的照明灯亮。

②打开折射棱镜部件，用酒精小心地清洁上、下两棱镜镜面。

③将被测样品放在下面折射棱镜的工作表面上。如果样品为液体，可用一次性吸管吸2～3滴待测液，均匀地滴在棱镜的工作表面上，要求液体无气泡并充满视场，然后将上面的进光棱镜盖上。如果样品为固体，则固体样品必须有一个经过抛光加工的平整表面。测量前需将抛光表面擦净，并在下面的折射棱镜工作表面上滴1～2滴比固体样品折射率高的透明液体(如1-溴代萘)，然后将固体样品的抛光面放在折射棱镜的工作表面上，使其接触良好。

④旋转聚光照明部件的转臂和聚光镜筒，使上面的进光棱镜的进光表面得到均匀照明。

⑤通过目镜观察视场，同时旋转调节手轮，使明暗分界线落在交叉视场中。若从目镜中看到的视场是暗的，将调节手轮逆时针旋转；若看到的视场是明亮的，则将调节手轮顺时针旋转。在明亮视场下可以旋转目镜，调节视度看清晰交叉线。

⑥旋转目镜色散校正手轮，同时调节聚光镜位置，使视场中明暗两部分具有良好的反差和明暗分界线具有最小的色散。

⑦旋转调节手轮，使明暗分界线准确对准交叉线的交点。

⑧测量结束后，用酒精或水小心洗净两镜面，晾干后再关闭保存。

4. 保养维护及使用注意事项

(1)仪器应放在干燥、空气流通和温度适宜的地方，以免仪器的光学零件受潮发霉。

(2)阿贝折光仪在使用前后，均需用丙酮或乙醇洗净镜面并干燥；擦洗镜面时，只能用擦镜纸或用脱脂棉蘸少许无水乙醇或丙酮，轻轻地朝单方向洗干净。

(3)在滴加液体样品时，滴管的末端勿触及棱镜。不能用阿贝折光仪测定强酸、强碱等具有腐蚀性的液体。

(4)在操作过程中，严禁手上的油污或汗水触及光学零件，以免污染零件。

(5)仪器不用时，应使用塑料罩将仪器盖上或将仪器放在箱内，箱内应存有干燥剂，以防止吸收潮气。

(6)仪器应避免强烈振动或者撞击，以防止光学零件损伤及影响精密度。

第六节　电导率仪

实验室测量电解质溶液电导率所用的仪器为电导率仪，常用的方法有平衡电桥法与非平衡电桥法。前者常用的仪器有惠斯登电桥，后者多用国产的DDS-11A型电导率仪或DDS-11型电导率仪。这两种仪器是只读式的，测量范围广，操作简便。若配上自动平衡记录仪，可以自动记录被测物的电导值或电导率值的变化状况。在电导率仪中常用的电极有铂黑电极和光亮电极。电导率仪的操作面板见图3-8。

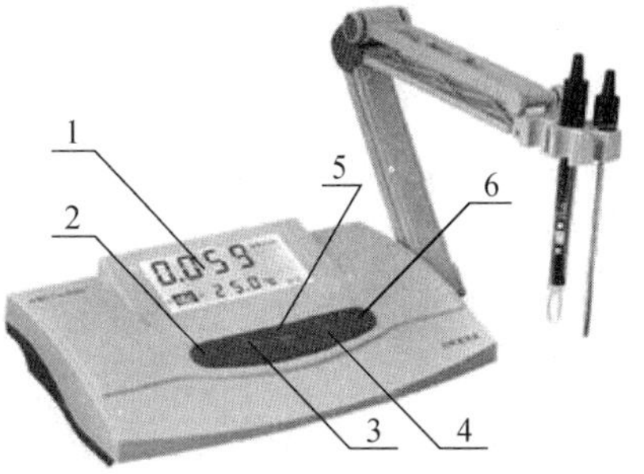

图3-8　电导率仪

1. 显示屏　2. 电导率/TDS　3. △电极常数▽　4. △温度▽　5. △常数调节▽　6. 确定

1. 工作原理

电解质溶液中的离子在电场的作用下，会定向运动传递电子，产生电流，具有导电作用。为了测量其导电能力，可用两个平行板电极插入溶液中，溶液的电阻

R 与两极间距离 l 成正比，与电极面积 A 成反比，比例系数即为电阻率为 ρ，则

$$R=\rho\frac{l}{A}$$

溶液的电导 G 为 R 的倒数，电导率用希腊字母 κ 表示，是电阻率的倒数，即具有如下关系：

$$G=\kappa\frac{A}{l}，即\ \kappa=\frac{1}{R}\cdot\frac{l}{A}$$

对于固定的电导池，$\frac{l}{A}$ 为定值，称为电导池常数，用 K_{cell} 表示，即上式可写为：$\kappa=\frac{K_{cell}}{R}$

电导率仪由振荡器、转换器和指示器等部分组成。DDS-11A 型电导率仪的工作原理见图 3-9。它是根据“电阻分压原理”设计的，其电阻分压回路有电导池的电阻 R 和测量电阻箱的

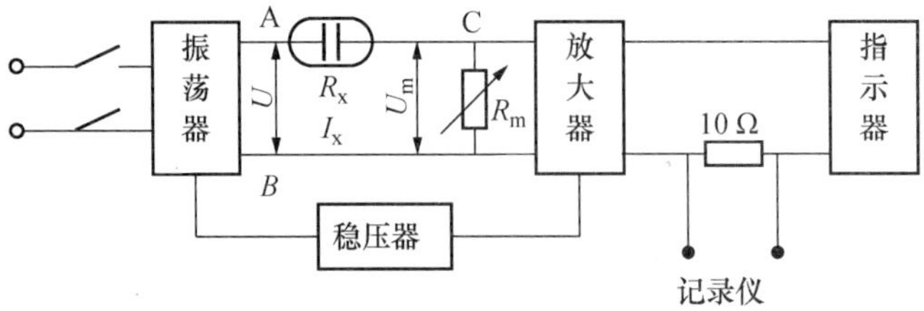

图 3-9 电导率仪工作原理

电阻 R_m 串联而成。U 为振荡器加在该回路 A、B 两端的电压，产生一个测量电流 I_x。根据欧姆定律：

$$I_x=\frac{U}{R_x+R_m}=\frac{U_m}{R_m}$$

式中：R_m 为分压电阻；R_x 为液体电阻；所以

$$U_m=\frac{UR_m}{R_x+R_m}=\frac{UR_m}{R_m+\frac{1}{G}}$$

式中：U 不变，R_m 经设定后也不变，所以电导 G 只是 U_m 的函数。U_m 经放大检波后，在显示仪器上换算成电导或电导率的数值显示出来。

2. 使用方法

(1)使用前的准备

①打开电源前，观察表头指针是否指零，如不指零，可调节表头上的螺丝，使表针指零。

②将校正、测量开关扳在“校正”位置上。

③打开电源开关，预热数分钟，待指针完全稳定下来为止。调节校正调节器，使指针指在满刻度上。

④当被测溶液的电导率低于 300 $\mu S\cdot cm^{-1}$ 时，将开关扳至“低周”，当待测溶液的电导为 $300\sim1\times10^5$ $\mu S\cdot cm^{-1}$ 时，将开关扳至“高周”。

⑤将量程开关扳至适当的档上。若预先不知道被测溶液电导率的大小，应先将量程开关扳在最大电导率测量档，然后逐档下降，以防表针打弯。

⑥将电极常数调节器调节至所用电极常数相对应的位置上(注意当选用 DJS-10 铂黑电极时,应将调节器旋在所用电极 1/10 电极常数位置上)。

(2)校正 根据被测溶液电导率的大小,将开关扳至“低周”或“高周”。将校正、测量选择开关置于“校正”档,调节校正调节器,使电表指针满刻度指示。

(3)测量

①用少量待测溶液将电极冲洗两三次,将电极浸入待测溶液中。将“校正-测量”选择开关置于“测量”档,读出电表指针指示的数值,再乘以量程开关所指示的倍数,即为被测溶液的电导率。

②测量完毕,将量程选择开关还原到最高档,校正测量开关拨向校正,取出电极用蒸馏水冲洗后,放回电极盒。

3. 保养及使用注意事项

(1)当测量电导率低于 300 $\mu S \cdot cm^{-1}$ 的液体时,选用“低周”,这时将开关扳向“低周”即可。当测量电导率在 $300 \sim 1 \times 10^5 \mu S \cdot cm^{-1}$ 范围的液体时,则将开关扳向“高周”。

(2)当被测液的电导率低于 10 $\mu S \cdot cm^{-1}$ 时,使用 DJS-1 型光亮电极;当被测液的电导率在 $10 \sim 1 \times 10^4 \mu S \cdot cm^{-1}$ 范围,则使用 DJS-1 型铂黑电极;当被测液的电导率大于 $1 \times 10^4 \mu S \cdot cm^{-1}$,用 DJS-1 型电极测不出时,则应选用 DJS-10 型铂黑电极(此时应把电极常数调节器调节在与所配套的电极常数的 1/10 位置上)。

(3)电极的引线不能潮湿,否则将测量不准。

(4)高纯水被盛入容器后应迅速测量,否则空气中的 CO_2 溶于水中变成 HCO_3^- 和 CO_3^{2-},使电导率很快增加。

(5)盛待测溶液的容器必须清洁,无其他离子污染。

(6)每测一份样品后,不要用蒸馏水直接冲洗电极上的铂黑,用吸水纸吸干电极上的液体时,同时也不能擦铂黑,以免引起铂黑脱落,引起电极常数的改变。可用待测溶液淋洗 3 次后再进行测定。

第四章　基础实验操作

实验一　玻璃仪器的洗涤和干燥

【实验目的】

1. 了解实验室环境及规则。

2. 认识实验常用玻璃仪器，熟悉其名称、规格、主要用途和使用注意事项。

3. 掌握常用仪器的洗涤和干燥方法。

【实验内容】

1. 认领仪器

按照仪器清单领取实验中常用仪器，逐个认识其形状、规格及主要用途，清点数量，发现缺少和破损立即报告老师处理。每次实验用到的仪器放到实验台上，不用的按原位放好。

2. 仪器的洗涤

实验室所用的玻璃仪器，如烧杯、试管、锥形瓶、量筒等，可根据沾污程度，选择适当大小的毛刷，用自来水蘸去污粉或用洗涤剂刷洗；而滴定管、容量瓶、移液管、吸量管等口小管细、且具有精确刻度的仪器，则根据情况选用合成洗涤剂、铬酸洗液荡洗或浸泡。当壁上附有特殊污物难以除去时，应根据物质的性质有针对性地选用适当的试剂洗涤。

洗涤方法详见第二章第一节。

3. 仪器的干燥

如果实验中使用的仪器需要干燥，此时可视情况不同，采用不同的干燥方法，干燥方法详见第二章第一节。

【思考题】

1. 常用的洗涤方法有哪些？选择洗涤方法的原则是什么？

2. 玻璃仪器的洗净标准是什么？

3. 为什么带刻度的计量仪器不能用加热的方法进行干燥？

附表　仪器、用品清单

仪器名称	规格	数量	仪器名称	规格	数量
烧杯	500 mL	1只	移液管	20 mL	1支
	250 mL	1只	容量瓶	250 mL	1只
	50 mL	1只	酒精灯		1盏
试管	1.8 cm×18 cm	6支	铁圈		1个
试管架		1个	洗瓶		1只

续附表

仪器名称	规格	数量	仪器名称	规格	数量
量筒	100 mL	1 只	石棉网		1 块
	10 mL	1 只	表面皿		1 个
酸式滴定管	50 mL	1 支	洗耳球		1 个
碱式滴定管	50 mL	1 支	玻璃棒试管夹		若干支
滴定装置		1 套	玻璃漏斗		1 个
锥形瓶	250 mL	2 只	蒸发皿		1 只

实验二　溶液的配制

【实验目的】

1. 掌握实验室常用溶液的配制方法。
2. 学习容量瓶、移液管和吸量管的使用方法。

【实验原理】

物质以分子、离子状态分散于另一种物质中构成的均匀而稳定的体系叫溶液。许多化学反应是在溶液中进行的。因此，正确地配制一定浓度的溶液是化学工作者应具备的重要实验技术之一。

一般溶液的配制方法有稀释法、直接水溶法和介质水溶法。

市售的常用的几种重要无机酸和一些有机酸是浓溶液状态。配制这些物质的溶液时，采用浓溶液的稀释法，其遵循的原则是稀释前后溶质的物质的量不变。即

$$c_{浓} V_{浓} = c_{稀} V_{稀}$$

式中：$c_{浓}$ 和 $c_{稀}$ 分别为原浓溶液和要配制溶液的浓度；$V_{浓}$ 和 $V_{稀}$ 分别为原浓溶液和要配制溶液的体积。

配制时根据计算取一定体积的浓溶液加水稀释至所需体积搅匀即可。

大多数的盐和碱是固态。因此，配制这些物质的溶液时，先计算所需固体的质量：

$$m = c_{B} V M_{B}$$

式中：m 为溶质 B 的质量；c_{B} 为溶质 B 的物质的量浓度；M_{B} 为溶质 B 的摩尔质量；V 为配制溶液的体积。

称取质量为 m 的固体后加适量的蒸馏水完全溶解后，然后再加水到所要配制的体积搅匀即可。

对于易发生水解的盐类，配制溶液时采用介质水溶法，如 $FeCl_3$ 溶液的配制：称取一定质量的 $FeCl_3$ 固体后加适量的盐酸溶解，然后再加蒸馏水到所要配制的体积搅匀即可。

标准溶液：浓度准确已知的溶液（标准溶液的配制方法在分析化学实验中详细介绍）。

缓冲溶液的配制在后续实验中安排，这里不再介绍。

【仪器和试剂】

1. 仪器

托盘天平，分析天平，50 mL，250 mL 容量瓶，25 mL 移液管，10 mL 吸量管，烧杯等。

2. 试剂

浓 H_2SO_4（质量分数 98%，密度 1.84 g·mL^{-1}），冰醋酸（质量分数 99.5%，密度 1.05 g·mL^{-1}），NaCl(s)，$FeCl_3$(s)，无水 Na_2CO_3(s)。

【实验内容】

1. 定量分析容器的使用

(1)清洗仪器　根据仪器沾污程度，酌情选用洗涤剂清洗容量瓶、移液管和吸量管。

(2)吸量管的使用练习

过程：润洗→吸液→调液面→放至烧杯中

①取 500 mL 烧杯盛一定量水，用 25 mL 移液管移取水 25.00 mL 于另一只烧杯中，练习 3 次。

②取 500 mL 烧杯盛一定量水，用 10 mL 吸量管分别移取水 2.00 mL、4.00 mL、6.00 mL、8.00 mL、10.00 mL 于另一只烧杯中，各练习 3 次。

(3)容量瓶的使用

过程：试漏→转移溶液→稀释→平摇→稀释→定容→摇匀

2. 溶液的配制

(1)配制 0.1 mol·L^{-1} HAc 溶液 400 mL

①计算冰醋酸的物质的量浓度 $c_{浓}$；

②计算所需冰醋酸的体积 $V_{浓}$；

③用小量筒取所需冰醋酸倒入大烧杯中，用蒸馏水稀释到 400 mL，用玻璃棒搅匀移入试剂瓶中，贴好标签(注明：溶液名称、溶液浓度和配制时间)备用。

(2)配制 1 mol·L^{-1} H_2SO_4 溶液 100 mL

①计算浓 H_2SO_4 物质的量浓度 $c_{浓}$；

②计算所需浓 H_2SO_4 的体积 $V_{浓}$；

③用量筒取 50 mL 蒸馏水加到 250 mL 烧杯中，再量取所需浓 H_2SO_4。将浓 H_2SO_4 缓慢地加到蒸馏水中，边加边搅拌，待溶液温度接近室温后用蒸馏水稀释到 100 mL，用玻璃棒搅匀移入试剂瓶中，贴好标签备用。

(3)配制 0.1 mol·L^{-1} 的 NaCl 溶液 300 mL

①计算所需 NaCl 的质量；

②用托盘天平称取所需固体 NaCl，蒸馏水溶解后稀释到 300 mL，用玻璃棒搅匀移入试剂瓶中，贴好标签备用。

(4)配制 0.1 mol·L^{-1} 的 $FeCl_3$ 溶液 300 mL

①计算所需 $FeCl_3$ 的质量；

②用托盘天平称取所需 $FeCl_3$ 的质量，盐酸溶液溶解后，再用蒸馏水稀释到 300 mL，用玻璃棒搅匀移入试剂瓶中，贴好标签备用。

(5)配制 0.010 00 mol·L^{-1} 的 Na_2CO_3 标准溶液 250 mL

①计算所需无水 Na_2CO_3 的质量；

②准确称取所需 Na_2CO_3 样品于 50 mL 烧杯中，加适量蒸馏水溶解，转移到 250 mL 容量瓶中，洗涤烧杯及玻璃棒 2～3 次，同时转移到 250 mL 容量瓶中，定容，摇匀贴好标签备用。

(6)准确稀释 Na_2CO_3 标准溶液

①用吸量管取 0.010 00 mol·L^{-1} Na_2CO_3 溶液 2.00 mL 至 50 mL 容量瓶中，蒸馏水定容至刻度，摇匀。

②计算稀释后的准确浓度。

【思考题】

1. 配制一般溶液常用的方法有哪几种？
2. 用容量瓶配制标准溶液时，基准试剂用托盘天平称量还是用分析天平称量？为什么？
3. 配制有明显热效应的溶液时，应注意哪些问题？

实验三　电解质溶液

【实验目的】

1. 通过实验进一步理解弱电解质电离的特点，巩固 pH 概念，了解影响平衡移动的因素。
2. 学习缓冲溶液的配制及其性质。
3. 观察盐类水解作用及影响水解的因素。

【实验原理】

1. 弱电解质的电离平衡及其移动

弱电解质(AB)在水溶液中的存在电离平衡：

$$AB \rightleftharpoons A^+ + B^-$$

平衡常数：$\frac{[A^+][B^-]}{[AB]} = K_a$ 或 K_b

在弱电解质溶液中，加入与弱电解质含有相同离子的强电解质，平衡向生成弱电解质的方向移动，使弱电解质的电离度降低，这种现象称为同离子效应。

2. 缓冲溶液

能对抗外加少量强酸、强碱或适当稀释而保持 pH 基本不变的溶液叫缓冲溶液。缓冲溶液是由弱酸及其共轭碱(或弱碱及其共轭酸)组成的。缓冲溶液的 pH 可用下式计算：

$$pH = pK_a^{\ominus} - \lg \frac{c_a}{c_b}$$

缓冲溶液的 pH 除主要决定于 pK_a(pK_b)外，还与弱酸及其共轭碱的浓度比值有关。

3. 盐类的水解

盐的水解反应是指盐溶于水时，盐电离出的离子与水电离出的 H^+ 或 OH^- 结合生成弱酸或弱碱，破坏了水的电离平衡，使溶液具有一定的酸碱性。例如，NaAc(强碱弱酸盐)溶液呈碱性，NH_4Cl(强酸弱碱盐)溶液呈酸性，弱酸弱碱盐水溶液的酸碱性取决于弱酸弱碱的相对强弱。而强酸强碱盐不水解，故 NaCl 呈中性，盐水解后生成的酸或碱越弱水解程度越大。盐的水解反应是中和反应的逆反应，水解是吸热反应，加热可促进水解。

【仪器和试剂】

1. 仪器

吸量管，烧杯，试管，量筒，广范 pH 试纸，精密 pH 试纸等。

2. 试剂

6 mol·L^{-1} HCl，0.1 mol·L^{-1} HCl，0.01 mol·L^{-1} HCl，pH=4 的 HCl，浓 H_2SO_4，1 mol·L^{-1} HAc，0.1 mol·L^{-1} HAc，0.01 mol·L^{-1} HAc，2 mol·L^{-1} NaOH，0.1 mol·L^{-1}，NaOH，pH=10 的 NaOH，0.1 mol·L^{-1} $NH_3·H_2O$，0.1 mol·L^{-1} NH_4Cl，0.1 mol·L^{-1} NH_4Ac，0.1 mol·L^{-1} NaCl，0.1 mol·L^{-1} $NaHCO_3$，1 mol·L^{-1} NaAc，0.1 mol·L^{-1} NaAc，NH_4Cl(s)，NaAc(s)，$Fe_2(SO_4)_3·9H_2O$(s)，$BiCl_3$(s)，0.1 mol·L^{-1} NaH_2PO_4，0.1 mol·L^{-1} Na_2HPO_4，甲基红指示剂，甲基橙指示剂，酚酞指示剂，锌粒。

【实验内容】

一、比较盐酸和醋酸的酸性

1. 分别在两支试管中各加入 1 mL 0.01 mol·L^{-1} HCl 和 0.01 mol·L^{-1} HAc 溶液，再各加 1 滴甲基橙指示剂，观察溶液颜色。

2. 分别在两片 pH 试纸上滴上 1 滴 0.1 mol·L^{-1} HCl 和 0.1 mol·L^{-1} HAc 溶液，观察 pH 试纸的颜色判断其 pH。

3. 分别在两支试管中各加入 2 mL 0.1 mol·L^{-1} HCl 和 0.1 mol·L^{-1}HAc，再各加大小相近的两粒锌粒并稍稍加热试管，注意比较两试管中的现象有何不同(剩余的锌粒洗净放入回收瓶中)。

二、用 pH 试纸测定下列溶液的 pH 并与计算结果比较

pH	试剂(浓度均为 0.1 mol·L^{-1})						
	NaOH	$NH_3·H_2O$	HCl	HAc	$NaHCO_3$	NaH_2PO_4	Na_2HPO_4
测定值							
理论值							

三、同离子效应

1. 在试管中加入 2.0 mL 0.1 mol·L^{-1}HAc 溶液，加 1 滴甲基橙指示剂，然后再加少量固体 NaAc，观察溶液颜色的变化，说明了什么？

2. 在试管中加入 2.0 mL 0.1 mol·L^{-1} $NH_3·H_2O$ 溶液，加 1 滴酚酞指示剂，然后再加少量固体 NH_4Cl，观察溶液颜色变化，说明了什么？

四、缓冲溶液的配制和性质

1. 缓冲溶液的配制

甲、乙、丙 3 种缓冲溶液的组成如下表。配制 3 种缓冲溶液各 30 mL，计算所需各组分的

体积，并填入下表中。

缓冲溶液	pH	溶液组成	各组分的体积/mL	pH(实验值)
甲	4	0.1 mol·L^{-1} HAc		
		0.1 mol·L^{-1} NaAc		
乙	7	0.1 mol·L^{-1} NaH_2PO_4		
		0.1 mol·L^{-1} Na_2HPO_4		
丙	10	0.1 mol·L^{-1} $NH_3·H_2O$		
		0.1 mol·L^{-1} NH_4Cl		

按照表中用量，配制甲、乙、丙 3 种缓冲溶液于已标号的 3 只小烧杯中。用精密 pH 试纸测定所配缓冲溶液的 pH，填入表中。试比较实验值与计算值是否相符(保留溶液，留作下面实验用)。

2. 缓冲溶液的性质

(1)缓冲溶液对强酸和强碱的缓冲能力

①用精密 pH 试纸测定蒸馏水的 pH，填入下表。

②将上述实验 1 中配制的甲、乙、丙三种缓冲溶液和蒸馏水依次各取 3 mL，每种取 2 份，共取 8 份，分别加入 3 滴 0.1 mol·L^{-1} HCl 和 0.1 mol·L^{-1} NaOH 溶液，用精密 pH 试纸测其 pH，填入下表。

缓冲溶液	甲		乙		丙		蒸溜水	
pH								
	加酸	加碱	加酸	加碱	加酸	加碱	加酸	加碱

加入酸和碱后，蒸馏水的 pH 有无变化？同一缓冲溶液的 pH 有无变化？为什么？

(2)缓冲溶液对稀释的缓冲能力　在 4 支试管中，依次加入 1 mL pH＝4 的缓冲溶液、pH＝4 的 HCl 溶液、pH＝10 的缓冲溶液、pH＝10 的 NaOH 溶液，然后在各试管中分别加入 9 mL 蒸馏水，混合后用精密 pH 试纸测量其 pH，填入下表，并解释实验现象。

试管号	溶液	稀释前 pH		稀释 10 倍后 pH	
		理论值	测定值	理论值	测定值
1	pH＝4 的缓冲溶液				
2	pH＝4 的 HCl 溶液				
3	pH＝10 的缓冲溶液				
4	pH＝10 的 NaOH 溶液				

3. 缓冲容量

①缓冲容量与缓冲组分浓度的关系　取两支试管，在一支试管中加 0.1 mol·L^{-1} HAc 和 0.1 mol·L^{-1}NaAc 溶液各 3 mL，另一支试管中加 1 mol·L^{-1} HAc 和 1 mol·L^{-1} NaAc 溶液各 3 mL，摇动使之混合均匀。测两试管内溶液的 pH 是否相同？在两试管中分别滴加 2 滴甲基红指示剂，观察溶液呈什么颜色。然后在两试管中分别滴加 2 mol·L^{-1} NaOH(每加一滴均需要充分混合)直到溶液的颜色变成黄色。在下表中记录各管所加的滴数。解释所得的结果。

试管	缓冲溶液	pH	变黄色时 NaOH 溶液滴数
1	3 mL 0.1 mol·L^{-1} HAc+3 mL 0.1 mol·L^{-1} NaAc		
2	3 mL 1.0 mol·L^{-1} HAc+3 mL 1.0 mol·L^{-1} NaAc		

②缓冲容量与缓冲组分比值的关系　取两支试管，在一支试管中加入 0.1 mol·L^{-1} Na_2HPO_4 和 0.1 mol·L^{-1} NaH_2PO_4 各 5 mL，另一支试管中加入 9 mL 0.1 mol·L^{-1} Na_2HPO_4 和 1 mL 0.1 mol·L^{-1} NaH_2PO_4，用精密 pH 试纸或 pH 计测定它们的 pH。然后，在每一试管加入 1 mL 0.1 mol·L^{-1} NaOH 溶液，再用精密 pH 试纸或 pH 计测定它们的 pH。将结果填入下表。每一试管加入 NaOH 溶液前后两次的 pH 是否相同？为什么？

试管	缓冲溶液	pH		加入 NaOH 溶液后 pH	
		理论值	测定值	理论值	测定值
1	5 mL 0.1 mol·L^{-1} Na_2HPO_4 +5 mL 0.1 mol·L^{-1} NaH_2PO_4				
2	9 mL 0.1 mol·L^{-1} Na_2HPO_4 +1 mL 0.1 mol·L^{-1} NaH_2PO_4				

五、盐类的水解

1. 用 pH 试纸测定 NaCl、NH_4Cl、NaAc 和 NH_4Ac 盐溶液的 pH(浓度均为 0.1 mol·L^{-1})。将结果填入下表。

pH	试剂(浓度均为 0.1 mol·L^{-1})			
	NaCl	NH_4Cl	NaAc	NH_4Ac
测定值				
理论值				

2. 取少量固体 $Fe_2(SO_4)_3·9H_2O$ 于试管中，用水溶解后，观察溶液颜色，然后将其分成 3 份。第一份留作比较，第二份加 5 滴浓硫酸，摇匀，第三份试液用小火加热，将 3 份溶液进行比较，各有什么不同？并解释实验现象。

3. 在一试管中加入少量固体 $BiCl_3$，用水溶解，观察有什么现象，测试溶液的 pH；往溶液中滴加 6 mol·L^{-1} 的 HCl 溶液，注意观察实验现象，再加水稀释，观察又有何现象？怎样用平衡移动原理解释这一系列现象？由此实验可知，实验室配制 $BiCl_3$ 溶液时该如何做？

【思考题】

1. 缓冲溶液的 pH 由哪些因素决定？

2. 缓冲溶液的缓冲能力由哪些因素决定？

3. 将 10 mL 0.2 mol·L^{-1} HAc 溶液和 10 mL 0.1 mol·L^{-1} NaOH 溶液混合后，此溶液是否具有缓冲能力？将 10 mL 0.2 mol·L^{-1} NaAc 溶液和 10 mL 0.2 mol·L^{-1} HCl 溶液混合，所得溶液是否具有缓冲能力？

4. 为什么 H_3PO_4 呈酸性，NaH_2PO_4 溶液呈微酸性，而 Na_2HPO_4 溶液呈弱碱性，Na_3PO_4

溶液呈碱性？

5. 使用 pH 试纸检测溶液的 pH 时，应注意哪些问题？

实验四　粗食盐的提纯

【实验目的】

1. 通过实验操作了解提纯无机化合物的基本方法。

2. 初步掌握几种常用玻璃仪器的用法。

3. 掌握溶解、过滤、蒸发、浓缩、结晶、干燥等基本操作技术。

【实验原理】

粗食盐中含有不溶性杂质（如泥沙等）和可溶性杂质（主要是 Ca^{2+}、Mg^{2+}、SO_4^{2-} 和少量 K^+ 等）。不溶于水的杂质可以采用将粗食盐溶于水后用过滤的方法除去；可溶性杂质（Ca^{2+}、Mg^{2+}、SO_4^{2-}）通过化学方法除去；K^+ 可利用其含量少而溶解度大的特点，在过滤得到 NaCl 结晶时留在母液中而除去。

(1)加入稍微过量的 $BaCl_2$ 溶液，除去 SO_4^{2-}，其反应式是：

$$Ba^{2+} + SO_4^{2-} = BaSO_4 \downarrow$$

过滤除掉 $BaSO_4$ 沉淀。

(2)加入稍微过量的 NaOH 和 Na_2CO_3 溶液，除去 Ca^{2+}，Mg^{2+} 和过量的 Ba^{2+}：

$$Ca^{2+} + CO_3^{2-} = CaCO_3 \downarrow$$

$$Mg^{2+} + 2OH^- = Mg(OH)_2 \downarrow$$

$$Ba^{2+} + CO_3^{2-} = BaCO_3 \downarrow$$

(3)加入稍微过量的盐酸中和过量的 NaOH 和 Na_2CO_3。

粗食盐中的 K^+ 和上述沉淀剂不起作用，仍留在溶液中。由于 KCl 在粗食盐中的含量少且溶解度大，在蒸发浓缩和结晶过程中绝大部分仍留在溶液中，与结晶分离。

【仪器和试剂】

1. 仪器

烧杯，蒸发皿，布氏漏斗，吸滤瓶，pH 试纸，滤纸，托盘天平，试管等。

2. 试剂

2 $mol \cdot L^{-1}$ HCl，2 $mol \cdot L^{-1}$ NaOH，1 $mol \cdot L^{-1}$ $BaCl_2$，1 $mol \cdot L^{-1}$ Na_2CO_3，0.5 $mol \cdot L^{-1}$ $(NH_4)_2C_2O_4$，镁试剂等。

【实验内容】

1. 称量、溶解粗食盐

在托盘天平上称取 5 g 粗食盐，放入 100 mL 小烧杯中，加 15 mL 蒸馏水，用玻璃棒搅拌，并加热使其溶解。

2. 除去 SO_4^{2-} 和不溶性杂质

继续加热上述溶液至微沸，边搅拌边逐滴加入 1 $mol \cdot L^{-1}$ $BaCl_2$ 溶液（约 2 mL），直至

SO_4^{2-} 完全形成沉淀。继续加热，使 $BaSO_4$ 颗粒长大而易于沉淀和过滤（检验 SO_4^{2-} 是否沉淀安全：沿烧杯壁滴加 1～2 滴 $BaCl_2$ 溶液，观察上层清液中是否有混浊现象，如无混浊，说明已沉淀完全；如仍有混浊，则需继续滴加 $BaCl_2$ 溶液，直至沉淀完全为止）。取下烧杯静置片刻，用玻璃漏斗过滤。将滤液收集至另一干净的烧杯中，洗涤沉淀，洗涤液并入滤液中，弃去沉淀。

3. 除去 Ca^{2-}、Mg^{2+}、Ba^{2+} 等杂质离子

在搅拌条件下向上述溶液中加入 1 mL 2 mol·L^{-1} NaOH 和 3 mL 1 mol·L^{-1} Na_2CO_3 溶液，加热煮沸，待沉淀沉降后，在上层清液中滴加 1 mol·L^{-1} Na_2CO_3 溶液直至不再产生沉淀为止，用布氏漏斗减压过滤（图 4-1），保留滤液。

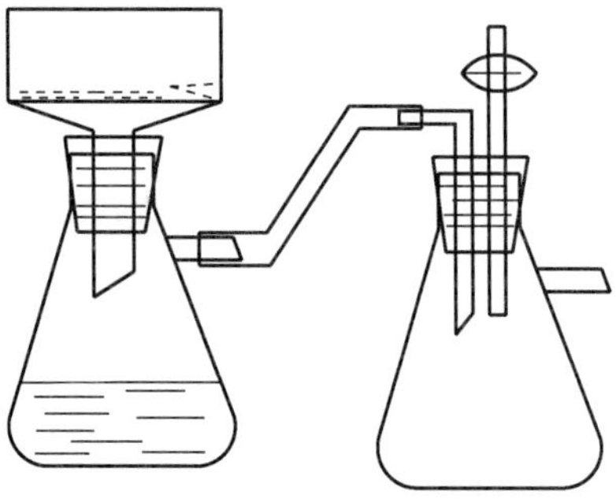

图 4-1 布氏漏斗减压过滤装置

4. 中和过量的 NaOH 和 Na_2CO_3

在滤液中逐滴加入 2 mol·L^{-1} HCl 溶液，并用 pH 试纸测试，直到溶液呈微酸性（pH＝6）为止。

5. 蒸发、结晶

将溶液倒入蒸发皿中，加热蒸发，先大火蒸出大部分水分，后小火浓缩至糊状的稠液为止（除 K^+ 时切不可将溶液蒸干）。冷却结晶。

6. 干燥、称重

用布氏漏斗抽滤结晶，尽量将结晶抽干。将结晶转至蒸发皿中，在石棉网上小火烘干，便得到精制食盐。

7. 冷却后称量，计算产率。

$$产率=\frac{精盐的质量}{粗盐的质量}\times 100\%$$

8. 产品纯度的检验

在两支试管中，取原料和产品各 1 g 分别用 6 mL 水溶解，然后各移于 3 支试管中，组成三组，对照检查其纯度。

(1)SO_4^{2-} 在第一组溶液中，分别加入 2 滴 1 mol·L^{-1} $BaCl_2$ 溶液，在产品溶液中应该无沉淀产生。

(2)Ca^{2+} 在第二组溶液中，分别加入 2 滴 0.5 mol·L^{-1} $(NH_4)_2C_2O_4$ 溶液，产品溶液应无沉淀产生。

(3)Mg^{2+} 在第三组溶液中，分别加入 2～3 滴 2 mol·L^{-1} NaOH 溶液，使溶液呈碱性，再各加入 2～3 滴镁试剂，产品溶液中应无天蓝色沉淀产生。

【思考题】

1. 在除去 Ca^{2+}、Mg^{2+} 和 SO_4^{2-} 时，为什么要先加 $BaCl_2$ 溶液，然后再加 Na_2CO_3 溶液？

2. NaCl 溶液浓缩时，能否直接蒸干，为什么？

3. 为什么选用 Na_2CO_3 除去 Ca^{2+}、Mg^{2+} 等杂质，而不用别的可溶性碳酸盐？除去 CO_3^{2-} 为什么用 HCl 而不用其他强酸？

4. 为什么选用有毒的 $BaCl_2$ 除去 SO_4^{2-}？而不用无毒的 $CaCl_2$？过量的 Ba^{2+} 如何除去？

实验五　农产品酸度的测定

【实验目的】

1. 了解直接电位法测定溶液 pH 的原理。

2. 学习农产品酸度的测定方法。

3. 掌握酸度计的使用方法。

【实验原理】

酸度是农产品新鲜度的重要标志之一。农产品的酸度常以总酸度和有效酸度来衡量。农产品的总酸度常用酸碱滴定法来测定。农产品的有效酸度可用 pH 试纸和电位法来测定。

鲜乳 pH 正常范围为 6.4～6.8。

成熟鲜肉 pH 的正常范围是 5.8～6.2(1∶10 的水浸液)。

鲜蛋蛋黄 pH 的正常范围是 6.0～6.4,蛋白 pH 的正常范围是 8.5～9.0。全蛋液 pH 的正常范围是 7.0～7.2。

测定溶液 pH,一般用玻璃电极作指示电极,以饱和甘汞电极作参比电极,现常用复合电极与待测溶液组成工作电池。实验中用已知 pH 的标准缓冲溶液对酸度计进行校准(即定位),然后再把电极放入待测液中,测出待测液的 pH。

【仪器和试剂】

1. 仪器

分析天平,酸度计,复合电极,100 mL 量筒,50 mL 和 250 mL 烧杯,漏斗，pH 试纸(精密)。

2. 试剂

(1)标准溶液　pH＝4.00 酸性标准缓冲溶液(邻苯二甲酸氢钾),pH＝6.86 的中性缓冲溶液(磷酸二氢钾、磷酸氢二钠),pH＝9.18 的碱性缓冲溶液(硼砂)。

(2)待测试样　纯奶、酸奶、果汁、食醋、蛋清、碱性溶液、酱油等。

【实验内容】

1. 制备试液

(1)准确称取 10 g 均匀肉样置于烧杯中,准确加入新煮沸并冷却过的蒸馏水 100 mL,搅拌 15 min,过滤清液于 50 mL 烧杯中备用。

(2)分别取一定量试样(纯奶、酸奶、果汁、食醋、蛋清、碱性溶液、酱油、1∶10 的鲜肉水浸液)于 50 mL 烧杯中。

2. pH 的测定

(1)启动仪器　安装电极,打开仪器开关,设定温度。

(2)校准仪器　用 pH＝6.86 的标准缓冲溶液进行定位调试。测定酸性溶液时,用 pH＝4.00 的标准缓冲溶液进行斜率调试;测定碱性溶液时用 pH＝9.18 的标准缓冲溶液进行斜率调试。

(3)将电极洗净、吸干后浸入盛有待测液的小烧杯中,测定其 pH。

(4)测定结束后,关闭电源,取出电极,清洗干净,妥善保管。

酸度计的使用方法详见第三章第二节。

【数据记录和结果处理】

温度____℃

项目	定位	斜率	待测试样 pH						
			酸奶	蛋清	牛奶	食醋	酱油	果汁	碱液
酸性									
碱性									

【思考题】

1. 校准仪器时，应该采用哪种标准溶液定位？为什么？
2. 测定溶液的 pH，为什么要进行“温度补偿”和“斜率补偿”？

实验六　醋酸电离度和电离常数的测定

【实验目标】

1. 学习测定醋酸的电离度和电离常数的基本原理和方法。
2. 加深对弱电解质电离平衡的理解。
3. 掌握酸度计的使用方法。
4. 巩固溶液的配制及容量瓶和移液管的使用。

【实验原理】

醋酸（HAc）是弱电解质，在水溶液中存在着下列电离平衡：

$$HAc \rightleftharpoons H^+ + Ac^-$$

$$K_a = \frac{[H^+][Ac^-]}{[HAc]} = \frac{(c\alpha)^2}{c(1-\alpha)} = \frac{c\alpha^2}{1-\alpha}$$

式中：K_a、α 分别为醋酸的电离常数和电离度；c 为醋酸溶液的总浓度，单位：$mol \cdot L^{-1}$。

若 K_a 很小，$\alpha \leqslant 5\%$时，可近似地认为 $1-\alpha \approx 1$，则上式简化为

$$K_a = c\alpha^2 \quad 或 \quad \alpha = \sqrt{\frac{K_a}{c}}$$

醋酸溶液的总浓度 c 可以用标准 NaOH 溶液滴定测得。醋酸溶液中的$[H^+]$可以用酸度计（pH 计）测定，溶液的 pH 根据公式 $pH=-\lg[H^+]$计算出来。从而可以求得醋酸在测定温度下电离常数和电离度 $\alpha = \frac{[H^+]}{c} \times 100\%$ 。

酸度计的原理及使用见第三章第二节。

【仪器和试剂】

1. 仪器

50 mL 碱式滴定管，25 mL 移液管，5 mL 吸量管，250 mL 锥形瓶，50 mL 容量瓶，50 mL 烧杯，pH 计。

2. 试剂

0.1 mol·L^{-1} HAc 溶液，0.100 0 mol·L^{-1} NaOH 标准溶液，1%酚酞指示剂。

【实验内容】

1. 醋酸溶液浓度的测定

用移液管吸取 3 份 25.00 mL 0.1 mol·L^{-1} HAc 溶液，分别置于 3 只 250 mL 锥形瓶中。各加 2～3 滴酚酞指示剂。分别用标准 NaOH 溶液滴定至溶液呈微红色，30 s 内不褪色为止。记下滴定消耗 NaOH 溶液的体积，计算醋酸溶液的浓度。

把滴定的数据和计算结果填入表 4-1。

2. 配制不同浓度的醋酸溶液

用移液管或吸量管取 6.00 mL、8.00 mL、10.00 mL、25.00 mL 已测得准确浓度的 HAc 溶液，把它们分别放入 4 个 50 mL 容量瓶中。再用蒸馏水稀释至刻度，摇匀，并计算这 4 种 HAc 溶液的准确浓度填入表 4-2。

3. 测定醋酸溶液的 pH，并计算醋酸的电离度和电离常数

把以上 4 种不同浓度的 HAc 溶液分别转入 4 只干燥的 50 mL 烧杯中，再取约 50 mL 已标定的 HAc 溶液置于第五只烧杯中，按由稀到浓的顺序在 pH 计上分别测定 5 种溶液的 pH 值。记录数据和室温，按表 4-2 计算电离度和电离常数。

【数据记录和结果处理】

表 4-1　醋酸溶液浓度的测定

项目＼序号		Ⅰ	Ⅱ	Ⅲ
$c(NaOH)/(mol·L^{-1})$				
NaOH 终读数/mL				
NaOH 初读数/mL				
$V(NaOH)/mL$				
$V(HAc)/mL$				
$c(HAc)/(mol·L^{-1})$	测定值			
	平均值			

表 4-2　醋酸的电离度和电离常数

室内温度____℃

溶液编号	$c/(mol·L^{-1})$	pH	$[H^+]/(mol·L^{-1})$	α	电离常数 K_a	
					测定值	平均值
1						
2						
3						
4						
5						

【思考题】

1. 弱电解质溶液电离度与哪些因素有关？改变所测醋酸溶液的浓度或温度，其电离度和

电离常数有无变化？若有变化，会有怎样的变化？

2.“电离度越大，酸度就越大”这句话是否正确？为什么？

3. 若所用 HAc 溶液的浓度极稀，是否还能用 $K_i=\frac{[H^+]^2}{c}$ 求电离常数？为什么？

4. [HAc]、$[Ac^-]$浓度是怎样测得的？要准确测得 HAc 溶液的 pH，各步操作的关键是什么？

实验七　$KI+I_2 \rightleftharpoons KI_3$ 反应平衡常数的测定

【实验目的】

1. 了解化学平衡和平衡移动的原理。

2. 学习平衡常数的测定方法。

3. 测定 I_2 在 H_2O 和 $CC1_4$ 两液体间的分配系数 K。

【实验原理】

在一定温度和压力下，溶质在两种互不相溶的溶剂中达到分配平衡后，其在两相中的浓度之比为一定值，该比值称为分配系数

$$K=\frac{c_1}{c_2}$$

当 I_2 溶于 KI 中溶液中将建立起 $KI+I_2 \rightleftharpoons KI_3$ 的平衡，平衡常数为

$$K_c^{\ominus}=\frac{[KI_3]}{[I_2][KI]}$$

为计算平衡常数，应在不破坏其平衡状态的条件下测定各物质的平衡浓度。

如采用滴定碘法测定 I_2 的浓度：

$$2S_2O_3^{2-}+I_2=S_4O_6^{2-}+2I^-$$

$$c(I_2)=\frac{c(Na_2S_2O_3)V(Na_2S_2O_3)}{2V(I_2)}$$

由于溶液中存在 $KI+I_2 \rightleftharpoons KI_3$的平衡，随着 $Na_2S_2O_3$ 的加入，I_2 的浓度不断减小，促使 I_3^- 不断分解，平衡被破坏，所测得的不是 I_2 的浓度，而是 $I_2+I_3^-$ 的总量。为测定衡体系中各物质的平衡浓度，可借助分配定律来实现：在原有的水溶液体系中加入与水互不相溶的 CCl_4，混合体系建立起多相平衡：

$$KI+I_2 \rightleftharpoons KI_3\ (H_2O\ 相)$$

$$\Updownarrow$$

$$I_2\ (CCl_4\ 相)$$

只要测定 I_2 在 CCl_4 和纯水中的浓度便可求得 I_2 在 $CC1_4$ 和 H_2O 中的分系数 K，然后测出平衡时各组分在两相中的浓度即可求得此反应的平衡常数值 $K_c^{\ominus}$。

【仪器和试剂】

1. 仪器

250 mL 磨口玻璃锥形瓶，250 mL 锥形瓶，10 mL 量筒，5 mL、10 mL、15 mL、50 mL 移液管，滴定管，500 mL 分液漏斗，1 000 mLCCl_4 溶液回收瓶。

2. 试剂

I_2(CCl_4 饱和溶液)，CCl_4(AR)，0.100 0 mol·L^{-1}KI，0.02 000 mol·L^{-1}、0.004 000 mol·L^{-1} $Na_2S_2O_3$ 标准溶液，0.7%淀粉溶液。

【实验内容】

1. 将 4 只已烘干的磨口玻璃锥形瓶分别标明 1、2、3、4 编号。

2. 按表 4-3 分别在 4 只瓶中加入相关试剂(用量筒量入)。

表 4-3 溶液的配制情况

编号	I_2 的 CCl_4 饱和溶液体积/mL	纯 CCl_4 溶液体积/mL	H_2O 体积/mL	0.100 mol·L^{-1} KI 体积/mL	备注
1	20	—	150	—	测定分配系数 K
2	10	10	150	—	
3	30	—	—	150	测定平衡常数 $K_c^{\ominus}$
4	15	15	—	150	

3. 将装好溶液的 4 只锥形瓶用力振荡 10 min，然后放入 25℃的恒温槽中并时常晃动瓶中混合物约 15 min，以达到平衡。然后静置 20 min，待两层液体完全分离后，按表 4-4 用移液管分别从两液体层中抽取样品(如何抽取下层 CCl_4 溶液?)，以淀粉为指示剂用标准 $Na_2S_2O_3$ 溶液进行滴定。

表 4-4 各瓶抽取的溶液体积及其消耗 $Na_2S_2O_3$ 体积 mL

编号	水层抽取溶液体积	加水体积	消耗 $Na_2S_2O_3$ 体积	CCl_4 层抽取溶液体积	加水体积	消耗 $Na_2S_2O_3$ 体积
1	50	—		5	45	
2	50	—		5	45	
3	25	25		10	40	
4	25	25		10	40	

注：3、4 号水层用 $Na_2S_2O_3$ 滴定，必须抽取 2 次进行平行试验。

4. 实验完毕，将瓶中溶液倾出上层水层后，将 CCl_4 层倒入 500 mL 分液漏斗中，分离回收含 I_2 的 CCl_4。

【注意事项】

1. 淀粉指示剂必须在滴定至近终点(溶液呈淡黄色)时再加入。

2. 滴定中滴加速度要慢，尤其是水层，因含 I_2 量很少，更要注意。

3. 在滴定 CCl_4 中的 I_2 时一定要剧烈摇动，在将近终点时(水层淡黄色，CCl_4 层粉红色)特别要注意，加入淀粉指示剂后再逐滴加入标准溶液 $Na_2S_2O_3$ 至水层刚好不再显蓝色，CCl_4 层也刚好不再显粉红色为止，才是真正的终点。

【数据记录和结果处理】

	1		2	
	水层	CCl_4 层	水层	CCl_4 层
消耗 $Na_2S_2O_3$ 平均体积/mL				
CCl_4 层 I_2 的浓度 c_1	—		—	
水层 I_2 的浓度 c_2		—		—
分配系数 $K=c_1/c_2$				
平均分配系数 K				

	3		4	
	水层	CCl_4 层	水层	CCl_4 层
消耗 $Na_2S_2O_3$ 平均体积/mL				
CCl_4 层 I_2 的浓度 c_3	—		—	
水层 I_2+KI_3 的浓度 c_4		—		—
水层 I_2 的浓度 $c(I_2)=c_3/K$		—		—
水层 KI 的浓度 $c(KI_3)=c_4-c(I_2)$		—		—
水层 KI 的浓度 $c(KI)=0.1-c(KI_2^-)$		—		—
平衡常数 $K_c^{\ominus}$				
平衡常数的平均值				

【思考题】

1. 为什么要测定分配系数？此实验能直接测出平衡常数 $K_c^{\ominus}$吗？
2. 测定时反应平衡会移动吗？若平衡会移动，如何知道平衡组成呢？
3. 实验用的磨口玻璃锥形瓶是否要干燥？为什么？
4. 实验中如何抽取 CCl_4 溶液才能保证水不被吸到移液管中？

实验八 氧化还原反应和原电池

【实验目的】

1. 了解电极电势与氧化还原反应的关系。
2. 掌握反应介质酸度和浓度等对氧化还原反应的影响。
3. 了解原电池的组成及测定原电池电动势和电极电势的原理及方法。
4. 熟悉几种常见的氧化剂、还原剂。

【实验原理】

化学反应前后元素的氧化数发生变化的反应称为氧化还原反应。物质的氧化还原能力的强弱，可用电极电势(φ)来衡量。φ 值越大，电对中氧化态的氧化能力越强，还原态的还原能力越弱。反之亦然。自发的氧化还原反应是从较强的氧化剂和还原剂向着生成较弱的还原剂和氧化剂方向进行。

物质的浓度与电极电势的关系可以用能斯特(W. Nernst)方程表示。对于电极反应

$$\mathrm{a\ Ox} + n\mathrm{e}^- \rightleftharpoons \mathrm{b\ Red}$$

$$\varphi = \varphi^\ominus + \frac{0.059\ \mathrm{V}}{n}\lg\frac{[\mathrm{Ox}]^a}{[\mathrm{Red}]^b}$$

可以看出,如果电极反应中氧化型或还原型物质形成难溶电解质、配合物、弱酸或弱碱时,都能使电极电势改变。

利用电极电势(φ)的高低可以判断氧化剂、还原剂的相对强弱,推断氧化还原反应进行的方向。

电极电势的值可以通过测定原电池的电动势 ε 得到。由于

$$\varepsilon = \varphi(+) - \varphi(-)$$

所以从 E 值的变化可以知道反应条件的改变对电极电势的影响。

【仪器和试剂】

1. 仪器

离心机,电子毫伏计(或酸度计),甘汞电极,铂电极,盐桥,烧杯,试管,离心管,酒精灯,洗瓶,吸量管,搅拌棒,鳄鱼夹,导线,定性滤纸片,蓝色石蕊试纸等。

2. 试剂

0.5 mol·L^{-1} KI,0.1 mol·L^{-1} KI,0.2 mol·L^{-1} K_2CrO_4,6 mol·L^{-1} HNO_3,0.1 mol·L^{-1} $KMnO_4$,0.01 mol·L^{-1} $KMnO_4$,0.1 mol·L^{-1} KBr,0.1 mol·L^{-1} $FeSO_4$,0.1 mol·L^{-1} $FeCl_3$,0.1 mol·L^{-1} KIO_3,0.1 mol·L^{-1} I_2,0.1 mol·L^{-1} Br_2(aq),0.5 mol·L^{-1} Na_2SO_3,6 mol·L^{-1} NaOH,0.2 mol·L^{-1} $CuSO_4$,3 mol·L^{-1} H_2SO_4,0.2mol·L^{-1} $K_2Cr_2O_7$,0.1 mol·L^{-1} $AgNO_3$,0.1 mol·L^{-1} Na_2S,1 mol·L^{-1} H_2SO_4,0.1 mol·L^{-1} $ZnSO_4$,0.1 mol·L^{-1} $MnSO_4$,0.1 mol·L^{-1} $K_3[Fe(CN)_6]$,0.1 mol·L^{-1} $K_2Cr_2O_7$,0.1 mol·L^{-1} KSCN,CCl_4,浓 H_2SO_4,饱和 $KBrO_3$ 溶液,H_2O_2(3%),0.1 mol·L^{-1} Na_2SO_3,0.1 mol·L^{-1} $CuSO_4$,6 mol·L^{-1} HCl,饱和 NaF,浓氨水,$(NH_4)S_2O_8$(s),Na_2SO_3(s),铜片,锌片等。

【实验内容】

1. 原电池电动势的测定

取两个 100 mL 烧杯,一个加入 0.1 mol·L^{-1} $ZnSO_4$ 溶液 30 mL,一个加入 0.2 mol·L^{-1} $CuSO_4$ 溶液 30 mL,$ZnSO_4$ 溶液中插入一锌片,$CuSO_4$ 溶液中插入一铜片,构成两个半电池。用盐桥连接起来,组成原电池。用电子毫伏计(或酸度计毫伏档)测量电动势,分别做以下实验:

取下盛 $CuSO_4$ 溶液的烧杯,滴加浓氨水,并不断搅拌,直至生成的沉淀完全溶解,形成深蓝色的溶液。

取下盛 $ZnSO_4$ 溶液的烧杯,滴加浓氨水,直至生成的沉淀完全溶解。测量电池的电动势,其值有何变化?试解释之。

比较以上 3 次测量的结果,说明浓度对电极电势的影响。

2. 电极电势与氧化还原反应的自发方向

(1)取一试管加入 10 滴 0.1 $mol \cdot L^{-1}$ KI 与 2 滴 0.1 $mol \cdot L^{-1}$ $FeCl_3$，摇匀后再加入 0.5 mL CCl_4，充分振荡，观察 CCl_4 层的颜色有何变化(I_2 溶于 CCl_4 层显紫红色)。

用碘水代替 KI 进行同样的实验和观察。

(2)用 0.1 $mol \cdot L^{-1}$ KBr 代替 0.1 $mol \cdot L^{-1}$ KI 进行同样的实验和观察(Br_2 溶于 CCl_4 层显棕黄色)。用溴水代替 KBr 进行同样的实验和观察。

根据以上实验结果，定性比较 3 个电对的电极电势的相对高低，并指出其中最强的氧化剂和还原剂。

用 0.1 $mol \cdot L^{-1}$ $FeSO_4$ 代替 0.1 $mol \cdot L^{-1}$ $FeCl_3$ 重复上述(1)和(2)实验，观察 CCl_4层的颜色有何变化，判断反应是否进行。

根据(1)、(2)和(3)的实验结果以及 3 个电对的电极电势的相对高低，解释电极电势与氧化还原反应自发进行方向的关系。

3. 影响氧化还原反应的因素

(1)介质对氧化还原反应方向的影响　在 1 支盛有 1 mL 0.1 $mol \cdot L^{-1}$ KI 的试管中，逐滴加入 0.1 $mol \cdot L^{-1}$ KIO_3 溶液，振荡并观察现象。再加入数滴 1 $mol \cdot L^{-1}$ H_2SO_4，酸化，振荡并观察现象。写出反应方程式。用能斯特方程解释之。

(2)介质对氧化还原反应产物的影响　取 3 支盛有 0.01 $mol \cdot L^{-1}$ $KMnO_4$ 的试管，分别加入 0.5 mL 3 $mol \cdot L^{-1}$ H_2SO_4、0.5 mL 蒸馏水、0.5 mL 6 $mol \cdot L^{-1}$ NaOH 溶液，然后逐滴加入 0.1 $mol \cdot L^{-1}$ Na_2SO_3 溶液，振荡并观察现象，写出反应方程式。

(3)沉淀反应对氧化还原反应的影响　向 20 滴 0.1 $mol \cdot L^{-1}$ $CuSO_4$，溶液中加入 0.1 $mol \cdot L^{-1}$KI 溶液 10 滴，观察现象。再逐滴加入 0.5 $mol \cdot L^{-1}$ Na_2SO_3 溶液以除去反应中生成的碘。离心分离，观察 CuI 沉淀的颜色。根据 $\varphi^{\ominus}(I_2/I^-)$、$\varphi^{\ominus}(Cu^{2+}/Cu^+)$和 $K_{sp}^{\ominus}(CuI)$解释以上反应的发生。

(4)配位反应对氧化还原反应的影响　向 10 滴 0.1 $mol \cdot L^{-1}$ $FeCl_3$ 溶液中，逐滴加入饱和 NaF 溶液至溶液恰变为无色。加入 10 滴 0.1 $mol \cdot L^{-1}$ KI 及 CCl_4 少许，振荡，静置片刻，观察 CCl_4 层颜色。与实验 2(1)的结果比较，并加以解释。

4. 常见氧化剂、还原剂的反应

(1)H_2O_2 的氧化、还原性　先取一试管，加入 0.5 $mol \cdot L^{-1}$ KI 和 3 $mol \cdot L^{-1}$ H_2SO_4 各 5 滴，再加入 H_2O_2(3%)3 滴，摇匀并观察反应现象，写出反应方程式。

另取一试管，加入 0.1 $mol \cdot L^{-1}$ $KMnO_4$ 和 3 $mol \cdot L^{-1}$ H_2SO_4 各 5 滴，再加入 H_2O_2(3%)10 滴。摇匀并观察反应现象，写出反应方程式。

解释 H_2O_2 在以上两反应中所起的作用。

(2)KI 的还原性　取 3 支试管，分别加入 0.5 $mol \cdot L^{-1}$ KI 溶液 10 滴和 3 $mol \cdot L^{-1}$ H_2SO_4 溶液 5 滴。然后在第 1 支试管中加入饱和 $KBrO_3$ 溶液 1 滴，在第 2 支试管中加入 6 $mol \cdot L^{-1}$ HNO_3 10 滴，在第 3 支试管中加入 0.1 $mol \cdot L^{-1}$ $K_2Cr_2O_7$ 1 滴。摇匀并观察反应现象。若反应较慢，可放入热水浴中加热 1～2 min。写出离子反应方程式，指出氧化剂和还原剂。

(3)过二硫酸铵的氧化性　取少量固体$(NH_4)S_2O_8$ 于试管中，滴入 10 滴 3 $mol \cdot L^{-1}$

H_2SO_4，2 滴 0.1 mol·L^{-1} $AgNO_3$ 溶液(催化剂)，将试管放入水浴中加热，然后向热溶液中加入 1 滴 0.1 mol·L^{-1} $MnSO_4$ 溶液，并继续加热。观察溶液颜色的变化。写出反应式。

(4)$K_2Cr_2O_7$ 的氧化性　在 1 支试管中加入 5 滴 0.1 mol·L^{-1} $K_2Cr_2O_7$溶液，用 2 滴 3 mol·L^{-1} H_2SO_4 使之酸化，然后加入少量 Na_2SO_3 固体，观察溶液颜色的变化。写出反应方程式。

(5)Fe(Ⅲ)的氧化性　取 5 滴 0.1 mol·L^{-1} Na_2S 溶液于离心管中，加入 2 滴 0.1 mol·L^{-1} $FeCl_3$溶液。观察生成的沉淀的颜色。向沉淀中加 10 滴 6 mol·L^{-1} HCl，放置 1 min 后，用玻棒搅动。观察沉淀的溶解情况。将所得溶液分为两份，一份加入 1 滴入 0.1 mol·L^{-1} KSCN 溶液，另一份加入 1 滴 0.1 mol·L^{-1} $K_3[Fe(CN)_6]$溶液。观察反应现象。并判断沉淀在溶解的过程中发生了什么变化?

【思考题】

1. 介质的酸碱度变化时对 Br_2、H_2O_2 和 Fe^{3+} 氧化性有无影响? 试从电极电势予以说明。

2. 为什么 H_2O_2 既可以作为氧化剂，又可以作为还原剂? 在何种情况下作为氧化剂? 又在何种情况下作为还原剂? 写出有关的电极反应。

3. 如何判断氧化剂和还原剂的强弱及氧化还原反应进行的方向? 试设计一个实验比较下列物质的氧化型或还原性强弱：Cl_2、Br_2、I_2 和 Fe^{3+}；Cl^-、Br^-、I^- 和 Fe^{2+}。

实验九　配位反应和配位平衡

【实验目的】

1. 了解复盐和配位化合物、简单离子和配离子的区别，加深对配位化合物特征的理解。

2. 了解配合物的生成及配离子的性质。

3. 了解影响配位平衡移动的因素，比较并解释配离子的稳定性。

【实验原理】

配位化合物是指含有稳定的复杂结构单元的复杂化合物，如$[Cu(NH_3)_4]SO_4$。配离子与简单离子因结构不同，性质有明显的区别。随着配离子的生成，溶液的颜色、酸碱性、物质的溶解度及氧化还原性等性质都有所改变。配位化合物分为简单配合物与螯合物。由于螯合效应，螯合物通常比简单配合物稳定。

配合物在水溶液中的稳定性可以用稳定常数 $K_f^\ominus$(来表示。在一定温度下，若金属离子 M 与配体 L 形成 1∶n 的配合物：

$$M+nL \rightleftharpoons ML_n$$

反应的标准平衡常数 $K_f^\ominus$即为 ML_n 的标准稳定常数。

配离子稳定常数值越大，说明配位反应进行得越完全，离解反应越不容易发生，也就是配离子在水溶液中越稳定。

配位反应受溶液的酸度、沉淀反应、氧化还原反应及其他配位反应的影响。

【仪器和试剂】

1. 仪器

离心机，小试管，离心管，试管架。

2. 试剂

6 mol·L^{-1} HNO_3,6 mol·L^{-1} HCl,6 mol·L^{-1} NaOH,0.1 mol·L^{-1} NaOH,6 mol·L^{-1} $NH_3·H_2O$,饱和$(NH_4)_2C_2O_4$,NaF(s),0.1 mol·L^{-1} NaCl,0.1 mol·L^{-1} $Na_2S_2O_3$,20% $Na_3[Co(NO_2)_6]$,0.1 mol·L^{-1} KBr,0.1 mol·L^{-1} KI,0.1 mol·L^{-1} KSCN,0.1 mol·L^{-1} KNO_3,0.1 mol·L^{-1} $BaCl_2$,0.2 mol·L^{-1} $CuSO_4$,0.1 mol·L^{-1} $FeCl_3$,0.2 mol·L^{-1} $NiSO_4$,0.5 mol·L^{-1} $SnCl_2$,0.1 mol·L^{-1} EDTA,0.1 mol·L^{-1} Na_2S,0.1 mol·L^{-1} $AgNO_3$,CCl_4,浓氨水。

【实验内容】

一、配合物的生成

1. 简单离子与配离子的区别

取2个离心试管,分别加入10滴0.2 mol·L^{-1} $NiSO_4$溶液,再分别加入0.1 mol·L^{-1} $BaCl_2$和0.1 mol·L^{-1} NaOH溶液数滴,观察沉淀的生成。离心分离后,观察沉淀的颜色。

另取一试管,加入15滴0.2 mol·L^{-1} $NiSO_4$溶液,再逐滴加入6 mol·L^{-1} $NH_3·H_2O$,边加边振荡,待生成的沉淀完全溶解后,再加入浓氨水5滴,观察溶液的颜色。将所得溶液分成两份,分别加入0.1 mol·L^{-1} $BaCl_2$和0.1 mol·L^{-1} NaOH溶液数滴,观察反应现象与上实验的不同,并解释之。

2. 有色配离子的生成

(1)取一试管,加入0.1 mol·L^{-1} $FeCl_3$溶液5滴,再加入0.1 mol·L^{-1} KSCN溶液2滴,观察实验现象。所得溶液保留待用。

(2)取一试管,加入0.2 mol·L^{-1} $CuSO_4$溶液10滴,再逐滴加入6 mol·L^{-1} $NH_3·H_2O$,仔细观察反应现象(颜色的变化、沉淀的生成和溶解)。所得溶液保留待用。

3. 无色配离子的生成

取一试管,加入0.1 mol·L^{-1} $AgNO_3$溶液1滴,0.1 mol·L^{-1} NaCl溶液1滴,再逐滴加入6 mol·L^{-1} $NH_3·H_2O$,观察反应过程中沉淀的生成和溶解。所得溶液保留待用。

4. 有色难溶配合物的生成

取一试管,加入0.1 mol·L^{-1} KNO_3溶液2滴,再加入2滴20% $Na_3[Co(NO_2)_6]$溶液,用玻璃棒搅动并摩擦试管内壁。透过有色溶液观察$K_2Na[Co(NO_2)_6]$沉淀的生成。

二、配位平衡与介质的酸碱性

1. pH升高对配位平衡的影响

取实验一2(1)所得到的$Fe(SCN)_3$红色溶液3滴于一试管中,逐滴加入0.1 mol·L^{-1} NaOH溶液。观察变化并解释。

2. pH降低对配位平衡的影响

向实验一3所得到的$[Ag(NH_3)_2]Cl$溶液中滴加数滴6 mol·L^{-1} HNO_3,观察实验现象并解释之。

另取2滴0.1 mol·L^{-1} $FeCl_3$溶液于一试管中,加入10滴饱和$(NH_4)_2C_2O_4$溶液。观察生成的$Fe(C_2O_4)_3^{3-}$溶液的颜色。再加入0.1 mol·L^{-1} KSCN溶液3滴,观察有无$Fe(SCN)_3$

生成。再逐滴加入 6 $mol \cdot L^{-1}$ HCl 溶液，观察溶液颜色的变化并解释。

三、配位平衡与沉淀反应

取实验一 2(2)所得到的 $Cu(NH_3)_4^{2+}$ 溶液数滴于一试管中，然后加入 1 滴 0.1 $mol \cdot L^{-1}$ Na_2S 溶液。观察沉淀的生成并解释之。

在离心试管中加入 5 滴 0.1 $mol \cdot L^{-1}$ $AgNO_3$ 溶液和 5 滴 0.1 $mol \cdot L^{-1}$ NaCl 溶液。离心分离，弃去清液，向沉淀上滴加 6 $mol \cdot L^{-1}$ $NH_3 \cdot H_2O$，并用玻璃棒搅拌，观察沉淀的溶解；待沉淀全部溶解后，向清液中滴加 0.1 $mol \cdot L^{-1}$ KBr 溶液，观察实验现象；离心分离后，向沉淀上滴加 0.1 $mol \cdot L^{-1}$ $Na_2S_2O_3$ 溶液，并用玻璃棒搅拌，观察沉淀的溶解；待沉淀全部溶解后，向清液中加入 5 滴 0.1 $mol \cdot L^{-1}$ KI 溶液，观察实验现象。

用化学平衡移动原理解释以上一系列变化的原因，并比较$[Ag(NH_3)_2]^+$与$[Ag\text{-}(S_2O_4)_2]^{3-}$稳定性的大小。

四、配位平衡与氧化还原反应

取实验一 2(1)所得到的 $Fe(SCN)_3$ 红色溶液数滴于一试管中，逐滴加入 0.5 $mol \cdot L^{-1}$ $SnCl_2$ 溶液数滴。观察溶液颜色的变化并解释之。

五、配合物的转化

取一试管，加入 0.1 $mol \cdot L^{-1}$ $FeCl_3$ 溶液 2 滴，再加入 5 滴蒸馏水和 1 滴 0.1 $mol \cdot L^{-1}$ KSCN 溶液，向其中加入少量固体 NaF，至溶液刚刚褪色。加入饱和$(NH_4)_2C_2O_4$ 溶液数滴。观察溶液颜色的变化并解释。比较 $Fe(SCN)_3$、FeF_3 和$[Fe(C_2O_4)_3]^{3-}$的稳定性。思考本实验与实验二 2 的结果是否矛盾。

六、螯合物的生成

取一试管，加入自来水 2 mL、饱和$(NH_4)_2C_2O_4$ 溶液 5 滴，观察 CaC_2O_4 沉淀的生成。

取一试管，加入自来水 2 mL、0.1 $mol \cdot L^{-1}$ EDTA 溶液 5 滴，再加入饱和$(NH_4)_2C_2O_4$ 溶液 5 滴，观察有无 CaC_2O_4 沉淀的生成。

【思考题】

1. 配合物和复盐的主要区别是什么？如何判断某化合物是配合物？

2. 哪些因素会影响配位平衡？试举例说明。

3. 在螯合物的生成实验中，试管中是否加入 EDTA 现象有什么区别？试用螯合效应说明现象。

实验十　沉淀—溶解平衡

【实验目的】

1. 加深对溶度积原理的理解。

2. 观察沉淀的生成、沉淀转化和分步沉淀现象。

3. 了解影响沉淀溶解平衡的因素。

4. 利用溶度积原理分离金属离子。

【实验原理】

1. 溶度积原理

对任一难溶电解质 A_mB_n，在一定温度下，其饱和溶液中的沉淀溶解平衡为：

$$A_mB_n(s) \underset{沉淀}{\overset{溶解}{\rightleftharpoons}} mA^{n+} \; nB^{m-}$$

$$K_{sp,A_mB_n} = [A^{n+}]^m[B^{m-}]^n$$

K_{sp,A_mB_n} 称为该难溶电解质的溶度积常数，简称溶度积。

任意状态时，沉淀溶解平衡的反应商 Q 称为该反应的离子积：$Q_{A_mB_n} = c^m_{A^{n+}} \; c^n_{B^{m-}}$

由化学反应等温式可知，通过比较 Q 和 K_{sp} 的大小来判断沉淀溶解平衡移动的方向：

(1)当 $Q < K_{sp}$ 时，为不饱和溶液，无沉淀析出；若体系中原来有沉淀，则沉淀溶解，直至达到平衡，形成饱和溶液。

(2)当 $Q = K_{sp}$ 时，为饱和溶液，沉淀和溶解达到动态平衡。既无沉淀生成又无沉淀溶解。

(3)当 $Q > K_{sp}$ 时，为过饱和溶液，平衡向析出沉淀的方向移动，有沉淀析出，直至溶液达到饱和状态。

2. 分步沉淀与离子的分离

当向含有一定浓度的混合离子的溶液中逐滴加入沉淀剂时，离子积首先超过溶度积的离子先被沉淀，即首先达到 $Q > K_{sp}$ 的离子先被沉淀。分步沉淀作用可用于溶液中离子的分离。若溶液中先被沉淀的离子浓度小于 10^{-5} mol·L^{-1} 而另一些离子还没有被沉淀，这时可认为离子被定性分离完全。

3. 沉淀的转化

由一种沉淀向另一种沉淀转化的过程称为沉淀的转化。

沉淀能否发生转化及转化的完全程度，取决于沉淀的类型、沉淀的溶度积常数大小及试剂浓度。在沉淀类型相同的情况下，溶度积常数大的沉淀较容易转化成溶度积小的沉淀。

4. 沉淀的溶解

常用的沉淀溶解法有酸溶解法、配位溶解法、氧化还原溶解法和综合溶解法等。

【仪器和试剂】

1. 仪器

小试管，离心管，玻璃棒，吸管，离心机，小烧杯。

2. 试剂

0.1 mol·L^{-1} $Pb(NO_3)_2$，0.1 mol·L^{-1} KI，0.001 mol·L^{-1} $Pb(NO_3)_2$，0.001 mol·L^{-1} KI，0.1 mol·L^{-1} NaCl，0.1 mol·L^{-1} K_2CrO_4，0.1 mol·L^{-1} $AgNO_3$，0.1 mol·L^{-1} $Ca(NO_3)_2$，饱和$(NH_4)_2C_2O_4$，6 mol·L^{-1} HCl，6 mol·L^{-1} HAc，0.2 mol·L^{-1} $CuSO_4$，6 mol·L^{-1} $NH_3·H_2O$，0.1 mol·L^{-1} Na_2S(新配制)，3 mol·L^{-1} H_2SO_4，6 mol·L^{-1} HNO_3，Cu^{2+} 试液，Mn^{2+} 试液，$NaBiO_3$(s)，0.1 mol·L^{-1} $K_4[Fe(CN)_6]$。

【实验内容】

1. 沉淀的生成

(1)沉淀的生成

①在小试管中加入 5 滴 0.1 mol·L^{-1} $Pb(NO_3)_2$ 和 5 滴 0.1 mol·L^{-1} KI 溶液，观察现象。

②在另一支小试管中加入 5 滴 0.001 mol·L^{-1} $Pb(NO_3)_2$ 和 5 滴 0.001 mol·L^{-1} KI 溶液，观察现象。

用溶度积原理解释实验①、②的现象。

(2)分步沉淀　在试管中加入 10 滴 0.1 mol·L^{-1} NaCl 溶液和 5 滴 0.1 mol·L^{-1} K_2CrO_4 溶液，混匀后，滴加 0.1 mol·L^{-1} $AgNO_3$ 溶液，观察生成沉淀的颜色和变化并解释。

2. 沉淀的溶解

(1)酸度对沉淀—溶解平衡的影响　在一支离心管中加入 10 滴 0.1 mol·L^{-1} $Ca(NO_3)_2$ 和 6 滴饱和$(NH_4)_2C_2O_4$ 溶液，观察 CaC_2O_4 沉淀的生成。用玻璃棒搅匀此悬浮液，倾出一半至另一离心试管，将二离心试管放在离心机上离心后，弃去清液。分别在两份沉淀上滴加 6 mol·L^{-1} HCl 和 6 mol·L^{-1} HAc 溶液，观察两份沉淀的溶解情况并解释。

(2)配位反应对沉淀—溶解平衡的影响

①在一支小试管中加入 2 滴 0.1 mol·L^{-1} $AgNO_3$ 溶液，然后加入 2 滴 0.1 mol·L^{-1} NaCl 溶液，观察沉淀的生成。再向沉淀中滴加 6 mol·L^{-1} 氨水，观察现象并解释。

②取 2 支离心管，分别加入 5 滴 0.1 mol·L^{-1} Na_2S 溶液和 5 滴饱和$(NH_4)_2C_2O_4$ 溶液，然后各加入 4 滴 0.2 mol·L^{-1} $CuSO_4$ 溶液，观察沉淀的生成。离心分离后，在二沉淀上各滴加 6 mol·L^{-1} 氨水数滴，观察二沉淀的溶解情况并解释之，判断 CuS 与 CuC_2O_4 沉淀溶度积的相对大小。

(3)氧化还原反应对沉淀—溶解平衡的影响　取 5 滴 0.1 mol·L^{-1} $AgNO_3$ 溶液于一离心管中，加入 3 滴 0.1 mol·L^{-1} Na_2S 溶液，观察沉淀的生成。离心分离，弃去清液，在沉淀上加入 10 滴 6 mol·L^{-1} HNO_3，微热，仔细观察实验现象并解释。

3. 沉淀的转化

在离心管中加入 5 滴 0.1 mol·L^{-1} $AgNO_3$ 溶液，然后加入 5 滴 0.1 mol·L^{-1} NaCl 溶液，观察沉淀的颜色。离心分离后，弃去清液，并用蒸馏水洗涤沉淀 3 次。最后在沉淀上滴加 0.1 mol·L^{-1} Na_2S 溶液数滴，观察沉淀颜色的变化并解释之。

4. 利用溶度积原理分离 Mn^{2+} 和 Cu^{2+}

(1)取 3 滴 Cu^{2+} 试液于一离心管中，滴加 0.1 mol·L^{-1} Na_2S 溶液数滴，离心分离，弃去清液，观察 CuS 沉淀的颜色。再加入 1 mL 3 mol·L^{-1} H_2SO_4，观察沉淀是否溶解。

(2)取 3 滴 Mn^{2+} 试液于一离心管中，滴加 0.1 mol·L^{-1} Na_2S 溶液数滴，离心分离，弃去清液，观察 MnS 沉淀的颜色；再加入 1 mL 3 mol·L^{-1} H_2SO_4，观察沉淀是否溶解。

(3)将 Cu^{2+} 试液和 Mn^{2+} 试液各 3 滴于同一离心管中，加入 1 mL 3 mol·L^{-1} H_2SO_4，摇匀后，滴加 6 滴 0.1 mol·L^{-1} Na_2S 溶液，观察实验现象。将离心管放入水浴中加热片刻，离心，向上层清液中再加入 1 滴 0.1 mol·L^{-1} Na_2S 溶液，若不再有沉淀生成，说明已沉淀完全；否则，再继续加入 Na_2S。待沉淀完全后，离心，用吸管小心吸出上层清液(尽量吸干)，将清液和沉淀分别按下列步骤处理：

①沉淀：用蒸馏水洗涤 3 次，加入 10 滴 6 mol·L^{-1} HNO_3，水浴加热，观察沉淀的溶解和溶液的颜色。将所得溶液分成两份：

向其中一份滴加 0.1 mol·L^{-1} $K_4[Fe(CN)_6]$数滴，判断沉淀中是否含 CuS?

向另一份中加入少量固体 $NaBiO_3$，观察溶液是否变红，从而判断沉淀中是否含 MnS?

②溶液：将所得溶液分为两份：

向第一份中加入 2 滴 0.1 mol·L^{-1} $K_4[Fe(CN)_6]$，观察现象并判断溶液中是否含 Cu^{2+}？

向另一份中加入 2 滴 3 mol·L^{-1} H_2SO_4，加热除去其中的 H_2S，冷却后，加入适量固体 $NaBiO_3$，观察溶液颜色的变化并判断溶液中是否含 Mn^{2+}？

根据以上结果，判断 Cu^{2+}、Mn^{2+} 是否已被基本分离。

注意：酸性介质中，Cu^{2+} 与 $K_4[Fe(CN)_6]$作用产生红棕色沉淀：

$$2\,Cu^{2+} + [Fe(CN)_6]^{4-} = Cu_2[Fe(CN)_6]\downarrow$$

Mn^{2+} 可被铋酸钠氧化为 MnO_4^-，溶液呈紫红色：

$$2\,Mn^{2+} + 5\,NaBiO_3 + 14\,H^+ = 2\,MnO_4^- + 5\,Bi^{3+} + 5\,Na^+ + 7\,H_2O$$

利用以上反应可定性检出 Cu^{2+} 和 Mn^{2+}。

【思考题】

1. 沉淀生成的条件是什么？
2. 何为分步沉淀？分步沉淀的先后次序与哪些因素有关？
3. 哪些因素影响沉淀—溶解平衡？试简述其原理。
4. 试管实验中，如何正确使用滴管？
5. 如何进行沉淀的洗涤？
6. 离心管能否直接放在火上加热？
7. 试管实验中的"滴加"与"加入"操作的区别是什么？在分步沉淀实验中，若不"逐滴加入(滴加)"而是"加入"沉淀剂，实验现象会如何？
8. 离心时能否使用试管？
9. 使用离心机时应注意什么？

实验十一　电导率法测定硫酸钡的溶度积

【实验目的】

1. 熟悉沉淀的生成、陈化、离心分离、洗涤等基本操作。
2. 了解饱和溶液的配制。
3. 了解难溶电解质溶度积测定的一种方法。
4. 复习并巩固电导率仪的使用。

【实验原理】

难溶电解质的溶解度很小，很难直接测定。但是，只要有溶解作用，溶液中就会有电离出来的带电离子，就可以通过测定该溶液的电导或电导率，再根据电导与浓度的关系，计算出难溶电解质的溶解度，从而换算出溶度积。

1. 电导和电导率

电解质溶液导电能力的大小，可以用电阻 R 或电导 G 来表示，两者互为倒数，即

$$G=\frac{1}{R}$$

电导 G 的单位为西(西门子，siemans)，符号位 S。

在一定温度下，两电极间溶液的电阻 R 与两极间的距离 l 成正比，与电极面积 A 成反比：

$$R\propto\frac{l}{A}\text{引入比例系数得：}R=\rho\frac{l}{A}$$

比例系数 ρ，称为电阻率，其倒数称为电导率，以 κ 表示。即

$$\kappa=\frac{1}{\rho}\text{，单位为 S·m}^{-1}$$

由电阻率 ρ 和电导 G 可得　　$k=G\frac{l}{A}$

电导率 κ 表示相距 1 m，面积为 1 m^2 的两个电极之间的电导，$\frac{l}{A}$ 称为电极常数或电导池常数，对于某给定的电极来说，一般是由制造厂给出，但也可以通过测定已知电导率的溶液的电导，计算得出。

由于实际应用中 G 的单位 S 太大，因此常采用毫西(mS)或微西(μS)，而 l 的单位则用 cm 表示，即 $1\ S\cdot cm^{-1}=10^3\ mS\cdot cm^{-1}=10^6\ \mu S\cdot cm^{-1}$。

2. 摩尔电导率和溶度积

在一定温度下，相距 1 m 的两个平行电极之间，含有 1 mol 电解质溶液的电导率，称为摩尔电导，以 Λ_m(希腊字母，名字 lambda)表示，单位为 $S\cdot cm^2\cdot mol^{-1}$ 即

$$\Lambda_m=\frac{\kappa}{c}$$

对于溶解度很小的 $BaSO_4$，只要测得其饱和溶液的电导率或电导就可算出 $BaSO_4$ 的溶解度，进而算出其溶度积：

$$c(BaSO_4)=\frac{\kappa(BaSO_4)}{\Lambda_m(BaSO_4)}$$

在 $BaSO_4$ 的饱和溶液中，存在着下列平衡：

$$BaSO_4(s)\rightleftharpoons Ba^{2+}+SO_4^{2-}$$

一定温度下，$BaSO_4$ 的溶度积为

$$K_{sp}^{\ominus}(BaSO_4)=[c(Ba^{2+})/c^{\ominus}][c(SO_4^{2-})/c^{\ominus}]=[c(BaSO_4)/c^{\ominus}]^2$$

但实验中所测得的 $BaSO_4$ 饱和溶液的电导率或电导含有水电离出的 H^+ 和 OH^-，所以计算时必须减去，即

$$\kappa(BaSO_4)=\kappa(BaSO_4\ 溶液)-\kappa(H_2O)$$

$BaSO_4$ 的溶解度：$s=\dfrac{\kappa(BaSO_4)}{1\,000\Lambda_m(BaSO_4)}=\dfrac{\kappa(BaSO_4\ 溶液)-\kappa(H_2O)}{1\,000\times 287.28}$　单位：mol/L

$BaSO_4$ 的溶度积：$K_{sp}^{\ominus}(BaSO_4)=s^2=\left[\dfrac{\kappa(BaSO_4\ 溶液)-\kappa(H_2O)}{1\,000\times 287.28}\right]^2$

【仪器与试剂】

1. 仪器

雷磁 DDS-11A 型电导率仪，离心机，DJS-1 型铂光亮电极，酒精灯，表面皿，试管等。

2. 试剂

0.05 $mol\cdot L^{-1}$ H_2SO_4，0.05 $mol\cdot L^{-1}$ $BaCl_2$，0.01 $mol\cdot L^{-1}$ $AgNO_3$。

【实验内容】

1. $BaSO_4$ 沉淀的制备

(1)分别取 0.05 $mol\cdot L^{-1}$ $BaCl_2$ 和 H_2SO_4 溶液各 30 mL，分别倒入小烧杯中。

(2)将 H_2SO_4 溶液加热至近沸时，在不断搅拌下，逐滴将 $BaCl_2$ 溶液加入到 H_2SO_4 溶液中，加完后以表面皿作盖，继续加热煮沸 5 min，再小火保温 10 min，搅拌数分钟后，静置、陈化。当沉淀上面的溶液澄清时，用倾析法倾去上层清液。

(3)将沉淀和少量余液，用玻璃棒搅成乳状，分次转移至离心管中，进行离心分离，弃去溶液。

(4)在小烧杯中盛约 40 mL 蒸馏水，加热近沸，用其洗涤离心管中 $BaSO_4$ 沉淀：每次加入 4～5 mL 水，用玻璃棒将沉淀充分搅混，再离心分离，弃去洗涤液。重复洗涤至洗涤液中无 Cl^- 为止[一般洗涤至第四次时，就可进行有无 Cl^- 的检查(如何检查 Cl^-？)]。

2. $BaSO_4$ 饱和溶液的制备

向上面制得的纯 $BaSO_4$ 沉淀中，加入少量水，用玻璃棒将沉淀搅匀后，全部转移到小烧杯中，再加蒸馏水 60 mL，搅拌均匀后，以表面皿作盖，加热煮沸 3～5 min。稍冷后，置于冷水浴中搅拌 5 min，重新浸在另一盛有少量冷水的水浴中静置、冷却至室温。当沉淀至上面的溶液澄清时，即可进行电导或电导率的测定。

3. 电导率的测定

(1)测定配制 $BaSO_4$ 饱和溶液的蒸馏水的电导率。

(2)测定 $BaSO_4$ 饱和溶液的电导率。

【数据记录和结果处理】

室温______℃

物理量	测定值
$\kappa(H_2O)/(\mu S\cdot cm^{-1})$	
$\kappa(BaSO_4\ 溶液)/(\mu S\cdot cm^{-1})$	
$K_{sp}^{\ominus}(BaSO_4)$	

【思考题】

1. 制备 $BaSO_4$ 时，为什么要洗至无 Cl^-？

2. 制备 $BaSO_4$ 饱和溶液时，溶液底部一定要有沉淀吗？

3. 在测定 $BaSO_4$ 的电导时，水的电导能不能忽略？

实验十二　硫酸亚铁铵的制备

【实验目的】

1. 了解复盐晶体的制备方法。

2. 练习移液管（或吸量管）的使用以及水浴加热、溶解、过滤（抽气过滤）、蒸发、结晶、干燥等基本操作。

3. 学习用目测比色检验产品质量的方法。

【实验原理】

铁能溶于稀 H_2SO_4 中生成 $FeSO_4$：

$$Fe + H_2SO_4(稀) = FeSO_4 + H_2\uparrow$$

通常，亚铁盐在空气中易被氧化。在硫酸亚铁溶液中加入与 $FeSO_4$ 等物质的量的硫酸铵，能生成复盐硫酸亚铁铵[$(NH_4)_2SO_4 \cdot FeSO_4 \cdot 6H_2O$]。硫酸亚铁铵比较稳定，不易被空气氧化。像所有的复盐那样，硫酸亚铁铵在水中的溶解度比组成它的每一组分[$FeSO_4$ 或$(NH_4)_2SO_4$]的溶解度都要小（表 4-5）。蒸发浓缩所得溶液，可制得浅绿色硫酸亚铁铵（六水合物）晶体。

$$FeSO_4 + (NH_4)_2SO_4 + 6H_2O = (NH_4)_2SO_4 \cdot FeSO_4 \cdot 6H_2O$$

为了避免 Fe^{2+} 的氧化和水解，在制备$(NH_4)_2SO_4 \cdot FeSO_4 \cdot 6H_2O$ 过程中，溶液需要保持足够的酸度。

用目测比色法可估计产品所含杂质 Fe^{3+} 的量，从而确定产品的等级。

表 4-5　在不同温度下的一些盐类在水中的溶解度　　g/100 gH_2O

温度 t/℃	0	10	20	30	40	50	60
$FeSO_4 \cdot 7H_2O$	15.6	20.5	26.5	32.9	40.2	48.6	—
$(NH_4)_2SO_4$	70.6	73.0	75.4	78.0	81.6	—	88.0
$(NH_4)_2SO_4 \cdot FeSO_4 \cdot 6H_2O$	12.5	12.5	—	—	33.0	40.0	—

【仪器和试剂】

1. 仪器

托盘天平，酒精灯，100 mL 烧杯，表面皿，蒸发皿（或有柄蒸发皿），石棉网，铁架，铁圈，10 mL、100 mL 量筒，20 mL 移液管，10 mL 吸量管，白瓷板，玻璃棒，漏斗，布氏漏斗，吸滤瓶，玻璃抽气管，安全瓶，25 mL 比色管，比色管架，pH 试纸，滤纸，滤纸碎片。

2. 试剂

2 mol·L^{-1} HCl，3 mol·L^{-1} H_2SO_4，0.010 0 mg·mL^{-1} Fe^{3+} 标准溶液[1]，2 mol·L^{-1} KSCN，$(NH_4)_2SO_4$(s)[2]，10% Na_2CO_3，铁屑。

【实验内容】

1. 铁屑表面油污的去除

称取 20 g 铁屑，放入小烧杯中，加入 15 mL 10% Na_2CO_3 溶液。小火加热 10 min，用倾析法

倒去 Na_2CO_3 碱性溶液，再用去离子水把铁屑冲洗洁净(如何检验铁屑已冲洗洁净?)，备用。

2. 硫酸亚铁的制备

向盛有 20 g 洁净铁屑的小烧杯中加入 3 $mol \cdot L^{-1}$ H_2SO_4 溶液 15 mL，盖上表面皿，放在石棉网上用小火加热(由于铁屑中的杂质在反应中会产生一些有毒气体，最好在通风橱中进行)，使铁屑和稀硫酸反应至不再冒出气泡(约需 15 min)。在加热过程中应不时加入少量去离子水，以补充被蒸发的水分，防止 $FeSO_4$ 结晶出来；同时要控制溶液的 pH 小于 1。趁热用普通漏斗过滤，滤液承接于洁净的蒸发皿中，用数毫升热水[3]洗涤小烧杯及漏斗上的残渣。洗涤液仍承接于蒸发皿中。将留在小烧杯中及滤纸上的残渣取出，用滤纸碎片吸干后称重。根据已反应的铁屑重量，算出溶液中的 $FeSO_4$ 的理论产量。

3. 硫酸亚铁铵的制备

根据 $FeSO_4$ 的理论产量，计算并称取所需固体 $(NH_4)_2SO_4$ 的用量。在室温下将称出的 $(NH_4)_2SO_4$ 配制成饱和溶液，然后倒入上面所制得的 $FeSO_4$ 溶液中。混合均匀并用 3 $mol \cdot L^{-1}$ H_2SO_4 溶液调节 pH 为 1～2，用小火蒸发浓缩至溶液表面刚出现结晶薄层时为止(蒸发过程中不宜搅动)。放置，让其慢慢冷却，即有硫酸亚铁铵晶体析出。待冷至室温后，用布氏漏斗过滤。将晶体取出，置于两张洁净的滤纸之间，轻压以吸干母液，称重。计算理论产量和产率。产率计算公式如下：

$$产率=\frac{实际产量}{理论产量}\times 100\%$$

4. 产品检验

(1)标准溶液的配制　往 3 支 25 mL 的比色管中各加入 2 mL 2 $mol \cdot L^{-1}$ KSCN 溶液。再用移液管分别加入不同体积的 0.010 0 mg/mL Fe^{3+} 标准溶液 5 mL、10 mL、20 mL，最后用去离子水稀释至刻度，制成含 Fe^{3+} 量不同的标准溶液。它们所对应各级硫酸亚铁铵药品的规格分别为：

含 Fe^{3+}　0.05 mg，符合一级标准；
含 Fe^{3+}　0.10 mg，符合二级标准；
含 Fe^{3+}　0.20 mg，符合三级标准。

(2)Fe^{3+} 分析　称取 10 g 产品，置于 25 mL 比色管中，加入 15 mL 不含氧气的去离子水，使产品溶解。然后按上述操作加入 3 mL 2 $mol \cdot L^{-1}$ HCl 溶液和 2 mL 2 $mol \cdot L^{-1}$ KSCN 溶液，再将不含氧气的去离子水稀释至 25 mL，搅拌均匀，将它与已配制好的上述标准溶液进行目测比色，确定产品的等级。在进行比色操作时，可在比色管下衬以白瓷板；为了消除周围光线的影响，可用白纸条包住装盛溶液那部分比色管的四周。从上往下观察，对比溶液颜色的深浅程度来确定产品的等级。

【注释】

[1]称取 0.086 4 g 分析纯硫酸高铁氨 $Fe(NH_4)(SO_4)_2 \cdot 12H_2O$ 溶于 3 mL 2 $mol \cdot L^{-1}$ HCl 中，再全部移入 100 mL 容量瓶中，用去离子水稀释至刻度，摇匀。

[2]固体 $(NH_4)_2SO_4$ 的纯度必须很高(可用分析纯)。

[3]用热的去离子水洗涤附着于小烧杯及残渣上的硫酸亚铁溶液时，用水量要尽可能少。因为用水量太多，会使后续溶液蒸发的时间过长。

【思考题】

1. 如何计算本实验所需硫酸铵的质量和硫酸亚铁铵的理论产量？试列出计算式。

2. 为什么制备硫酸亚铁铵晶体时，溶液必须呈酸性？

3. 为什么在检验产品中的 Fe^{3+} 含量时，要用不含氧气的去离子水？如何制备不含氧气的去离子水？

实验十三 硝酸钾的制备

【实验目的】

1. 了解用复分解法制备 KNO_3 的过程。

2. 掌握热过滤和减压过滤的操作方法。

3. 掌握结晶、重结晶提纯盐类的基本操作方法。

【实验原理】

工业上常用复分解法制备 KNO_3 固体，反应为：

$$NaNO_3+KCl=NaCl+KNO_3$$

反应体系中同时存在 4 种离子，由这 4 种离子组成的 4 种盐在不同温度时的溶解度可见表 4-6 KNO_3 等 4 种盐在 100 g H_2O 中不同温度下的溶解度。

表 4-6 不同温度下的一些盐类的溶解度 g/100 g H_2O

盐	温度 t/℃				
	0	20	40	80	100
KNO_3	13.9	31.6	61.3	167	245
KCl	28.0	34.2	40.1	51.3	56.3
$NaNO_3$	73.0	87.6	102	148	180
NaCl	35.7	35.9	36.4	38.0	39.2

由表 4-6 中数据可以看出，NaCl 的溶解度随温度变化很小，而硝酸钾的溶解度随温度变化较为显著。因此，只要把含有一定浓度的硝酸钠和氯化钾混合液加热，在高温下，由于氯化钠溶解度较小，趁热把 NaCl 滤去，滤液冷却后即可得到大量的硝酸钾晶体，然后，用重结晶法提纯硝酸钾晶体。

【仪器和试剂】

1. 仪器

托盘天平称，量筒(100 mL)，烧杯(100 mL)，热滤漏斗，布氏漏斗，普通漏斗，减压装置，蒸发皿。

2. 试剂

0.1 mol·L^{-1} $AgNO_3$，$NaNO_3$(s)，KCl(s)。

【实验内容】

1. 称量并加热

在台秤上，称取 15 g KCl 和 17 g $NaNO_3$ 放在烧杯中，加入 30 mL 水，小火加热使其全部溶解。

2. 结晶

继续加热，蒸发到溶液的体积为原来体积的 1/2 时，此时有晶体析出(此晶体为何物?)。

3. 过滤

将上述混合物趁热用热滤漏斗过滤，用一小烧杯接收滤液(方法与常压过滤相似)，滤液中会有晶体析出(此晶体为何物?)。

4. 冷却

将上述所得溶液冷却，即有大量晶体析出，倾倒在布氏漏斗上，减压抽干，即得 KNO_3 粗产品。

5. 粗产品的重结晶

(1)除保留少量粗产品供纯度检验外，按照粗产品∶水=2∶1(质量比)将粗产品溶于蒸馏水中。

(2)边搅拌边加热，待晶体溶解后停止加热，假如溶液沸腾晶体还不全部溶解，可再加入适量的蒸馏水，使其溶解。

(3)待溶液冷却到室温后抽滤，得到的晶体为纯度较高的 KNO_3 晶体。称重，计算理论产量和产率。产率计算公式如下：

$$产率=\frac{实际产量}{理论产量}\times 100\%$$

6. 产品纯度检验

在 2 支试管中分别加粗品和纯品 KNO_3，用蒸馏水配成溶液后分别滴加几滴 0.1 $mol \cdot L^{-1}$ $AgNO_3$ 溶液，观察现象，得出结论。

【思考题】

1. 结合本实验说明何为结晶和重结晶?
2. 粗产品重结晶时，加入蒸馏水比例的根据是什么?

实验十四　碳酸钠的制备及纯度检验

【实验目的】

1. 了解联合制碱法的反应原理。
2. 学会利用各种盐溶解度的差异并通过水溶液中离子反应来制备一种盐的方法。

【实验原理】

以 NaCl 和 NH_4HCO_3 为原料制取 Na_2CO_3 的 2 个化学反应：

$$NaCl+NH_4HCO_3=NaHCO_3+NH_4Cl$$

$$NaHCO_3=Na_2CO_3+CO_2\uparrow+H_2O$$

第一个反应是水溶液中离子相互反应，反应后溶液中存在着 NaCl、NH_4HCO_3、$NaHCO_3$ 和 NH_4Cl 4 种盐。这些盐的溶解度虽然会相互发生影响，但比较各自在不同温度下的溶解度，可以找到分离这些盐的最佳条件(表 4-7)。

温度超过 35℃时，NH_4HCO_3 开始分解，从表 4-7 中可以看出，温度低时 NH_4HCO_3 的溶解度(减小)，故温度控制在 30℃左右，此时 $NaHCO_3$ 的溶解度也很低。因此将研细的固体 NH_4HCO_3 加于浓 NaCl 溶液中，充分搅拌后就可析出 $NaHCO_3$ 晶体。经过滤、洗涤和干燥即可得到 $NaHCO_3$ 晶体。加热 $NaHCO_3$，其分解产物就是 Na_2CO_3。

表 4-7　不同温度下的一些盐类在水中的溶解度　　$g/100\ g\ H_2O$

盐	温度 t/℃			
	0	10	20	30
NaCl	35.7	35.8	36.0	36.3
$NaHCO_3$	6.9	8.15	9.6	11.1
NH_4Cl	29.7	33.3	37.2	41.4
NH_4HCO_3	11.9	15.8	21.0	27.0

【仪器和试剂】

1. 仪器

量筒，玻璃棒，烧杯，托盘天平，减压泵，布氏漏斗，吸滤瓶，蒸发皿，温度计，分析天平，称量瓶，酸式滴定管，煤气灯，250 mL 锥形瓶，pH 试纸。

2. 试剂

6 $mol \cdot L^{-1}$ HCl，3mol $\cdot L^{-1}$ NaOH，3 $mol \cdot L^{-1}$ Na_2CO_3，0.1 $mol \cdot L^{-1}$ HCl 标准溶液，0.2%酚酞乙醇溶液，0.2%甲基橙溶液，粗食盐(s)，NH_4HCO_3(s)。

【实验内容】

1. 溶解盐与精制

在 150 mL 烧杯中配制 50 mL 24%～25%的粗食盐水溶液，用 3 $mol \cdot L^{-1}$ NaOH 和 3 $mol \cdot L^{-1}$ Na_2CO_3 混合溶液(体积比为 1 ∶ 1)，调粗食盐水溶液至 pH＝11 左右，得到大量胶状沉淀 $Mg_2(OH)_2CO_3$，$CaCO_3$，加热至沸，抽滤，分离沉淀。将滤液用 6 $mol \cdot L^{-1}$ HCl 调 pH＝7。

2. 转化

将盛有滤液的烧杯放在水浴上加热，控制溶液温度在 30～35℃。在不断搅拌的情况下，分多次把 21 g 研细的碳酸氢铵加入滤液中。加完料后，继续保温，搅拌 30 min，使反应充分进行。静置，抽滤，得到 $NaHCO_3$ 晶体，用少量水洗涤 2 次(除去黏附的铵盐)再抽干，称重。

3. 制纯碱

将抽干的 $NaHCO_3$ 放入蒸发皿中，在煤气灯上灼烧 2 h 即得到纯碱。冷却到室温，称重。

产品检验　在分析天平上准确称取 2 份纯碱产品(准确到 0.000 1 g)，样品量一般为 0.25 g 左右，将其放入锥形瓶中用 100 mL 蒸馏水溶解，加 2 滴酚酞指示剂，用已知准确浓度的 HCl 滴定，记下溶液变为浅红色时所用 HCl 体积 V_1，再加 2 滴甲基橙指示剂，继续上述滴定，滴至溶液由黄色变为橙色，加热煮沸 1～2 min，冷却后，溶液又变为黄色，再用 HCl 滴定至橙色，30 s 不褪色为止，记下此时消耗 HCl 的体积 V_2 填入下表：

【数据记录和结果处理】

标准溶液 c(HCl)________ $mol \cdot L^{-1}$

项目 次数	试样质量 m/g	V(HCl)/mL		$\omega(Na_2CO_3)$ /%	$\omega(NaHCO_3)$ /%	Na_2CO_3 产率 /%
		V_1	V_2			
Ⅰ						
Ⅱ						
平均值						

计算 Na_2CO_3、$NaHCO_3$ 含量及 Na_2CO_3 产率。

$$\omega(Na_2CO_3)=\frac{c_{HCl}\cdot 2V_1M\left(\frac{1}{2}Na_2CO_3\right)}{m_{试样}}\times 100\%$$

$$\omega(NaHCO_3)=\frac{c_{HCl}\cdot (V_2-V_1)M\left(\frac{1}{2}Na_2CO_3\right)}{m_{试样}}\times 100\%$$

【思考题】

1. 为什么计算 Na_2CO_3 产率时要根据 NaCl 的用量？影响 Na_2CO_3 产率的因素有哪些？
2. 氯化钠为何要预先提纯？提纯时为何没把 SO_4^{2-} 除去？

实验十五　五水硫酸铜的制备

【实验目的】

1. 学习以废铜和工业硫酸为主要原料制备 $CuSO_4\cdot 5H_2O$ 的原理和方法。
2. 掌握并巩固无机制备过程中灼烧、水浴加热、减压过滤、结晶等基本操作。

【实验原理】

$CuSO_4\cdot 5H_2O$ 俗称蓝矾、胆矾或孔雀石，是蓝色透明的三斜晶体。在空气中会缓慢风化。易溶于水，难溶于无水乙醇。加热时失水，当加热至 258℃时失去全部结晶水而成为白色无水 $CuSO_4$。无水 $CuSO_4$ 易吸水变蓝，利用此特性来检验某些液态有机物中的微量水。

$CuSO_4\cdot 5H_2O$ 用途广泛，如用于面及丝织品印染的煤染剂、农业杀虫剂、水杀菌剂、木材防腐剂、铜的电镀等。同时还大量用于有色金属选矿（浮选）工业、船舶油漆工业及其他化工原料的制造。

$CuSO_4\cdot 5H_2O$ 的生产方法有多种，如电解液法、废铜法、氧化铜法、白冰铜法、二氧化硫法。工业上常用电解液法，该法是将电解液与铜粉作用后，经冷却结晶分离，干燥而制得。本实验选择以废铜和工业硫酸为主要原料制备 $CuSO_4\cdot 5H_2O$ 的方法，先将铜粉灼烧成氧化铜，再将氧化铜溶于适当浓度的硫酸中。反应如下：

$$2Cu+O_2=2CuO(黑色)$$

$$CuO+H_2SO_4=CuSO_4+H_2O$$

由于废铜及工业硫酸不纯，制得的溶液中除生成硫酸铜外，还含有其他一些可溶性或不溶性杂质，不溶性杂质在过滤时可除去，可溶性杂质 Fe^{2+} 和 Fe^{3+}，一般需用氧化剂（如 H_2O_2）将 Fe^{2+} 氧化为 Fe^{3+}，然后调节 pH，并控制至 3（注意不要使溶液的 pH≥4，若 pH 过大，会析出碱式硫酸铜沉淀，影响产品的质量和产量），再加热煮沸，使 Fe^{3+} 水解成为 $Fe(OH)_3$ 沉淀而除去。反应如下：

$$2Fe^{2+}+2H^++2H_2O_2=2Fe^{3+}+2H_2O$$

$$2Fe^{3+}+3H_2O=Fe(OH)_3+3H^+$$

将除去杂质的 $CuSO_4$ 溶液进行蒸发，冷却结晶，减压过滤后得到蓝色 $CuSO_4\cdot 5H_2O$。

【仪器和试剂】

1. 仪器

电子天平，电炉，瓷坩埚，坩埚钳，铁架台，布氏漏斗，吸滤瓶，烧杯，点滴板，玻璃棒，量筒，蒸发皿，滤纸，剪刀，pH 试纸。

2. 试剂

Cu 粉，3 mol·L^{-1} H_2SO_4，3％H_2O_2，0.1 mol·L^{-1} $K_3[Fe(CN)_6]$，$CuCO_3$(CP)。

【实验内容】

1. 氧化铜的制备

洗净的瓷坩埚经充分灼烧干燥并冷却后，放入 3.000 0 g 废 Cu 粉。将坩埚置于电炉上缓慢微热，使坩埚均匀受热，待 Cu 粉干燥后，高温灼烧，并不断搅拌(搅拌时必须用坩埚钳夹住坩埚，以免打翻坩埚)灼烧至 Cu 粉完全转化为黑色 CuO(约 20 min)，停止加热并冷却至室温。

2. 粗 $CuSO_4$ 溶液的制备

将冷却后的 CuO 倒入 100 mL 小烧杯中，加入 18 mL 3 mol·L^{-1} H_2SO_4(工业纯)，微热使之溶解。

3. $CuSO_4$ 溶液的精制

在粗 $CuSO_4$ 溶液中，滴加 2 mL 3％ H_2O_2，将溶液加热，检验溶液中是否还存在 Fe^{2+}(如何检验?)。当 Fe^{2+} 完全氧化后，慢慢加入 $CuCO_3$ 粉末，同时不断搅拌直到溶液 pH＝3，在此过程中，要不断地用 pH 试纸测试溶液的 pH，控制溶液 pH＝3，再加热至沸(为什么?)趁热减压过滤，将滤液转移至洁净的烧杯中。

4. $CuSO_4·5H_2O$ 晶体的制备

在精制后的 $CuSO_4$ 溶液中，滴加 3 mol·L^{-1} H_2SO_4 酸化，调节溶液至 pH＝1 后，转移至洁净的蒸发皿中，水浴加热蒸发至液面出现晶膜时停止。在室温下冷却至晶体析出。然后减压过滤，晶体用滤纸吸干后，称重。计算产率。

【思考题】

1. 在粗 $CuSO_4$ 溶液中 Fe^{2+} 杂质为什么要氧化为 Fe^{3+} 后再除去？为什么调节溶液的 pH＝3？pH 太大或太小有何影响？

2. 为什么要在精制后的 $CuSO_4$ 溶液中调节 pH＝1 使溶液呈强酸性？

3. 蒸发、结晶制备 $CuSO_4·5H_2O$ 时，为什么刚出现晶膜即停止加热而不将溶液蒸干？

4. 如何清洗坩埚中的残余物 Cu 和 CuO 等？

5. 固液分离的方法有哪些？

第五章　有机化合物性质及综合实验

实验一　熔点的测定

【实验目的】

1. 了解熔点测定的意义。

2. 掌握毛细管法测定熔点的方法。

【实验原理】

每一种晶体有机化合物都具有一定的熔点。一个纯化合物从开始熔化(始熔)至完全熔化(全熔)的温度范围叫做熔程,也叫熔点范围或熔程,一般不超过 0.5℃。当含有杂质时,会使其熔点下降,且熔点距也较宽。由于大多数有机化合物的熔点都在 300℃以下,较易测定,故利用测定熔点,可以估计出有机化合物的纯度。还可以鉴别不同的有机化合物。但对受热易分解的化合物即使纯度很高,也无确定的熔点,且熔程较宽。

详细内容请参阅第二章第六节第一部分熔点。

【仪器与试剂】

1. 仪器

提勒管(Thiele),毛细管,温度计,酒精灯,40 cm 玻璃管,表面皿,玻棒等。

2. 试剂

苯甲酸(AR),尿素(AR),甘油等。

【实验内容】

1. 熔点管的准备

通常用内径约 1 mm、长 60～70 mm、一端封闭的毛细管作为熔点管。

2. 样品的填装

(1)磨细　取 0.1～0.2 g 样品,放在干净的表面皿上,用玻璃棒研成粉末,聚成小堆。

(2)装样　将毛细管的开口插入样品堆中,使样品挤入管内,把开口一端向上竖立,轻敲管子使样品落在管底。

(3)敦实　把装有样品的毛细管,通过一根(长约 40 cm)直立于表面皿上的玻璃管,自由地落下,重复几次,直至样品的高度为 2～3 mm。

注意:操作要迅速,防止样品吸潮,装入的样品要结实,受热时才均匀,如果有空隙,不易传热,影响结果。

3. 安装装置

参阅第二章第六节第一部分熔点。

(1)将 Thiele 管(又叫 b 形管,也叫熔点测定管)固定在铁架台上,在提勒管中装入甘油于熔点测定管中，液面高出上侧管时即可。

(2)Thiele 管口配一缺口单孔橡皮塞，温度计插入孔中，刻度应向橡皮塞缺口。

(3)将毛细管中下部用甘油润湿后，将其紧附在温度计旁，样品部分应靠在温度计水银球的中部，并用橡皮圈将毛细管紧固在温度计上。

(4)温度计插入熔点测定管中的深度以水银球恰在熔点测定管的两侧管的中部。

4. 测定熔点

(1)粗测　当样品的熔点未知时应首先进行粗测，用酒精灯在侧管的底部加热。先在快速加热下，测定化合物的大概熔点。

(2)精测

a. 粗测后样品的熔点大概已知后，停止加热，使热浴的温度下降到样品熔点下约 30℃时，更换一根样品管。

b. 慢慢地加热，控制升温速度约为 5℃/min，当热浴温度达到熔点下约 15℃时，应立即减缓加热速度，使升温速度约 1℃/min。

c. 当接近熔点时，加热要更慢，使升温速度约 0.2℃/min，注意观察毛细管中样品的情况，当毛细管中样品开始蹋落和有湿润现象，出现小滴液体时，表示样品已开始熔化，为始熔，记下温度，继续微热至微量固体样品消失成为透明液体时，为全熔，即为该化合物的熔程。

例如，某一化合物在 112℃时开始萎缩蹋落，113℃时有液滴出现，在 114℃时全部成为透明液体，应记录为：熔点 113～114℃，112℃蹋落(或萎缩)，以及颜色的变化。

d. 实验完毕，把温度计放好，让其自然冷却至接近室温时用滤纸擦去甘油，才可用水冲洗。否则，容易发生水银柱断裂。热甘油待冷却后，方可倒回瓶中。

注意：熔点测定，至少要有两次重复的数据，每一次测定都必须用新的熔点管重新装样品，不能使用已测过熔点的样品管。

【数据记录和结果处理】

样品	测定序号	初熔/℃	终熔/℃	熔程/℃	文献值/℃
苯甲酸(AR)	Ⅰ				
	Ⅱ				
尿素(AR)	Ⅰ				
	Ⅱ				

【思考题】

1. 如果没有把样品研磨很细，对装样有什么影响？测定的熔点数据可靠否？

2. 加热的快慢为什么会影响熔点？在什么情况下加热可以快一些，而在什么情况下加热则要慢一些？

3. 是否可以使用第一次测熔点时已经熔化了的有机化合物再作第二次测定呢？为什么？

实验二　蒸馏和沸点的测定

【实验目的】

1. 了解常压蒸馏的基本原理及意义。

2. 掌握蒸馏装置的安装与操作。

3. 了解测定沸点的意义。

4. 掌握常量法(即蒸馏法)及微量法测定沸点的原理和方法。

【实验原理】

蒸馏是根据液体混合物中各组分沸点(饱和蒸气压)的不同,分离、提纯液态混合物的常用方法。将液态混合物加热至沸腾,使其部分气化,然后再将蒸气冷凝为液体,收集到另一容器中,这两个过程的联合操作叫蒸馏。

当液体混合物沸腾时,产生气、液两相。其中低沸点(饱和蒸气压较高)组分在气相中的比例较大,而高沸点(饱和蒸气压较低)组分在液相中所占比例较大,此时若将气相冷凝收集,即可得到低沸点组分含量较多的液体。各组分沸点相差愈大,蒸馏分离效果愈好。

常压蒸馏较适用于分离沸点大于30℃的液体混合物,同时还可粗略测出液体的沸点。

在一定压力下,纯的液态物质具有确定的沸点,因此可用蒸馏方法来测定物质的沸点和定性检验物质的纯度。但也应注意有些具有固定沸点的物质不一定都是纯的物质,因为某些有机化合物常常和其他组分形成具有一定沸点的二元或三元恒沸混合物。例如,95.6%乙醇和4.4%水形成的二元恒沸混合物,具有固定的沸点78.17℃(纯乙醇的沸点为78.3℃)。

详细内容请参阅第二章第六节第二部分沸点。

【仪器与试剂】

1. 仪器

蒸馏烧瓶,冷凝管,尾接管,接收器,电热套,温度计,提勒管,4 mm×80 mm玻璃管,1 mm×90 mm毛细管等。

2. 试剂

95%乙醇,工业酒精,蒸馏水。

【实验内容】

1. 蒸馏

(1)蒸馏装置的安装　按图2-27所示安装蒸馏装置。

(2)蒸馏操作

a. 加料　量取30 mL乙醇加入圆底烧瓶中。加入3～4粒沸石。然后在蒸馏头上口塞上带有温度计的橡皮塞子。

b. 通冷凝水　往冷凝管缓缓通入冷水,注意冷凝水下进上出,把上口流出的水引入水槽中,直至水充满冷凝管。

c. 加热　打开电热套电源[1],慢慢增高温度使液体平稳沸腾,记录第一滴馏出液滴入接收器时的温度。调整电热套的电压,使蒸馏速度以每秒钟1～2滴馏出液为宜。在蒸馏过程中,应使温度计水银球常挂有液滴,此时温度计的读数就是馏出液的沸点。收集所需温度范围的馏出液。

注意:如果维持原来加热程度,不再有馏出液蒸出,温度突然下降时,就应停止蒸馏,即使杂质量很少,也不能蒸干。否则,容易发生意外事故。

d. 蒸馏完毕,先停止加热,后停止通水,拆卸仪器,其程序和装配时相反,即按次序取下接收器、接液管、冷凝管和蒸馏烧瓶。

(3)数据记录见下表。

温度	工业酒精	乙醇	自来水	纯水
第一滴时温度				
中段温度				

2. 微量法测定沸点

(1)准备微量沸点管　取一根内径 3～4 mm、长 7～8 cm 的玻璃管，用小火封闭其一端，作为沸点管的外管，放入欲测定沸点的样品 4～5 滴，在此管中放入一根长 8～9 cm、内径约 1 mm 的上端封闭的毛细管，即其开口处浸入样品中。

(2)测定沸点　把微量沸点管贴于温度计水银球旁(参见图 2-42)，并浸入液体中，加热，由于气体膨胀，内管中有断断续续的小气泡冒出来，到达样品的沸点时，将出现一连串的小气泡，此时应停止加热，使液浴的温度下降，气泡逸出的速度即渐渐地减慢，仔细观察，最后一个气泡出现而刚欲缩回到内管的瞬间即表示毛细管内液体的蒸气压与大气压平衡时的温度，亦就是此液体的沸点。

【注释】

[1]蒸馏易挥发和易燃的物质，不能用明火，否则易引起火灾，故要用热浴。

【思考题】

1. 在进行蒸馏操作时应注意哪些问题(从安全和效果两方面来考虑)？

2. 向冷凝管通水是由下而上，反过来效果怎样？

3. 用微量法测定沸点，把最后一个气泡刚欲缩回至内管的瞬间的温度作为该化合物的沸点，为什么？

实验三　有机化合物折光率的测定

【实验目的】

1. 掌握折光率的概念及测定折光率的意义。

2. 了解阿贝折光仪的工作原理和使用方法。

【实验原理】

折光率是物质的特性常数，固体、液体和气体都有折光率。对液体有机化合物，折光率是重要的物理常数之一，不仅作为物质纯度的标志，也可用来鉴定未知物。如分馏时，配合沸点，作为划分馏分的依据。物质的折光率随入射光线波长不同而变，也随测定时温度不同而变，通常温度升高 1℃，液态化合物折光率降低 3.5×10^{-4}～5.5×10^{-4}，所以，折光率的表示需要注出所用光线波长和测定的温度，常用 n_D^t 来表示，D 表示钠光。

折光率的详细内容请参阅第二章第六节第四部分折光率。

阿贝折光仪的详细内容请参阅第三章第五节。

【仪器与试剂】

1. 仪器

Abbe 折光仪，擦镜头纸。

2. 试剂

丙酮，1-溴代萘，重蒸水，乙醇。

【实验内容】

1. Abbe 折光仪的构造和使用方法参阅第三章第五节。

2. 测定

准备工作做好后，打开棱镜，用滴管把待测液体 2～3 滴均匀地滴在磨砂面棱镜上，要求液体无气泡并充满视场，关紧棱镜。转动反射镜使视场最亮。

轻轻转动左面的刻度盘，并在右镜筒内找到明暗分界或彩色光带，再转动消色调节器，直到看到一个明晰分界线。转动左面刻度盘，使分界线对准“十”字叉线中心，并读折光率(可读至小数点后 4 位)，重复 2～3 次。

如果在目镜中看不到半明半暗，而是畸形的，这是因为棱镜间未充满液体。若出现弧形光环，则可能是有光线未经过棱镜面而直接照射在聚光透镜上，若液体折光率不在 1.3～1.7 范围内，则 Abbe 折光仪不能测定，也调不到明暗界线。

3. 维护

(1)Abbe 折光仪在使用前后，棱镜均需用丙酮或乙醚洗净并干燥，滴管或其他硬物均不得接触镜面，擦洗镜面时只能用丝巾或擦镜纸吸干液体，不能用力擦，以防毛玻璃面擦花。

(2)用完后，将金属套中的恒温水要流尽，拆下温度计并放在纸套筒中，将仪器擦净，放入盒中。

(3)折光计不能放在日光直射或靠近热源的地方，以免样品迅速蒸发。仪器应避免强烈振动或撞击，以防光学零件损伤及影响精度。

(4)酸、碱等腐蚀性液体不得使用 Abbe 折光计测其折光率，可用浸入式折光计测定。

(5)折光计不用时需放在干燥、空气流通的室内。

【数据记录和结果处理】

$t=$________℃　　$D=$________nm

样品	丙酮	1-溴代萘	重蒸水	乙醇
n_D^t				

【思考题】

1. 什么是折射率？其数值与哪些因素有关？
2. 使用阿贝折光仪应注意什么？
3. 测定折射率有什么意义？

实验四　商品味精纯度的测定

【实验目的】

1. 了解测定旋光度的意义，掌握比旋光度的概念。
2. 了解旋光仪的工作原理，掌握旋光仪的使用方法。

3. 了解旋光法测定氨基酸类光活性物质浓度的基本原理。

4. 掌握旋光法测定物质纯度的测定实验方法。

【实验原理】

食用商品味精为 L-谷氨酸单钠盐。L-谷氨酸在水溶液中比旋光度为 $[\alpha]_D^{20}=+12.1°$。在 2 mol/L 盐酸溶液中为 $+32°$。L-谷氨酸在盐酸溶液中的比旋光度在一定盐酸浓度范围内随酸度增加而增加。在测定味精纯度时加入盐酸使其浓度为 2 mol/L，此时谷氨酸钠以谷氨酸的形式存在。在一定的温度下测定其比旋光度，并与该温度下纯 L-谷氨酸的比旋光度比较，即可求得味精中谷氨酸钠的百分含量，即味精的纯度。结晶味精其纯度可达 99%以上。

旋光度及比旋光度的概念请参阅第二章第六节第三部分。

旋光仪的工作原理及使用方法请参阅第三章第四节。

【仪器与试剂】

1. 仪器

WZZ-2S 数字式旋光仪，分析天平，100 mL 容量瓶等。

2. 试剂

市售味精，6 mol/L 盐酸。

【实验内容】

1. 样品溶液配制

准确称取不同味精样品 10.00 g 于 100 mL 烧杯中，加 20～25 mL 纯水，搅拌下加入 6 mol/L 盐酸，使其全部溶解，记录盐酸的体积，冷却至室温，用纯水定容至 100 mL。

2. 旋光度仪零点校正

有三种校正法，一种为纯水调零法，即将纯水装入旋光管于旋光仪中调零；一种为空白溶液校正法，即取等体积 6 mol/L 盐酸置入 100 mL 容量瓶中，用纯水稀释至刻度，于旋光仪中调零；另一种为空气法，即不用溶液和旋光管，空着仪器调零。本实验使用空白溶液校正。

3. 样品测定

打开旋光仪光源，稳定后校正零点。用少量样品溶液洗涤旋光管三次，然后注满一管，将玻璃盖片从管的侧面水平地推进盖好，适当拧紧螺丝盖，用镜头纸擦干盖片。将装好样品的旋光管放入旋光仪，记录读数，并记录测定时的温度。

因测定时溶液中旋光活性物质是 L-谷氨酸，故需将样品的质量通过摩尔质量的关系换算成 L-谷氨酸的质量。注意：谷氨酸单钠盐含有一个结晶水。

温度的校正　测定温度如果为 T，则与 20℃条件下比旋光度的关系为：

$$[\alpha]_D^T = 32 + 0.06(20 - T)$$

其中 32 为纯 L-谷氨酸 20℃时的比旋光度。则：

$$\text{样品味精纯度} = \frac{[\alpha]_{D\text{样品}}^T}{[\alpha]_{D\text{标准}}^T} \times 100\%$$

【思考题】

1. 配制样品时为何要加入盐酸？直接测定钠盐的 α 不行吗？

2. 旋光法测定样品的纯度，零点校正的方法有哪几种？怎样校正？

实验五 苯甲酸的重结晶

【实验目的】

1. 学习重结晶法提纯固态有机化合物的原理和方法。

2. 掌握抽滤操作技术。

【实验原理】

固体物质的溶解度一般随着温度升高而增大。将固体物质溶解在热溶液中,制成饱和溶液,再将溶液冷却,重新析出结晶的过程叫重结晶。

苯甲酸俗称安息香酸,为白色晶体,熔点 122℃。本实验利用其在水中的溶解度随温度变化差异较大的特点(如 18℃时溶解度为 0.27 g,100℃时溶解度为 5.7 g),将粗苯甲酸溶于沸水中并加活性炭脱色,不溶性杂质与活性炭保温过滤除去,可溶性杂质在溶液冷却后,苯甲酸结晶析出时留在母液中,从而达到提纯目的。

重结晶的详细内容参阅第二章第五节第六部分重结晶。

【仪器与试剂】

1. 仪器

烧杯,玻璃漏斗,表面皿,布氏漏斗,滤纸,水泵,抽滤瓶,酒精灯,铁架台等。

2. 试剂

苯甲酸,活性炭。

【实验内容】

1. 热溶解

取 3 g 粗苯甲酸放于 250 mL 烧杯中,加入 60 mL 水,置于石棉网上加热至沸,并用玻棒不断搅动,使固体溶解,这时若有尚未完全溶解的固体,可继续加入少量热水,至完全溶解后,再多加 2～3 mL 水。

2. 脱色

移去热源,加 5 mL 冷水,稍冷后加入 0.1 g 活性炭,稍加搅拌后,继续加热微沸 5～10 min。

3. 热过滤

用布氏漏斗抽滤(安装方法如图 2-24 所示)。

4. 结晶

滤毕,用表面皿将盛滤液的烧杯盖好,静置,冷却 10 min,再用冰-冷水浴冷却 15 min,以使结晶完全。

5. 减压过滤

结晶完成后,用布氏漏斗抽滤,使结晶与母液分离,并用玻塞挤压,使母液尽量除去。拔下抽滤瓶上的橡皮管(或打开安全瓶上的活塞),停止抽气。加少量冷水至布氏漏斗中,使晶体润湿(可用刮刀使结晶松动),然后重新抽干,如此重复 1～2 次。

6. 干燥

用刮刀将结晶移至表面皿上,摊开成薄层,置空气中晾干或在干燥器中干燥。

7. 计算

测定干燥后精制产物的熔点，并与粗产物熔点作比较，称重并计算收率。

【思考题】

1. 加热溶解待重结晶粗产品时，为何先加入比计算量（根据溶解度数据）略少的溶剂，然后渐渐添加至恰好溶解，最后再多加少量溶剂？

2. 用抽滤收集固体时，为什么在关闭水泵前，先要断开水泵和抽滤瓶之间的连接？

3. 在布氏漏斗中用溶剂洗涤固体时应注意些什么？

实验六　丹皮酚的分离提取与鉴定

【实验目的】

1. 掌握药材中挥发成分的一般提取和分离方法。

2. 掌握水蒸气蒸馏法从牡丹皮中提取丹皮酚的原理、装置和基本操作。

【实验原理】

牡丹皮是植物牡丹的根皮，性微寒，味苦，具有清热凉血、活血散瘀之功效。本品的主要药用成分为丹皮酚、丹皮酚苷等，后者在储存过程中易分解为丹皮酚。除了牡丹皮外，中药徐长卿的根中也含有较多的丹皮酚。丹皮酚具有镇痛、镇静、抗菌作用，临床上用于治疗风湿病、牙痛、胃痛、皮肤病及慢性支气管炎、哮喘等症。丹皮酚的化学名称为 2-羟基-4-甲氧基苯乙酮，结构如下：

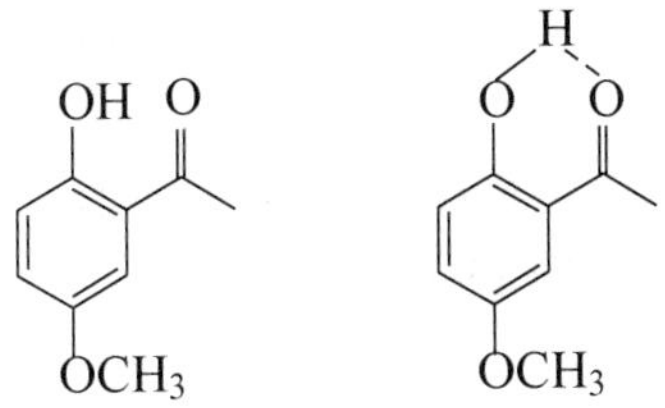

丹皮酚为具有芳香气味的白色针状结晶，熔点 50℃。丹皮酚的邻位羟基可与酮的羟基形成分子内氢键，具有挥发性，能随水蒸气蒸馏出来。丹皮酚难溶于水，易溶于乙醇、乙醚、氯仿、苯等有机溶剂。

因为丹皮酚具有挥发性，可随水蒸气蒸馏出来，而在冷水中难溶，故放冷后可以析出结晶。

水蒸气蒸馏的详细内容请参阅第二章第五节第四部分水蒸气蒸馏。

【仪器与试剂】

1. 仪器

水蒸气蒸馏装置（包括水蒸气发生器、长颈圆底烧瓶、冷凝装置、接收装置）[1]，熔点仪，500 mL 烧杯，量筒，减压过滤装置，滤纸，布氏漏斗等。

2. 试剂

牡丹皮，三氯化铁，95%乙醇，碘试液，氢氧化钠溶液。

【实验内容】

1. 提取

(1)加料　将 30 g 牡丹皮[2]装入到 500 mL 的三口烧瓶中，加入 60 mL 水混匀后浸泡

30 min。

(2)安装仪器　按图 2-29 所示安装水蒸气蒸馏装置[3]，收集流出液的烧杯中加入食盐 5 g，烧杯外用冰水浴冷却。

(3)开始反应　向盛有药材的三口烧瓶中通入水蒸气进行蒸馏[4]，收集馏出液。

(4)停止反应　当馏出液变澄清时无乳浊现象时，停止蒸馏[5][6]，冰浴冷却馏出液至所有油状物固化。

2. 分离纯化

将结晶析出的白色结晶状丹皮酚进行减压抽滤，得到粗品丹皮酚。将结晶用少量 95%乙醇溶解，然后再加入蒸馏水(乙醇与水的体积比为 1∶9)使溶液呈现乳白色，然后静置后有大量的白色针状结晶析出，抽滤结晶，自然干燥，即得到丹皮酚纯品。

3. 鉴别

(1)碘仿实验　制备丹皮酚甲醇溶液，碘仿实验应有米黄色沉淀出现。

(2)三氯化铁实验　制备丹皮酚甲醇或乙醇溶液，三氯化铁检验应显紫红色。

(3)熔点测定　50℃。

【注释】

[1]进行水蒸气蒸馏时，蒸气导管要尽可能地深入到容器的底部。

[2]牡丹皮稍粉碎即可，颗粒不能太小，否则易堵管。

[3]水蒸气的导气管上的 T 形管要水平或略向下倾斜。

[4]若发现安全管水柱明显上升，则为丹皮酚堵管；应先打开活塞放水、放气。

[5]进行水蒸气蒸馏时，理论上需要蒸馏至馏出液用三氯化铁检验无紫色为止，即丹皮酚无阳性反应。但是这样会花费较长的时间，效率太低，因此，本实验蒸馏至馏出液变澄清即可停止。

[6]反应开始后，有蒸气冒出时再关螺旋夹；反应中断或结束时，先打开螺旋夹与大气相通，再停止加热，以防倒吸，最后关闭冷凝水。

【思考题】

1. 进行水蒸气蒸馏时，蒸气导管要尽可能地深入到容器的底部，为什么？
2. 什么情况下选择水蒸气蒸馏，水蒸气蒸馏必须满足什么条件？
3. 结合丹皮酚的结构，说明丹皮酚为什么具有挥发性？
4. 在进行碘仿实验时，丹皮酚可以用乙醇溶解，为什么？

实验七　从茶叶中提取咖啡因

【实验目的】

1. 了解从茶叶中提取咖啡因的原理。
2. 熟悉索氏(Soxhlet)提取器的工作原理及使用方法。

【实验原理】

茶叶中含有多种生物碱，其中以咖啡碱(又称咖啡因)为主，占 1%～5%。另外还含有 11%～12%的丹宁酸(又名鞣酸)、0.6%的色素、纤维素、蛋白质等。咖啡碱是弱碱性化合物，易溶于氯仿(12.5%)、水(2%)及乙醇(2%)等。在苯中的溶解度为1%(热苯为5%)。丹宁酸易溶于水和乙醇,但不溶于苯。

咖啡碱是杂环化合物嘌呤的衍生物,它的化学名称是1,3,7-三甲基-2,6-二氧嘌呤,其结构式如下:

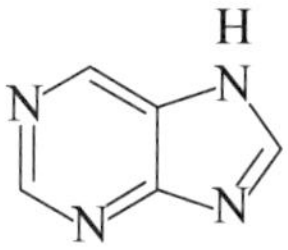

嘌呤

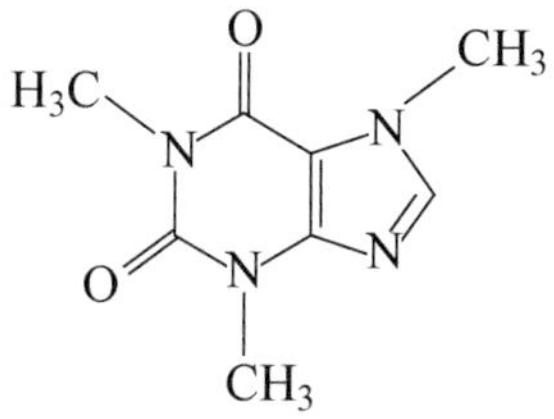

咖啡因

含结晶水的咖啡因系无色针状结晶,味苦,在冷水和乙醇中的溶解度约为2%,在氯仿中的溶解度为12.5%,也能溶于苯。咖啡因在100℃时开始失去结晶水,120℃时升华,178℃时迅速升华。无水咖啡因的熔点为234.5℃。它具有刺激心脏、兴奋大脑神经和利尿等作用,因此可作为中枢神经兴奋药。它也是复方阿司匹林(APC)等药物的组分之一。工业上,咖啡因主要通过人工合成制得。

本实验通过索氏(Soxhlet)提取器,从茶叶中提取咖啡因。利用溶剂(这里使用乙醇,也可使用氯仿或苯等)对茶叶连续提取,然后蒸去溶剂可得粗产品,再通过升华即可得到纯咖啡因。

【仪器与试剂】

1. 仪器

索氏(Soxhlet)提取器,蒸馏装置,烧杯,蒸发皿,玻璃漏斗,电热套,滤纸。

2. 试剂

茶叶,95%乙醇,生石灰。

【实验内容】

1. 在100 mL圆底烧瓶中加80 mL乙醇,取10 g茶叶研碎放于脂肪提取器的滤纸套中,然后放进提取器中。
2. 按图2-34所示装好提取装置。
3. 电热套加热连续提取至提取液颜色变淡(约60 min)。
4. 改成蒸馏装置,蒸出大部分乙醇,残留液剩下15~20 mL,切勿蒸干。
5. 将残留液转移至蒸发皿中,加入约8 g研细的生石灰(脱水及中和酸性物质)。搅拌下,在电热套烘炒使水分全部除去。
6. 均匀而薄薄地铺在蒸发皿底部,上部放一张带有小孔的滤纸,再盖上一玻璃漏斗,并堵上颈孔,参见第二章第五节图2-35升华装置。缓缓地小火加热(勿使火焰停在局部)使之升华。稍冷后将升华物质取出。
7. 将残渣再翻动一下,再加热(可加大火焰)使升华完全,合并两次升华物,测定熔点。

【思考题】

1. 本实验提取过程中茶叶会有何变化?
2. 本实验的提取溶剂除用乙醇外,还可用何种溶剂?
3. 升华法可以提纯哪些物质?

实验八　从烟叶中提取烟碱

【实验目的】

1. 了解从烟叶中提取烟碱的原理。

2. 复习重结晶的操作技术。

【实验原理】

烟碱又名尼古丁，是存在于烟草中主要的生物碱，于1928年首次被分离出来，它是具有吡啶和四氢吡咯两种杂环的含氮生物碱，天然尼古丁是左旋体。

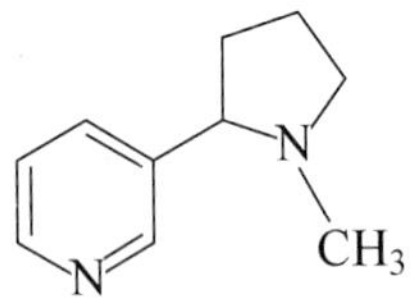

烟碱在商业上用作杀虫剂以及兽医药剂中寄生虫的驱除剂。它对人类的毒害很大，烟碱为无色油状液体（沸点为246℃），能溶于水和许多有机溶剂。由于分子中两个氮都显碱性，故一般能与两摩尔的酸成盐。

本实验将从干燥的烟叶（一支雪茄）中离析出烟碱，它在烟叶中含2%～3%，并与柠檬酸及苹果酸结合在一起。用强碱溶液（5%氢氧化钠）萃取烟叶，使产生游离碱，然后再用乙醚将它从碱溶液中萃取出来，并进一步精制。由于烟碱是液体，而且从一支雪茄烟中离析出的量很少，不易纯化和操作，因此在萃取后的溶液中加入苦味酸，使烟碱成为双苦味酸盐的结晶而离析出来，并通过测定衍生物的熔点加以鉴定。双苦味酸盐的熔点为222～223℃，结构如下：

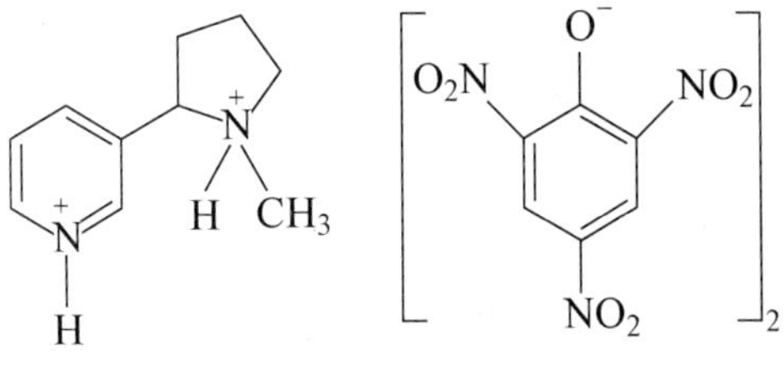

【仪器与试剂】

1. 仪器

烧杯，布氏漏斗，短颈漏斗，分液漏斗，玻璃漏斗，锥形瓶，熔点仪，蒸馏装置。

2. 试剂

烟叶，5% NaOH，乙醚，饱和苦味酸甲醇溶液，甲醇。

【实验内容】

1. 在400 mL烧杯中加入8.5 g碾碎的雪茄烟叶[1]和100 mL 5% NaOH溶液，搅拌15 min后用布氏漏斗抽气过滤。勿放置滤纸（滤纸在碱液中立即膨胀并失去作用），用干净的玻塞或小烧杯的底部挤压过滤的烟叶以挤出所有的碱提取液，接着用20 mL水洗涤烟叶，并再次抽滤挤压。

2. 将抽滤后的碱提取液通过在颈口放置有玻璃丝的短颈漏斗，以除去少量穿过漏斗的烟叶碎片，用少量水洗涤玻璃丝并将洗涤液合并至碱提取液中。

3. 将黑褐色的过滤液移入 250 mL 分液漏斗中，用 25 mL 乙醚萃取。萃取时应轻轻旋荡，但不要振荡漏斗，以免形成乳浊液而难以分层。分出下层水相于烧杯中并予以保留。当醚层趋近活塞时，可能在漏斗尖底部出现少量黑色乳状液，小心从漏斗上口将醚层倾注于 100 mL 圆底烧瓶中与乳浊液分离，水层再每次用 25 mL 乙醚萃取两次。

4. 合并乙醚萃取液，在水浴上蒸去乙醚，并用水泵将溶剂抽干。

5. 残余物[2]中加入 1 mL 蒸馏水，并轻轻旋摇使残渣溶解。然后加入 4 mL 甲醇，将溶液通过放有玻璃丝（或一小团棉花）的短颈漏斗过滤到小烧杯中，并用 5 mL 甲醇涮洗烧瓶和玻璃丝，合并至小烧杯中。此时溶液应是清亮的，否则需要重新过滤。在搅拌下向烧杯中加入 10 mL 饱和苦味酸盐的甲醇溶液，立即析出二苦味酸烟碱盐浅黄色的沉淀。用玻璃漏斗过滤，干燥后测定熔点。按此操作得到的二苦味酸烟碱盐熔点为 217～220℃，称重并计算所提取的烟碱的百分产率。

6. 用刮刀将粗产物移入 50 mL 锥形瓶中，加入 20 mL 50%乙醇－水（体积比）溶液，小心加热至沸使粗产物溶解，放置让其自然冷却。注意亮黄色长形棱状结晶的生成。结晶过程有时是缓慢的，可用刮刀摩擦瓶壁促使结晶或塞住瓶子放置至下次实验。抽滤，干燥后称重并测定熔点，纯二苦味酸烟碱盐的熔点为 222～223℃。

【注释】

[1]也可用普通香烟烟丝代替雪茄，由于大多数烟厂都试图去除烟草中的尼古丁，因此雪茄烟或市售的干燥烟叶是更理想的提取烟碱的原料。

[2]烟碱剧毒，致死量为 60 mg/kg，操作时务必小心。如不慎手上沾上烟碱提取液，应用水冲洗后用肥皂擦洗。

【思考题】

1. 烟碱是生物碱，为何用强碱溶液萃取？

2. 碱提取液为何需用放有玻璃丝的短颈漏斗过滤？

实验九　油脂的提取和性质

【实验目的】

1. 学习油脂提取的原理和方法，了解油脂的一般性质。

2. 掌握索氏提取器的操作。

【实验原理】

油脂是动植物细胞的重要组成成分，其含量高低是油料作物品质的重要指标。

油脂是高级脂肪酸甘油酯的混合物，其种类繁多，均可溶于乙醚、苯、石油醚、二硫化碳等脂溶性有机溶剂。据此，本实验以石油醚作溶剂，在索氏提取器中进行油脂提取。在此提取过程中，除油脂外，一些脂溶性的色素、游离脂肪酸、磷脂、固醇及蜡等也一并被浸提出来，所以提取物为粗油脂。

油脂在酸或碱的存在下，或受酶的作用，易被水解成甘油与高级脂肪酸。例如：

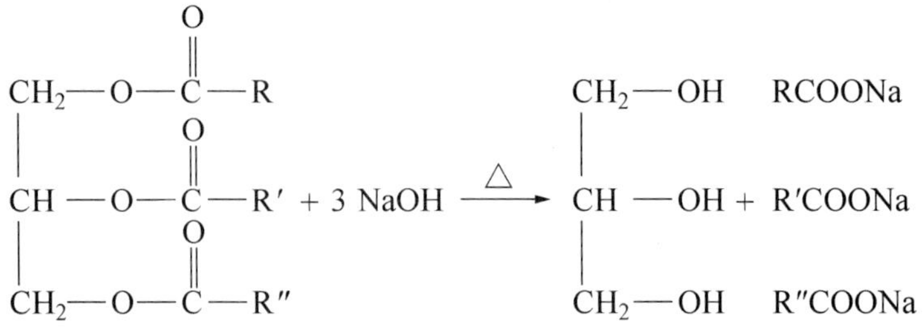

高级脂肪酸的钠盐即为常用的肥皂。当加入饱和食盐水后，由于肥皂不溶于盐水而被盐析，浮于上层，甘油则溶于盐水，故将甘油和肥皂分开。

所生成的甘油与硫酸铜的氢氧化钠溶液反应得蓝色溶液，可作为甘油的鉴定；而肥皂与无机酸作用则游离出难溶于水的高级脂肪酸。

$$RCOONa + HCl \longrightarrow RCOOH + NaCl$$

由于高级脂肪酸钙盐（钙皂）、镁盐（镁皂）等不溶于水，故常用的钠皂溶液遇钙、镁等离子后，就生成钙盐、镁盐沉淀而失效。

组成油脂的高级脂肪酸中，除硬脂酸、软脂酸等饱和脂肪酸外，还有油酸、亚油酸等不饱和脂肪酸。不同油脂的不饱和度也不同，其不饱和度可根据它们与溴或碘的加成作用进行定性或定量测定。

【仪器与试剂】

1. 仪器

索氏提取器，普通蒸馏装置，抽滤装置，滤纸筒，台秤。

2. 试剂

花生米[1]，花生油，95% 乙醇，7.5 mol·L^{-1} NaOH，5% $CuSO_4$，10% $CaCl_2$，10% $MgSO_4$，10% HCl，饱和 NaCl，溴的四氯化碳溶液，花生油的四氯化碳溶液（10%），猪油的四氯化碳溶液（10%），石油醚（60～90℃）。

【实验内容】

一、油脂的提取

将烘干研碎的花生米，置于滤纸筒（或滤纸包）内，上面盖一层滤纸，以防样品溢出。将洗净的索氏提取器的烧瓶烘干，冷却后，加入石油醚达容积的 1/2～2/3 处，把盛有样品的滤纸筒（或滤纸包）放在抽出筒内（注意：滤纸筒的上缘必须略高于抽出筒的虹吸管），安装好提取器后，在水浴上加热回流 1.5 h 左右（注意：切勿用明火！）。

提取完毕，撤去水浴，待石油醚冷却后，卸下提取器，取出纸筒，残渣在红外灯下烘干。将仪器改装成蒸馏装置，在水浴上加热回收石油醚。待温度计读数下降，即停止蒸馏，烧瓶中所剩浓缩物便是粗油脂。

称量残渣质量，并计算粗油脂含量。

二、油脂的化学性质

1. 皂化——肥皂的制备

(1)皂化

a. 取 10 mL 花生油[2]于 100 mL 圆底烧瓶中，加入 15 mL 95%乙醇[3]及 7.5 mol·L^{-1}

NaOH 溶液 10 mL，并投入几粒沸石。

b. 振荡后，装上冷凝管加热回流约 40 min，在回流过程中要间歇式地转动冷凝管，防止粘住。最后检查皂化是否完全[4]。即得花生油皂化的乙醇溶液—肥皂溶液，留作以下试验用。

(2)盐析

a. 将皂化液倒入一盛有 100 mL 饱和食盐水的小烧杯中，边加边搅拌，这时便有一层肥皂浮于溶液表面。若无肥皂出现，继续加饱和食盐水直到出现为止。

b. 冷却后，进行过滤，滤渣即为肥皂，滤液留作鉴别甘油试验。

2. 肥皂的性质

取适量所制肥皂置于小烧杯中，加入 15 mL 蒸馏水，加热并不断搅拌，使其溶解为无色透明的肥皂水溶液。

(1)取一支试管，加入 2 mL 肥皂水溶液，在不断搅拌下慢慢滴加 5～10 滴 10% HCl 溶液。观察有何现象发生？并说明原因。

(2)取二支试管，各加入 2 mL 肥皂水溶液，再分别加入 5～10 滴 10% $CaCl_2$ 和 10% $MgSO_4$(或 $MgCl_2$)溶液。有何现象产生？为什么？

(3)取一支试管，加入 2 mL 蒸馏水和 1～2 滴花生油，充分振荡，观察乳浊液的形成。另取一支试管，加入肥皂水 2 mL，也加 1～2 滴花生油，充分振荡，并观察有何现象。将两支试管静置数分钟后，比较二者稳定程度有何不同？为什么？

3. 油脂中甘油的检查

取两支干净试管，一支加入 1 mL 上述盐析试验所得的滤液，另一支加入 1 mL 蒸馏水做空白试验。然后，在两支试管中各加入 1 滴 7.5 $mol \cdot L^{-1}$ NaOH 溶液及 3 滴 5% $CuSO_4$ 溶液。试比较二者颜色有何区别？为什么？

4. 油脂的不饱和性

在两支干燥试管中，分别加入 10 滴 10%花生油的四氯化碳溶液和 10 滴 10%猪油的四氯化碳溶液。然后，分别逐滴加入溴的四氯化碳溶液，并随时加以振荡，直到溴的颜色不褪为止。记录二者所需溴的四氯化碳溶液的量，并比较它们的不饱和程度。

【注释】

[1]先将花生米放在 100～105℃烘箱中烘烤 3～4 h(有硬壳的样品，需将硬壳除去再烘干)。冷却至室温，粉碎(颗粒应小于 50 目，可过 50 目筛)，备用。

[2]也可用豆油、棉籽油、猪油、牛油或本实验的粗脂肪浓缩液。

[3]由于油脂不溶于碱的水溶液，故作用很慢，加入乙醇要增加油脂的溶解度，使油脂与碱形成均匀的溶液，从而加速皂化的进行。

[4]检查皂化是否完全的方法为：取出几滴皂化液放在试管中，加入 5～6 mL 蒸馏水，加热振荡，如无油滴分出，则表示已皂化完全。

【思考题】

1. 如何检验油脂的皂化作用是否完全？

2. 在油脂皂化反应中，氢氧化钠起什么作用？乙醇又起什么作用？

3. 为什么肥皂能稳定油/水型乳浊液？

实验十　薄层色谱法分离菠菜叶色素

【实验目的】

1. 学习薄层色谱法进行定性分析的原理。

2. 学习并掌握薄层色谱法的操作技术。

【实验原理】

植物的叶、茎和果实都含有胡萝卜素、叶黄素和叶绿素等各种色素，但由于前 2 种颜色较浅，在夏季时被叶绿素的绿色遮蔽，到秋季叶绿素被破坏以后，它们的颜色才能显现出来。

叶绿素有 a 和叶绿素 b 两种，都不溶于 H_2O 而溶于苯、乙醇、氯仿、丙酮等有机溶剂。叶绿素 a 为蓝黑色固体，在乙醇溶液中呈蓝绿色；叶绿素 b 为暗绿色固体，其乙醇溶液呈黄绿色。

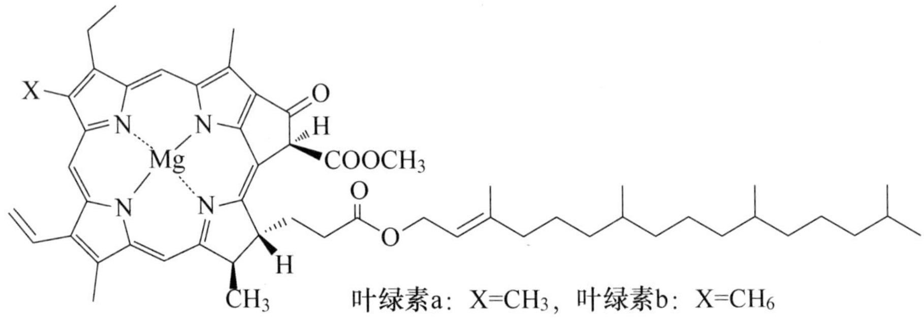

叶绿素a：X=CH_3，叶绿素b：X=CH_6

薄层色谱的详细内容请参阅第二章第五节的第十部分。

【仪器与试剂】

1. 仪器

展开缸（高 12 cm，内径 5.5 cm），分液漏斗，研钵，玻璃板，50 mL 锥形瓶，量筒，点样用毛细管。

2. 试剂

硅胶 G，石油醚（60～90°C），NaCl 饱和溶液，乙醇，苯，丙酮，无水 Na_2SO_4。

【实验内容】

1. 薄层板的制备

将 2 块玻璃洗净，用蒸馏水洗后烘干，再用酒精棉球擦去手印，表面光洁无斑痕。称取 3 g 硅胶 G（硅胶＋13%$CaSO_4$）于研钵中，加约 7 mL 蒸馏水，立即充分研磨调成均匀糊状，分倒在 2 块备好的玻璃板上，迅速用研钵棒涂布整块板面，然后拿住玻璃板的一端在桌边轻轻振摇，以使硅胶 G 均匀地涂在玻璃上，并要求表面光滑。涂好的玻璃板放置于水平桌面上晾干表面的水分（约需 30 min），再放入烘箱中于 105～110℃ 活化 30 min，取出后冷却备用。

2. 叶绿素的提取

在研钵中放入几片（约 5 g）菠菜叶（新鲜的或冷冻的都可以，如果是冷冻的，解冻后包在纸中轻压吸去水分），加入 10 mL 2∶1 的石油醚和乙醇混合液，适当研磨（不要研成糊状，否则会给分离造成困难）。将提取液用滴管转移至分液漏斗中，加入 10 mL 饱和 NaCl 溶液（防止生成乳浊液）除去水溶性物质，分去水层，再用蒸馏水洗涤 2 次，将有机层转入干燥的小锥形瓶中，加 2 g 无水 Na_2SO_4 干燥。干燥后的液体倾至另一锥形瓶中（如溶液颜色太浅，可在通风柜中适当蒸发浓缩）。

3. 点样

用 1 根内径 0.3 mm 的毛细管，吸取适量提取液，轻轻地点在距薄板一端 1.5 cm 处，平行点 2 点，2 点相距 1 cm 左右。若 1 次点样不够，可待样品溶剂挥发后，再在原处点第二次，但点样斑点直径不得超过 2 mm。

4. 展开

在干燥的展开缸中加入约 10 mL 展开剂（苯∶丙酮∶石油醚为 2∶1∶2），盖好缸盖并摇动，使其为溶剂蒸气所饱和。将点好样品的薄层板把点样一端向下倾斜置于展开缸中（勿使样品斑点侵入展开剂），盖好缸盖。当溶剂浸润的前沿上升之距板的上端约 1 cm 时，取出薄层板，在前沿处画一直线，晾干。

5. 计算各叶色素的 R_f

有兴趣的同学，还可利用各种来源的绿色叶子，多做几种比较其结果。

【思考题】

1. 若实验时不慎将斑点侵入展开剂中，会产生什么后果？

2. 样品斑点过大对分离效果会产生什么影响？

实验十一　荧光黄和亚甲基蓝的柱色谱分离

【实验目的】

1. 用柱色谱法分离荧光黄和亚甲基蓝。

2. 通过实验学习柱色谱的实验操作技术，了解柱色谱的原理和应用范围，掌握实验方法。

【实验原理】

荧光黄，橙红色，商品一般为二钠盐，稀的水溶液带有荧光黄色；亚甲基蓝，深绿色有铜光的结晶，其稀的水溶液为蓝色。二者的结构式如下：

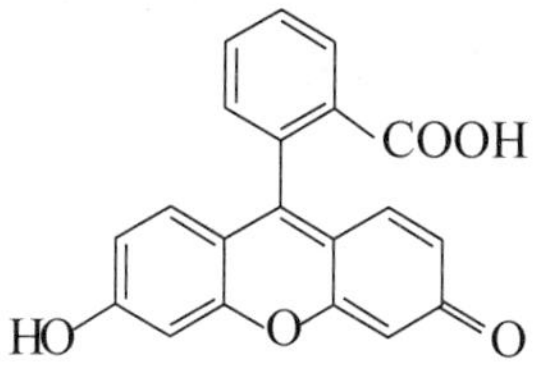

荧光黄

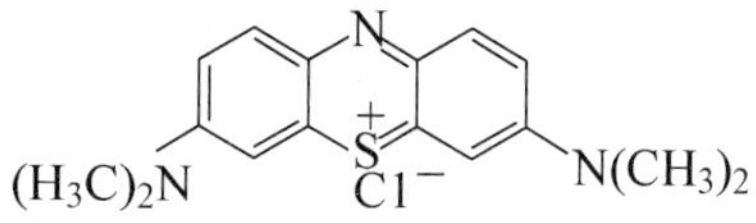

亚甲基蓝

柱色谱实验操作原理请参阅第二章第五节第十一部分。

【仪器与试剂】

1. 仪器

色谱柱（15 cm×1.5 cm），圆底烧瓶，蒸馏头，冷凝管，接收管，温度计，中性氧化铝（100～200 目）。

2. 试剂

95%乙醇,含荧光黄和亚甲基蓝的乙醇溶液(1 mg/mL)。

【实验内容】

1. 装柱

取1根色谱柱,另取少许脱脂棉放于色谱柱底部轻轻塞好,关闭活塞,然后将色谱柱垂直于桌面固定在铁架台上,加入洗脱剂至柱子高度1/2时为止。然后通过干燥的玻璃漏斗慢慢加入一些中性氧化铝(若柱壁上黏附有少量氧化铝,可用少量乙醇冲洗下去),待氧化铝在柱内沉积高度约为1 cm时,打开活塞,控制液体下滴速度为1滴/s,继续加入氧化铝,必要时再添加一些95%乙醇,直到氧化铝沉积高度达8～10 cm时止,然后在氧化铝面上盖少许脱脂棉。

装柱时要注意均匀一致,松紧适当,避免柱中存在气泡、裂缝。装柱过程及洗脱过程中,要始终保持流动相液面覆盖着固定相,即柱子上部勿使吸附剂露出,但超出的液面不宜过高。

2. 分离

当柱中的洗脱剂下降至与固定相顶端的脱脂棉处时,小心滴加2～3滴含荧光黄和亚甲基蓝的乙醇混合溶液。然后少量多次的加入95%乙醇,进行洗脱,并用锥形瓶在柱下承接。当有一种物质从色谱柱中被完全洗脱下来后,及时更换另一个锥形瓶作接收器,待第二种物质被全部洗脱下来后,即分离完全。

分别用薄层色谱检验分离效果;蒸馏回收溶剂。

【思考题】

1. 装柱时如果柱中留有气泡、暗沟或断层,对分离效果有何影响?

2. 从装柱开始至洗脱结束,不得使洗脱液面低于石英砂或吸附剂面,为什么?

3. 解释为什么荧光黄比亚甲基蓝更易被氧化铝吸附?

实验十二 烃及卤代烃的性质

【实验目的】

1. 通过实验掌握烃及卤代烃的性质。

2. 比较和了解不同的烃基结构和不同的卤原子对卤代烃反应速度的影响。

【实验原理】

烷烃分子中含C—H键与C—C键,是饱和的碳氢化合物,一般条件下不与强酸、强碱、强氧化剂作用,在特殊条件下(高温及催化剂)可发生取代反应。

烯烃与炔烃分子含有C=C和C≡C键,是不饱和碳氢化合物,易发生加成反应和氧化反应。R—C≡C—H型的炔烃,因其含有活泼氢,可和+1价银离子或亚铜离子生成灰白色炔化银或砖红色炔化亚铜沉淀。

芳香烃分子结构具有封闭的共轭体系,性质稳定,通常不发生加成反应,但容易发生取代反应。芳环对一般氧化剂是稳定的,但苯的同系物容易被氧化,且氧化总是发生在侧链上。亲核取代反应是卤代烃的主要化学性质。在S_N1反应中,卤代烃的化学活泼性次序是:$R_3C—X > R_2CH—X > RCH_2—X > CH_3—X$,而$S_N2$反应中,各类卤代烃的化学活性次序正好相反。

卤代烃上取代基的性质,也影响其化学反应活性次序,在相同的结构中,不同的卤素取代表现出不同的活泼性，它们的活泼性次序是：R—I>R—Br>R—Cl，卤代烃取代反应的产物之一是 X^-，若体系中存在 Ag^+ 时，则可生成白色或淡黄色的卤化银沉淀。

【仪器与试剂】

石油醚，汽油，1%溴的四氯化碳溶液，5%碳酸钠，0.5%高锰酸钾，碳化钙，氯化汞的盐酸溶液，饱和食盐水，酸性硝酸银溶液，5%硝酸银溶液，6 mol/L 硝酸，苯、甲苯，3%溴的四氯化碳溶液，铁粉，蓝色石蕊试纸，浓 HNO_3，浓 H_2SO_4，饱和 $AgNO_3$ 乙醇溶液，1-氯丁烷，2-氯丁烷，2-氯-2-甲基丙烷，1-溴丁烷，1-碘丁烷，5%NaOH 溶液，2% $AgNO_3$ 溶液，氯仿，3 $mol\cdot L^{-1}$ 硝酸。

【实验内容】

1. 烃的性质

(1)与溴的作用　取两支试管各装入石油醚(或液体石蜡油)1 mL，再取一支试管装入汽油 1 mL，分别加入 5 滴 1%溴的四氯化碳溶液，边加边摇荡，试管口放一湿润蓝色石蕊试纸，并观察液层颜色[1]，二者有什么不同？为什么？将装石油醚的 2 支试管，一支放黑暗处，另一支放日光下，20 min 后观察 2 支试管反应有什么不同？

(2)与高锰酸钾溶液的作用　取石油醚(或液体石蜡油)、汽油各 1 mL，分别放在两个试管中，各加入等体积的 5%碳酸钠溶液，然后加入 0.5% $KMnO_4$ 溶液 1～2 滴，振荡后观察溶液的颜色，比较二者有什么不同？为什么？

(3)乙炔的制备和它的性质　在干燥的吸滤管中放 3～4 小块碳化钙，在管口的塞子上装一分液漏斗，侧管用一橡皮管与导管相接。

分液漏斗内装 5 mL 饱和食盐水，打开分液漏斗的活塞使食盐水慢慢逐渐滴入吸滤管中，即有乙炔气体生成。

将乙炔气体依次分别通入下列有关试剂中，进行性质实验(必须把下列有关试剂完全准备好，再制备乙炔)。

①发生的乙炔气由导管通入事先准备好的 1 mL 1%溴的四氯化碳溶液中，观察溴的颜色变化。

②冲洗净导管口后再将乙炔气体通入 1 mL 0.5% $KMnO_4$ 溶液中，观察结果。

③在导管口用火点燃乙炔气体，观察燃烧火焰，用盛有冷水的试管，套在导管口熄灭火焰。

④乙炔气体再通入装有 2 mL $AgNO_3$ 的氨溶液的试管中($AgNO_3$ 的氨溶液可在 1 mL 5% $AgNO_3$ 溶液中滴加氨水直至生成的沉淀恰好溶解时)，观察析出的沉淀。静置，倾弃上层清液，在沉淀中加入 6 $mol\cdot L^{-1}$ HNO_3 1 mL，加热使乙炔银分解。

乙炔气体不发生时应立即从试剂中取出导管，以免试剂倒吸入乙炔发生装置中。

(4)芳烃卤代反应

①在 2 支干燥试管中加入 10 滴苯和甲苯，再各加 2 滴 3%溴的四氯化碳溶液，摇动试管，各加入少量的铁粉，摇动观察实验现象。若无现象，可在水浴中加热，再观察现象，并比较反应速度。

②在 2 支干燥试管中分别加入苯和甲苯 1 mL 和 10 滴 1%溴的四氯化碳溶液，用力振摇，试管口里放一蓝色石蕊试纸并用塞子塞紧，在强光下放数分钟，观察苯和甲苯与溴作用有何不同？[2]

(5)取 1.5 mL 浓硝酸于试管中，缓缓地加入 2 mL 浓硫酸，小心用力振摇混合，配成混酸。

待此混酸冷却后，逐滴加入 1 mL 苯，边滴边振荡，加完苯后继续振荡 5 min，然后将混合液在 60℃[3]左右的水浴中加热 20 min，加热时不时振荡，然后倾入盛有 15 mL 水的小烧杯中，搅拌后静置，观察生成物的颜色、相对密度和气味。

(6)芳烃的氧化作用：取 0.5% $KMnO_4$ 溶液和 6 mol·L^{-1} H_2SO_4 各 10 滴，混合后用水稀释至 5 mL，平均分装在 2 支试管中，分别加入苯、甲苯各 5 滴，用力振荡后，在水浴中稍稍加热，观察颜色变化。[4]比较苯与甲苯有什么不同？可得出什么结论？

2. 卤代烃的性质

(1)与 $AgNO_3$ 的反应　在各盛有 1 mL 饱和硝酸银乙醇溶液的 3 支试管中，分别加入 2 滴 1-氯丁烷、2-氯丁烷、2-氯-2-甲基丙烷，摇动试管，观察有什么现象？若 5 min 后仍无沉淀出现，加热煮沸，冷却后观察现象，比较其反应活性。

(2)与稀碱溶液的反应　在 3 支干净的试管中，各加入 0.5 mL 1-氯丁烷、1-溴丁烷、2-氯-2-甲基丙烷，然后分别加入 1 mL 5%氢氧化钠溶液，振荡、静置。小心取水层数滴，加入几滴稀 HNO_3 酸化，再用 2%的 $AgNO_3$ 溶液检验有无沉淀出现，比较反应活性。

(3)氯仿的水解　在试管中加入 3 滴氯仿和 3 mL 5% NaOH 溶液，小火加热几分钟，并摇动试管。溶液沸腾后停止加热，冷至室温，将此溶液分装于 3 支洁净试管中。

在第一支试管中滴加 3 mol·L^{-1} HNO_3 使呈中性或弱酸性，然后加入几滴 5% $AgNO_3$ 溶液，观察现象并对之作出解释。在第二支试管中加入新配制的试剂，观察有无银镜出现并解释现象。在第三支试管中加入 2 滴 0.5% $KMnO_4$ 溶液，观察现象，并解释氯仿的水解。

【注释】

[1]溴化氢不溶于四氯化碳，它在空气中有白色烟雾，能使湿的蓝色石蕊试纸变红。依此现象可与不饱和烃的加成反应相区别。

[2]溴化苄有催泪作用，故此反应产物不可随便乱倒，必须倒入盛有水的废液缸中。

[3]反应温度可能生成二硝基苯的副产物。

在本实验的条件下，生成黄色油状液体，比水重，沉于烧杯底部，具有杏仁气味。如反应不完全，也有残余苯留在硝基苯中，当倾入水中后，油状物浮于水面，如用玻璃棒搅拌后，还未见沉底，则要重做。如温度过高，反应剧烈，则生成二硝基物，呈黄色固体沉于烧杯底部。

[4]有时盛苯的试管中也有变色现象，原因是温度过高或加热时间过长，造成 $KMnO_4$ 分解。

【思考题】

1. 烃的卤代反应为什么不用溴，而用溴的四氯化碳溶液？
2. 甲苯的卤代、氧化、硝化为什么比苯容易进行？
3. 卤代烃的水解反应为什么要在碱性条件下进行？

实验十三　醇、酚、醚的性质

【实验目的】

1. 通过实验进一步认识醇、酚、醚的一般性质。
2. 比较它们在化学性质上的区别。

【实验原理】

醇、酚、醚都是烃的含氧衍生物，由于氧原子所连的基团(原子)不同而具有不同的化学性质。

有机物在水及有机溶剂中的溶解度是受结构中的极性基团、非极性基团等因素影响。一条经验规律“结构相似者相溶”。

醇类化合物含有羟基，可与金属钠、氢卤酸、有机酸及氧化剂等作用，生成醇钠、卤代烃、酯及氧化成醛、酮、羧酸等。

卢卡斯试剂与伯、仲、叔醇的反应速度不同，可用于鉴别各种醇。

多元醇与铜离子作用生成深蓝色，而一元醇不能，这也是重要鉴别反应之一。

酚具有弱酸性，其酸性比碳酸弱。各种酚与三氯化铁作用，生成配合物，可用于酚的鉴别，苯酚与溴水作用生成白色沉淀。酚可氧化为醌。

醚分子中的氧原子上有孤对电子，可以与酸作用形成盐。

【仪器与试剂】

乙醇，异戊醇，甘油，石油醚，苯酚，苯三酚，苯，无水乙醇，金属钠，酚酞，正丁醇，叔丁醇，仲丁醇，卢卡斯试剂，5%高锰酸钾，5%碳酸铜，5%硫酸铜，5%氢氧化钠，饱和甘露醇，饱和1,4-环己二醇，硝酸铈铵试剂，10%乙二醇，10% 1,3-丙二醇，10%甘油，10%甘露醇，高碘酸，饱和亚硫酸钠，希夫试剂，饱和苯酚，1%苦味酸，苯酚，对苯二酚，间苯二酚，1,2,3-苯三酚，α-萘酚，β-萘酚，15%硫酸，饱和碳酸钠，饱和苦味酸，6 $mol \cdot L^{-1}$ 硫酸，5% NaOH，1%三氯化铁，饱和溴水，0.2 $mol \cdot L^{-1}$ 硝酸，1%苯酚，1%邻苯二酚，1% 1,2,3-苯三酚，浓硫酸，浓盐酸。

【实验内容】

1. 醇的性质

(1)醇的溶解性[1]　取乙醇、异戊醇、甘油各5滴，分别放在试管中，加入水1 mL，用力振荡后，观察溶解性。用干燥试管取石油醚代替水重复实验，观察溶解情况。

(2)醇钠的生成及水解　在一干燥试管中装入1 mL无水乙醇，并放入一小粒切除了表面氧化膜的金属钠[2]，待反应完毕后，取几滴试液放在表面皿上蒸干，残留的固体即是醇钠。在醇钠上滴几滴水，再加一滴酚酞指示剂，观察现象。若金属钠尚未反应完，用镊子将其取出放在乙醇中。

(3)卢卡斯试剂[3]　分别取正丁醇、叔丁醇各5滴，仲丁醇2滴滴于3支干燥试管中，各加入10滴卢卡斯试剂，立即加以振荡后，静置，观察3种醇的变化，并比较反应速度的快慢。

(4)醇的氧化　取3支试管，各加入5滴0.5% $KMnO_4$ 溶液和5滴5%碳酸钠溶液，然后在每支试管里分别加入5滴正丁醇、仲丁醇、叔丁醇。振动试管，观察混合液的颜色有何变化。

(5)多元醇与氢氧化铜的反应　在试管中加入5% $CuSO_4$ 0.5 mL，滴加5% NaOH溶液至氢氧化铜沉淀完全析出，振荡混合，分成2份于2支试管中。一支试管中滴加甘油，另一支试管中滴加乙醇5滴，振荡后观察结果，并加以对比。

(6)硝酸铈铵试验[4]　取4支试管，分别加入5滴95%乙醇、甘油、饱和甘露醇水溶液和饱和1,4-环己醇水溶液。然后各加2滴硝酸铈铵试剂，摇动试管，观察溶液颜色变化。

(7)高碘酸试验　高碘酸可用于鉴别邻羟基多元醇。

取4支试管，分别加入3滴10%乙二醇、10%甘油、10% 1,3-丙二醇、10%甘露醇水溶液，然后在每支试管里各加入3～4滴饱和亚硫酸钠溶液以还原过量的高碘酸，最后再各加入希夫试剂。将混合物静止数分钟后，观察混合液的颜色变化。

取 4 支试管，分别加入 1 滴 10%乙二醇、10% 1,3-丙二醇、10%甘油、10%甘露醇水溶液。然后在每支试管里各加入 1 滴高碘酸-硝酸银试剂，注意每支试管滴加后的变化。

2. 酚的性质

(1)酚的溶解性　取等量的苯酚、苯三酚结晶 5～10 小粒，分放在试管中，各加水 1 mL，用力振荡，观察溶解性。在沸水中加热后冷却，注意所起变化。用干燥试管取苯作溶剂代替水重复实验，观察溶解情况。

(2)酚类的酸性

①取饱和苯酚和 1%苦味酸溶液各 1 滴，滴在 pH 试纸上，比较它们酸性的强弱。

②取 6 支试管贴上标签，分别加入 0.1 g 苯酚、对苯二酚、间苯二酚、1,2,3-苯三酚、α-萘酚、β-萘酚，再各加入 4 mL 水，摇动试管，观察酚的溶解情况。将不溶者加热煮沸，然后冷却观察变化。分别取 1 滴所制得的溶液滴在蓝色石蕊试纸上，观察现象。

③取 2 支试管，分别加入 0.3 g 苯酚，再各加 1 mL 水，摇动试管，然后在 2 支试管里滴加 5%氢氧化钠溶液至酚全部溶解。将制的清亮溶液用 15%稀硫酸酸化，观察现象。

④取 2 支试管各加入 0.3 g 苯酚(或 α-萘酚)。在一支试管里加入 1～2 mL 5%碳酸钠溶液，在另一支试管里加入同体积的饱和碳酸氢钠溶液。摇动试管，比较 2 支试管中的现象有何不同，说明原因。

⑤取 2 支试管，各加入 5 滴饱和萘酚水溶液和萘酚水溶液，再各加 5 滴饱和苦味酸水溶液，观察现象。

(3)酚钠的生成和分解　取苯酚结晶 2 小粒(豆粒大小)加入盛有 1 mL 饱和苯酚溶液的试管中，不断摇荡下滴入 5%氢氧化钠溶液直到苯酚结晶完全溶解为止(为什么?)。然后，向清亮的溶液中滴加 6 $mol \cdot L^{-1}$ 硫酸，观察现象。

(4)酚类与三氯化铁的反应　取 1%苯酚溶液、1%邻苯二酚溶液、1% 1,2,3-苯三酚溶液各 0.5 mL，分别放在 3 支试管中，然后各滴加 2～3 滴三氯化铁溶液，观察颜色的变化。

(5)酚的溴代反应　取 1 mL 苯酚溶液在试管中，滴加等体积饱和溴水，观察所起的变化。

(6)酚的氧化反应　在白瓷板上，各滴加 1 滴 1%邻苯二酚溶液、1%间苯二酚溶液，1%对苯二酚溶液，1% 1,2,3-苯三酚，然后迅速向每种酚液各加 1 滴 0.2 $mol \cdot L^{-1}$ 硝酸银溶液，注意观察各种酚的变化并比较反应速度。

3. 醚的性质(yang 盐的形成)

在 2 支干燥的试管中分别加 2 mL 浓硫酸，2 mL 浓盐酸将试管放在冰水浴中冷却至 0℃，然后再加入 1 mL 冷的乙醚(注意分次加入并振荡和冷却)，得到均相无乙醚味的溶液。将 2 支试管中的溶液分别倒入盛有 5 mL 冰水的试管中，并摇动试管(有无乙醚味? 试管中有无乙醚层出现?)，小心滴入几滴 1%的氢氧化钠溶液中和溶液中的酸，观察乙醚层是否增加。

【注释】

[1]醇的溶解性实验中因为所用的醇都是无色液体，需要观察不相溶两相界面。

[2]从煤油中取出金属钠，用滤纸擦去钠块上的煤油，用刀片切去氧化表面，切取绿豆粒大小一块金属钠进行实验，切下的金属钠氧化表面不可乱放，一定放回金属钠瓶中，反应完毕后残留金属钠用镊子取出，放回钠瓶中，未取出残存金属钠前不可加水，这样会引起爆炸，是非常危险的。

[3]卢卡斯试剂只适用于鉴别低级的（含 C_3～C_6 的伯、仲、叔）醇，不适于鉴别 C_6 以上的醇。

[4]硝酸铈铵检验醇类化合物时，通常只适用于 C_{10} 以下的醇类。反应后生成红色配离子，溶液颜色由黄色变为红色。

【思考题】

1. 在卢卡斯实验中水多了行不行？为什么？
2. 苯酚与苦味酸比较哪个酸性强？为什么？
3. 为什么苯酚的溴代反应比苯和甲苯速度快？

实验十四　醛、酮的性质

【实验目的】

1. 通过实验熟悉醛、酮的主要性质和它们之间的区别。
2. 掌握鉴别醛酮的化学方法。

【实验原理】

醛和酮称为羰基化合物，羰基的存在，使醛和酮能发生亲核加成反应及 α-H 的卤代反应。羰基化合物与苯肼或 2,4-二硝基苯肼的亲核加成反应，生成黄色或橙黄色的苯腙或 2,4-二硝基苯腙的沉淀，该反应可作为检验醛、酮的定性实验。

醛和脂肪族甲基酮与亚硫酸氢钠的加成产物，溶于水而不溶于饱和亚硫酸氢钠溶液，以白色结晶沉淀析出。

具有 CH_3CO—结构的醛酮，或者能被氧化成这种结构的化合物都能有碘仿反应。

具有 α-H 的醛酮可发生羟醛缩合反应，无 α-H 的醛则可发生歧化反应。

醛很容易被氧化成含同数碳原子的羧酸，酮则很难被氧化。因此可以用菲林试剂、班尼迪克试剂、托伦试剂等弱的氧化剂来区别醛和酮。

酮不与希夫试剂反应产生紫红色的产物，并且只有甲醛与希夫试剂的加成物溶液在加入浓硫酸后紫色不褪去。

【仪器与试剂】

乙醛，苯甲醛，丙酮，饱和亚硫酸氢钠溶液，酒精，2,4-二硝基苯肼，甲醛，氨水，5%稀硫酸，20%氢氧化钠溶液，pH 试纸，10%氢氧化钠，乙醇，碘-碘化钾溶液，10%氢氧化钾的酒精溶液，希夫试剂，浓硫酸，5%硝酸银溶液，2%氨水，斐林试剂 A 和 B，铬酸，异丙醇，叔丁醇，班尼迪克试剂。

【实验内容】

1. 醛酮的亲核加成反应

(1)与亚硫酸氢钠的反应　取乙醛、苯甲醛、丙酮各 10 滴，分别放在 3 支试管中，各加入 1 mL 饱和亚硫酸氢钠溶液，用力振荡后，静置片刻，观察现象，必要时加入酒精 1～2 mL，并用玻璃棒摩擦试管内壁。

(2)与 2,4-二硝基苯肼的反应　取乙醛、丙酮各 2 滴，分别放在 2 支试管，各加入 1 mL 2,4- 二硝基苯肼溶液，用力振荡后，静置片刻，观察现象(必要时用玻璃棒摩擦试管内壁)。

(3)六亚甲基四胺的生成和分解

①取一个干净的表面皿，在上面加 3 mL 甲醛溶液和 3 滴氨水，混合均匀，在通风橱里将混合液放在沸水浴上加热蒸好，得到白色晶体的六亚甲基四胺[1]。

②取 1 支试管加 0.5 g 六亚甲基四胺和 5%稀硫酸 1 mL，摇动试管并加热煮沸，闻一闻有何气味[2]？稍加冷却，加入 20%氢氧化钠溶液，使溶液呈碱性，再煮沸，同时在试管口放一湿润的 pH 试纸，观察试纸颜色有何变化，闻一闻有何种气味。

2. α-H 的反应

(1)羟醛缩合反应　取 1 mL 10%氢氧化钠溶液于试管中，加入 1 mL 乙醛，在火上慢慢加热至溶液沸腾，用手扇闻液体气味；继续加热，观察溶液颜色变化，直至树脂状物质生成。

(2)碘仿反应　取甲醛、乙醇、乙醛、丙酮各 2 滴，分装于 4 支试管中，在 60℃左右水浴中加热后，分别各加入碘-碘化钾溶液 0.5 mL，在振荡下慢慢滴加 10%氢氧化钠溶液，直至碘的棕色近乎消失，观察现象并比较结果[3]。

(3)康尼扎罗反应　取 0.5 mL 苯甲醛于试管中，在振荡中滴加 0.5 mL 10%氢氧化钾的酒精溶液，加热后冷却，用玻璃棒摩擦试管内壁，观察现象。

3. 区别醛和酮的反应

(1)与希夫试剂的反应　在各装有 1 mL 希夫试剂的 3 支试管中，分别滴加 2 滴甲醛、乙醛、丙酮，摇动试管，观察有什么现象[4]。

在出现紫红色的试管中各加入几滴浓硫酸，观察溶液颜色有什么变化。

(2)与托伦试剂的反应(银镜反应)[5]　在一洁净的试管中加入 4 mL 5%硝酸银溶液，然后在振荡下逐滴加入 2%氨水，直到析出沉淀恰好溶解为止。然后平均分装在 4 支 洁净试管中，分别加入甲醛、乙醛、乙醇、丙酮各 2 滴，振荡混匀后静置在水浴中加热 5 min，[6] 观察现象并比较结果。

(3)与斐林试剂的反应　取斐林试剂 A 和 B 各 2 mL 在试管中混匀。然后平均分装在 4 支试管中，分别加入甲醛、乙醛、苯甲醛、丙酮各 5 滴，振荡，加热煮沸，观察现象并比较结果。

(4)与铬酸的反应　取 5 支试管各加入丙酮 0.5 mL，再各滴加铬酸试剂 2 滴[7]，放置 2～3 min 再分别滴加乙醇、异丙醇、叔丁醇、乙醛、苯甲醛各 3 滴，观察颜色变化。

(5)与班尼迪克试剂的反应　取 4 支试管各加 1 mL 班尼迪克试剂，然后分别加 1 mL 甲醛、乙醛、苯甲醛和丙酮。边加边摇动试管。摇匀后，用沸水浴加热 5 min，观察现象。

【注释】

[1]甲醛和氨缩合生成六亚甲基四胺的反应式

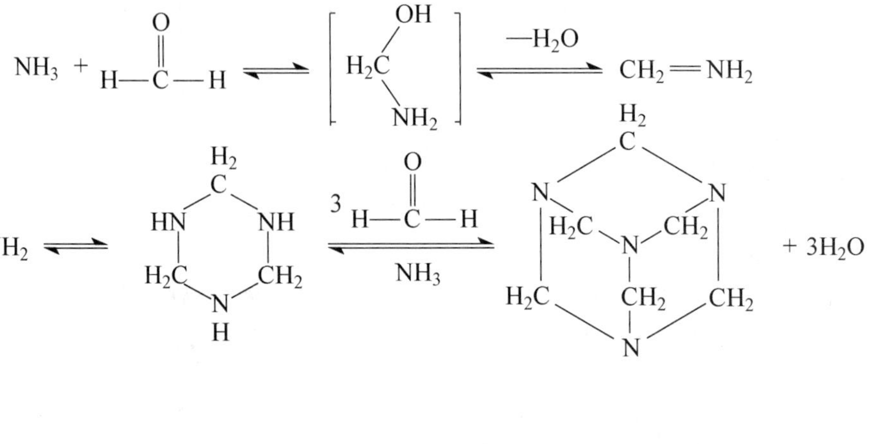

这种缩合是在亲核加成的基础上的脱水缩合。反应是可逆的，只有在不断蒸去水的情况下，才可得到六亚甲基四胺。

六亚甲基四胺与稀酸共热就被水解

$$(CH_2)_6N_4 + H_2SO_4 + H_2O \longrightarrow 6H_2C{=}O\uparrow + 2(NH_4)_2SO_4$$

[2]六亚甲基四胺生成实验的加热过程中有一部分甲醛和氨受热外逸，它们都是刺激性很大的气体，因此反应主要在通风橱中进行。

[3]碘仿反应中若溶液的浅黄色已退完但又无沉淀析出，则应追加几滴碘-碘化钾溶液，再微热观察。

[4]碱类或呈碱性反应的样品不宜与希夫试剂作用，否则会使试剂失去二氧化硫(亚硫酸)而再出现品红的颜色，引起判断错误。受热也会如此，因此实验时不能加热。

[5]弱氧化剂托伦试剂、斐林试剂及班尼迪克试剂笼统讲能氧化醛不能氧化酮，但这些试剂还是有区别的，如斐林试剂及班尼迪克试剂只能氧化脂肪族醛，而对芳香族醛就无影响。斐林试剂由 A 和 B 组成，A 是硫酸铜溶液，B 是氢氧化钠和酒石酸钾钠溶液，用时将 A 和 B 等体积混合。

[6]生成银镜的反应切勿放灯焰上直接加热，也不宜温热过久，因试剂受热会生成具有爆炸危险的雷银。若试管不够洁净，也不能生成银镜，仅出现黑色絮状沉淀。

[7]配制铬酸试剂时，将 25 g 铬酐(Cr_2O_3)加在 25 mL 的浓硫酸中，搅拌成糊状，在搅拌情况下，小心将糊状物注入 75 mL 蒸馏水中即可。

丙酮中加入铬酸试剂静置 2～3 min 无反应，则证明丙酮不被铬酸氧化，本实验各实验管中加入丙酮既做了氧化反应的实验，又是各反应溶剂。

伯醇、仲醇及脂肪族醛反应最快，芳香醛次之，酮及叔醇在同样条件下无明显反应，这是迅速区别醛酮(也能区别醇)的方法。

【思考题】

1. 在与亚硫酸氢钠的反应中，为什么要用新配制的饱和硫酸氢钠溶液？

2. 与托伦试剂反应后，有银镜的试管应怎样洗涤？

3. 碘液的配制为什么要加碘化钾？

实验十五　碳水化合物的性质

【实验目的】

1. 通过实验熟悉碳水化合物的主要化学性质。

2. 了解碳水化合物的一般鉴定方法。

【实验原理】

所有碳水化合物都能发生莫利许反应，所以此反应是鉴别碳水化合物的常用方法。

酮糖与西列凡诺夫试剂反应比醛糖快 10～20 倍，利用此反应可区别酮糖和醛糖。

单糖和低聚糖可以与氢氧化铜作用生成深蓝色配合物，可使氢氧化铜沉淀溶解。

所有还原性糖，都能还原弱氧化剂斐林试剂，托伦试剂以及同苯肼试剂作用成脎，根据成脎的时间、形成和熔点可鉴定糖。

沉淀遇碘变蓝，是鉴定淀粉的一个很灵敏的方法。

低聚糖和多糖在酸或碱的催化下都能水解，最终产物都是单糖。

【仪器与试剂】

2%葡萄糖，2%果糖，2%蔗糖，2%麦芽糖，2%淀粉，莫立许试剂，浓硫酸，西列凡诺夫试剂，0.2%蒽酮-硫酸液，10%氢氧化钠，5%硫酸铜，斐林试剂 A，斐林试剂 B，5%硝酸银，2%氢氧化铵，脱脂棉，班尼狄克试剂，5%葡萄糖，5%果糖，5%麦芽糖，5%蔗糖，苯肼，6 mol·L^{-1} 硫酸，碘酸。

【实验内容】

1. 莫立许反应[1]

取 2%葡萄糖液、2%果糖液、2%麦芽糖液、2%淀粉液、2%蔗糖液各 1 mL，分放在 5 支试管中，各加入莫立许试剂 2 滴，混匀，再把试管倾斜成 45°，沿试管壁加入 1 mL 浓硫酸，不要摇动，重的浓硫酸下沉，静置 10～15 min，观察两液层交界处的颜色(此反应液倒入指定瓶中回收)。

2. 西列凡诺夫反应

取 2%葡萄糖液、2%麦芽糖液、2%果糖液、2%蔗糖液各 0.5 mL，分装在 4 支试管中，各加入西列凡诺试剂 1 mL，混匀，然后把试管浸在沸水浴中加热 2 min，观察溶液颜色并比较反应的快慢。

3. 蒽酮反应

取 2%葡萄糖液、2%麦芽糖液、2%果糖液，2%蔗糖液及淀粉液各 2 滴，分装在 5 支试管中，各加 10 滴水，摇匀。然后各加入 10～15 滴新配制的蒽酮-浓硫酸溶液[2]，观察现象。

4. 与氢氧化铜反应

取 2%葡萄糖液及 2%果糖液各 1 mL，分放在 2 支试管中，加入 10%氢氧化钠溶液 1 mL，然后再分别滴加 2～3 滴 5%硫酸铜溶液，观察现象，摇荡后，观察溶液变化。

5. 与斐林试剂的反应

取斐林试剂 A 和 B 各 3 mL 平均放于 5 支试管中，加热煮沸，趁沸腾时分别滴加 2%葡萄糖溶液、2%果糖溶液、2%麦芽糖液、2%蔗糖液和淀粉液各 3 mL，观察结果有何不同。

6. 与托伦试剂反应

在一洁净的试管中加入 4 mL 5%硝酸银溶液，然后在振荡下逐滴加入 2%氢氧化铵溶液，直到析出沉淀恰好溶解为止(全部溶解)，然后平均分装于 5 支洁净的试管中，分别加入 2%葡萄糖液、2%果糖液、2%麦芽糖液、2%蔗糖液和淀粉液各 1 mL，振荡混匀后，静置在沸水浴中加热 5 min(时间不宜过长)[3]，观察现象比较结果。

7. 与班尼迪克试剂的反应

取 6 支试管，5 支试管中分别加 2 滴 2%葡萄糖液、2%果糖液、2%麦芽糖液、2%蔗糖液、1%淀粉液，另外 1 支加入少量脱脂棉，再各加入 5 滴班尼迪克试剂，摇匀，同时放入沸水中加热 2～3 min，观察现象。

8. 与苯肼试剂的反应——糖脎的形成

取 5%葡萄糖液、5%果糖液、5%麦芽糖液、5%蔗糖液各 0.5 mL，分装于 4 支试管壁上 各加入苯肼试剂 1 mL，混匀，然后把试管浸入沸水浴中加热，并时振荡，观察现象并比较形成脎的晶体快慢。如在 30 min 后尚无脎形成，可取出试管放冷却后再观察[4]。用显微镜观察并比较各种糖脎的结晶形状。

9. 蔗糖的水解

取 0.5 mL 2% 蔗糖液于试管中，加入 1.5 mL 6 mol·L^{-1} 硫酸在沸水浴中加热 5～10 min，放冷，用 10% 氢氧化钠溶液中合成强碱后，与斐林试剂作用，观察结果，并与未经水解的蔗糖液进行比较。

10. 淀粉的性质

(1)与碘的试验：取 0.5 mL 淀粉液于试管中，加碘液 1 滴，观察现象。在沸水浴中加热 5～10 min，观察有何现象？然后取出试管冷却，观察又有何变化。

(2)淀粉的水解：取 15～20 mL 淀粉液置于小烧杯中，加入 1 mL 6 mol·L^{-1} 硫酸加热煮沸 5 min 后，每隔 2 min 取出热的反应液 0.5 mL，用冷水迅速冷却后，加碘液 1 滴。观察并比较一系列的现象。加热时应注意防止反应液蒸干，可适当补充少量沸水。

待反应液对碘液不再呈现颜色反应后，继续加热煮沸 5 min，放冷，取 3 mL 反应液，用 10% 氢氧化钠溶液中和成强碱后，与斐林试剂作用，观察现象和结果，并与未经水解的淀粉进行比较。

11. 纤维素的水解

取 1 支干燥试管，放入少许脱脂棉，加浓硫酸数滴，用玻璃棒搅拌至脱脂棉全部溶解(注意不要变黑)，再加 1 mL 水，在沸水浴中加热煮沸数分钟，冷却。取出 10 滴水解液于另一支试管中，滴加 10% 氢氧化钠至溶液呈碱性，然后加 2～3 滴班尼迪克试剂[5]，摇匀。放入沸水浴中加热，观察现象。

【注释】

[1]莫立许反应是鉴别糖类化合物最常用的颜色反应。除氨基糖外，一般的糖都可发生此反应。此外，丙酮、甲酸、乳酸、草酸、各种糖醛衍生物等均产生近似颜色反应。因此，发生颜色反应的化合物不一定是糖。

[2]为了保持蒽酮的溶解状态，试剂中硫酸的含量必须在 5% 以上，使用时，蒽酮-硫酸溶液应当天配制。

[3]如果加热时间过长，蔗糖、淀粉均可水解成单糖，也会出现银镜反应。

[4]麦芽糖在溶液冷却后析出沉淀。蔗糖不能与苯肼作用生成脎，到长时间加热蔗糖可能水解成葡萄糖和果糖，也会出现糖脎。

另外，苯肼有毒！使用时切勿让它与皮肤接触。

[5]因纤维素水解产物较少，班尼迪克试剂不能多加，否则，班尼狄克试剂的蓝色将干扰颜色观察。

【思考题】

1. 葡萄糖和果糖分别为醛糖和酮糖，为什么会生成相同的脎？
2. 蔗糖水解后为什么能与斐林试剂反应？
3. 如何鉴别果糖、葡萄糖、蔗糖、麦芽糖？

实验十六　乙酸乙酯的制备

【实验目的】

1. 了解从有机酸合成酯的一般原理及方法。

2. 掌握蒸馏、分液漏斗的使用等操作。

【实验原理】

酯化反应是羧酸和醇在无机酸(如硫酸)催化下制备羧酸酯的反应。酯化反应是可逆的，为使反应向生成产物方向进行，通常增加羧酸或醇的比例，并使产物从反应体系中分出。需要哪种原料过量，则取决于某原料是否易得和操作是否方便等因素。本实验首先采用乙醇和乙酸反应制备乙酸乙酯，乙醇较乙酸价格便宜，故用量较多。并利用产物中酯和水形成较低沸点(70.4℃)的恒沸物(组成为91.9%酯、8.1%水)，在产物生成后立即蒸出使反应完成。反应如下：

$$CH_3COOH + CH_3CH_2OH \underset{110\sim120℃}{\overset{H_2SO_4}{\rightleftharpoons}} CH_3COOCH_2CH_3 + H_2O$$

乙酸乙酯是一种重要的溶剂，用作清漆稀释剂和溶解人造革、硝化纤维等，也是制造染料、药物、香料等的原料。工业上可在乙醇铝催化剂及氯化锌、少量氯化汞等助催化剂存在下由乙醛得到乙酸乙酯，大多使用乙酸和乙醇在硫酸催化下间歇或连续工艺制备。近年来有不少使用杂多酸代替硫酸作催化剂的酯化反应以及由微波加热的酯化反应的报道。

【仪器与试剂】

1. 仪器

三口烧瓶，滴液漏斗，温度计，沸石，蒸馏头，冷凝管，尾接管，分液漏斗，锥形瓶，电热套等。

2. 试剂

95%乙醇，冰醋酸，浓 H_2SO_4，饱和 Na_2CO_3 溶液，饱和 NaCl 溶液，饱和 $CaCl_2$ 溶液，无水 $MgSO_4$ 等。

【实验内容】

1. 加料、安装仪器

(1)在 100 mL 三口烧瓶中，加 12 mL 95%乙醇和 6 mL 浓 H_2SO_4，摇匀，加入几粒沸石。

(2)在三口烧瓶上分别装上温度计(伸进液面)、滴液漏斗(下端进入液面)，连接蒸馏装置。

2. 乙酸乙酯的生成

(1)从滴液漏斗中先滴加由 12 mL 乙醇和 12 mL 冰醋酸组成的溶液 6～8 mL，加热体系使快速升温到 115℃左右。

(2)保持温度 110～120℃，滴加余下的混合液，使滴加速度与馏出速度大致相等。滴加完毕后使蒸馏至体系温度升高至 130℃时停止反应。

3. 乙酸乙酯的提纯

(1)中和　向馏出液中缓慢地分次加入饱和 Na_2CO_3 溶液(每次 1～2 mL)，并不断摇动，直至无气泡放出，使体系呈中性(用了多少毫升?)，将中和后的液体转入分液漏斗，充分振摇并放气，静置分层。分出下层水相。

(2)洗涤　酯层分别用等体积 10 mL 饱和 NaCl 溶液洗涤两次，分去下层 NaCl 水溶液。酯层再分别用等体积 10 mL 饱和 $CaCl_2$ 溶液洗涤两次，分离下层 $CaCl_2$ 水溶液。

(3)干燥脱水　将酯层从分液漏斗上口倒入一干燥的磨口锥形瓶中，加无水硫酸镁 3～5 g，充分振荡后，静置 30 min。

(4)滤出干燥剂，水浴蒸馏，收集 73～78℃馏分。

4. 称量产品，计算产率

【思考题】

1. 酯化反应有什么特点？在实验中如何创造条件促使酯化反应尽量向生成物方向进行？

2. 本实验中若采用醋酸过量的做法是否合适？为什么？

3. 本实验有哪些副反应？

4. 为什么反应温度一般控制在 110～120℃，而最后则升高至 130℃？能否在 130℃下使反应进行？

5. 苯甲酸乙酯沸点为 213℃，能否采用此方法合成之？为什么？

实验十七　乙酰水杨酸(阿司匹林)的制备

【实验目的】

1. 学习用乙酸酐作酰基化试剂酰化水杨酸制乙酰水杨酸的酯化方法。

2. 巩固重结晶、熔点测定、抽滤等基本操作。

3. 了解乙酰水杨酸的应用价值。

【实验原理】

乙酰水杨酸(又叫阿司匹林)，是治疗感冒的良药。最早水杨酸是从柳树(旧称水杨树)皮中提取的，故也有称其为柳酸的。人们很早就注意到水杨酸的止痛、退热和抗炎作用，但由于其对肠胃的刺激性大，因此最后改良成了乙酰水杨酸。直到目前，乙酰水杨酸仍然是一个很好的解热镇痛药，小剂量的阿司匹林还有软化血管的作用，甚至试用于抗癌。

乙酰水杨酸由水杨酸(邻羟基苯甲酸)与醋酸酐进行酯化反应而得到，反应如下：

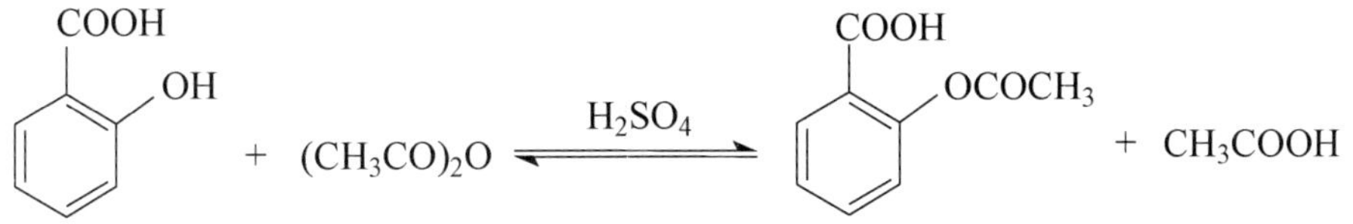

【仪器与试剂】

1. 仪器

水浴锅，锥形瓶，水泵，抽滤瓶，布氏漏斗。

2. 试剂

水杨酸，乙酸酐，浓 H_2SO_4，冰，饱和 $NaHCO_3$ 水溶液，浓 HCl。

【实验内容】

1. 称 3.0 g 水杨酸放入 150 mL 干燥的锥形瓶中，慢慢加入新蒸馏的 4.5 mL 醋酸酐，滴加 6 滴浓硫酸，并摇匀[1]，水浴加热[2](温度 90℃)30 min 后，摇动锥形瓶，使乙酰化反应尽可能完全。

2. 冷却至室温，再放入冰水中冷却片刻后，观察有无晶体出现。如果无晶体出现，用玻璃棒(带尖头)摩擦瓶壁内侧(促使结晶)片刻，再放入冰水中冷却，待析出晶体后，加入 80 mL 冰水，继续冷却，使其析晶完全。

3. 再将锥形瓶中所有物质倒入布氏漏斗中抽气过滤。锥形瓶用 8 mL 冷水洗涤两次，洗涤液倒入布氏漏斗中，继续抽气至干得到粗产品。

4. 后处理：将粗产品转移至锥形瓶中，加入 25 mL 饱和碳酸氢钠溶液，搅拌至无气体产生，减压抽滤，8 mL 冷水洗涤两次。再将抽滤液转移至烧杯中，边搅拌边倾入 10 mL 水和 5 mL 浓盐酸后，冷却使晶体析出完全，抽滤，少量冷水洗涤两次，烘干，称量。产物熔点：134～136℃。

【注释】

[1]仪器要全部干燥，药品也要经干燥处理，醋酸酐要使用新蒸馏的，收集 139～140℃的馏分。

[2]本实验中要注意控制好温度(水温 90℃)。

【思考题】

1. 水杨酸与醋酸酐的反应过程中，浓硫酸的作用是什么？

2. 在硫酸存在下，水杨酸与乙醇作用将得到什么产物？写出反应方程式。

3. 本实验中可产生什么副产物？如何除去？

实验十八　甲基橙的制备

【实验目的】

1. 通过甲基橙的制备掌握重氮化反应和偶合反应的实验操作。

2. 巩固盐析和重结晶的原理和操作。

【实验原理】

甲基橙[4-(4-二甲氨基苯基偶氮)苯磺酸钠]为橙色鳞状晶体或粉末，稍溶于水，呈黄色，不溶于乙醇。在 pH 为 3.1～4.4 时，其溶液由红色变黄色，可用作酸碱滴定指示剂。

本实验以对氨基苯磺酸为原料，通过重氮化反应，然后与 N，N-二甲基苯胺偶联生成甲基橙，反应如下：

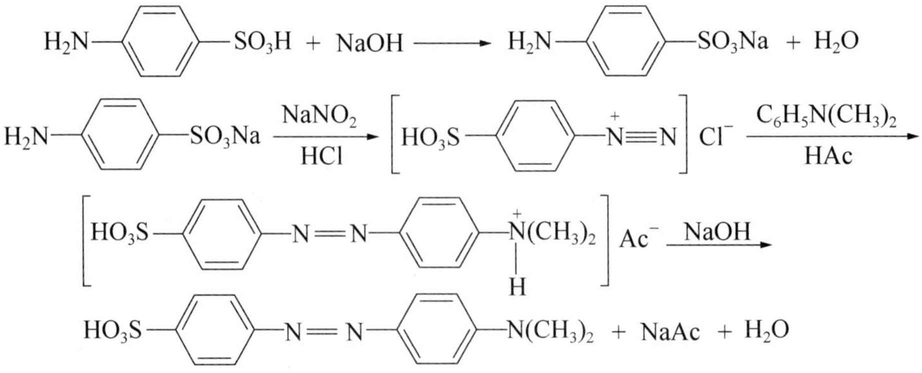

甲基橙

重氮盐的制备方法是:先将芳香族伯胺溶解到酸溶液中,然后在低温下滴加亚硝酸钠水溶液。但是有些生成内盐的胺(如对氨基苯磺酸)不溶于酸中。此时可将其先溶于碱中,与亚硝酸钠混合。然后加酸使之在未沉淀前就发生反应。

【仪器与试剂】

1. 仪器

烧杯,玻璃棒,试管,抽滤瓶,布氏漏斗,滤纸,酒精灯,水浴锅,量筒等。

2. 试剂

冰,对氨基苯磺酸,$NaNO_2$,N,N-二甲基苯胺,冰醋酸,浓 HCl,0.1 mol·L^{-1} HCl,5% NaOH,0.1 mol·L^{-1} NaOH,饱和 NaCl 水溶液等。

【实验内容】

1. 在小烧杯中用 10 mL 5% NaOH 水溶液溶解 2.1 g 对氨基苯磺酸。

2. 用 6 mL 水溶解 0.8 g $NaNO_2$,与上述溶液混合,并冷至 0～5℃或以下。

3. 将 3 mL 浓 HCl 和 10 mL 水配成溶液,在 5℃以下搅拌,将此溶液滴加到上述混合物中(用淀粉-碘化钾试纸检验溶液是否变蓝,若不变蓝可再加少许 $NaNO_2$)。放置 15 min。

4. 将 1.2 g N,N-二甲基苯胺和 1 mL 醋酸配成溶液。搅拌下将此溶液加到上述冷的重氮盐溶液中。

5. 搅拌约 10 min 后,慢慢加入 5% NaOH 溶液,使反应体系变为橙色。溶液呈碱性(约需 25 mL)。

6. 在水浴上加热体系 5 min,冷却、抽滤,依次用少量水、乙醇和乙醚洗涤结晶。压干(产品可用稀氢氧化钠重结晶)确定收率。

7. 用少许产品溶于水;先加几滴 0.1 mol·L^{-1} HCl,然后再加几滴 0.1 mol·L^{-1} NaOH 中和,观察颜色变化。

【思考题】

1. 什么叫偶联反应?重氮盐与芳胺或酚的偶联条件有何不同?

2. 在本实验中,重氮盐的制备为什么要控制在 0～5℃中进行?偶合反应为什么在弱酸性介质中进行?

3. 在制备重氮盐中若加入氯化亚铜将出现什么样的结果?

4. N,N-二甲基苯胺与重氮盐偶合为什么总是在氨基的对位上发生?

5. 本实验为何先把对氨基苯磺酸溶于碱中,若先与盐酸混合再加亚硝酸钠是否可以?为什么?

6. 用反应式表示甲基橙在酸和碱中的变化,解释变色原因?

实验十九 己二酸的制备

【实验目的】

1. 学习用氧化法由环己醇合成己二酸的原理和方法。

2. 熟悉电动搅拌、浓缩、抽滤等操作技术。

【实验原理】

己二酸是一种重要的化工原料，它能与己二胺缩聚成聚酰胺(即尼龙-66)。尼龙-66是制备合成纤维的原料，也可用于制造增塑剂、润滑剂等。

己二酸可以用环己烷(或环己醇或环己酮)为原料经催化下用空气氧化制备，也可由丁二烯或四氢呋喃为原料，经多步反应制成己二腈，然后水解来制备。在实验室可用环己醇为原料，使用氧化剂氧化制备。也有报道采用相转移催化剂。常用氧化剂为硝酸或高锰酸钾。用高锰酸钾氧化环己醇可使反应在较温和条件下达到高产率并缩短反应时间。

本实验以环己醇为原料，用高锰酸钾作氧化剂制备己二酸，反应如下：

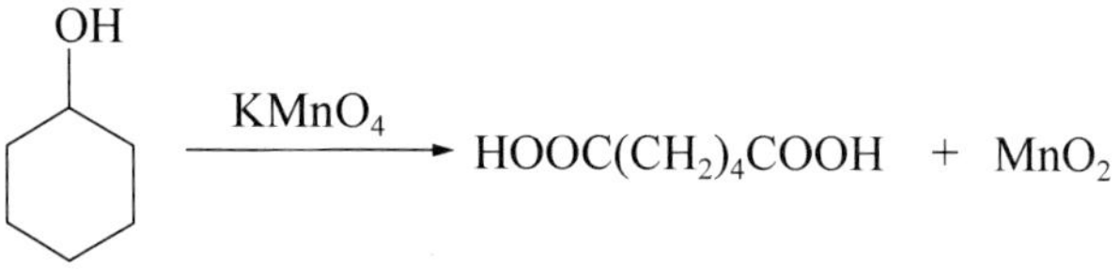

【仪器与试剂】

1. 仪器

250 mL三口烧瓶，电动搅拌器，温度计，抽滤装置，蒸发皿。

2. 试剂

环己醇，高锰酸钾，0.3 mol·L^{-1} NaOH溶液，浓HCl，亚硫酸钠。

【实验内容】

1. 在三口烧瓶中装上电动搅拌器，将13 g高锰酸钾及80 mL 0.3 mol·L^{-1}氢氧化钠加入到三口烧瓶中，用水浴加热使溶液温度达45℃。

2. 撤掉热水浴，再通过分液漏斗慢慢滴加3 mL环己醇[1]，滴加环己醇过程中维持反应温度在50～60℃。

3. 当醇加完后[2]，反应体系温度自然降至40℃左右时，再在沸水浴中加热混合物10～15 min[3]。

4. 检验高锰酸钾是否作用完全[4]，反应完全后趁热减压过滤，滤液加8 mL浓盐酸酸化，然后小心加热，将滤液浓缩至20 mL左右，在冰水浴中冷却至结晶完全。

5. 抽滤，用3 mL水洗涤结晶，将产品移入表面皿中，于100℃烘箱中干燥或晾干。

6. 称重，计算产率。

纯己二酸为熔点153℃的白色棱状晶体。

【注释】

[1]环己醇熔点25.1℃，熔融时为黏稠状液体，为减少转移时的损失，可用少量水冲洗漏斗，并加入分液漏斗中，在室温较低时，这样做还可以降低其熔点，以免堵塞漏斗。

[2]此反应为强烈放热反应，必须等先加入的环己醇全部作用后，才能再滴加，以免反应过于激烈而引起爆炸。若滴加过快，反应过猛，会使反应物冲出反应器，若反应过于缓慢，未作用的环己醇将积蓄起来，一旦反应变得剧烈，则部分环己醇迅速被氧化也会引起爆炸。因此做本实验时，必须特别注意控制环己醇的滴加速度和保持反应物处于强烈沸腾状态，尤其在反应开始阶段，滴加速度更应慢一些。

[3]在沸水浴中加热并同时搅拌可使反应进行得更完全，但这一步必须在反应体系温度下降后方可进行。

[4]取反应液 1 滴滴在滤纸上看是否有紫色，如还有紫色，可加少量固体亚硫酸钠以除去过量的高锰酸钾。

【思考题】

1. 为什么必须控制反应温度？

2. 在有机合成中为何使用搅拌器？

实验二十　邻硝基苯酚和对硝基苯酚的合成与分离

【实验目的】

1. 了解邻位和对位硝基苯的合成方法。

2. 学习用水蒸气蒸馏方法分离有机化合物。

3. 学习有机化合物的重结晶操作。

【实验原理】

苯酚极易硝化，用稀硫酸即可直接在室温硝化，得到邻位和对位硝基苯酚的混合物。由于硝酸易使苯酚氧化而降低产物的产率，所以本实验采用硝酸钠与硫酸的混合物代替稀硝酸，以减少苯酚的氧化而提高产率，反应式为：

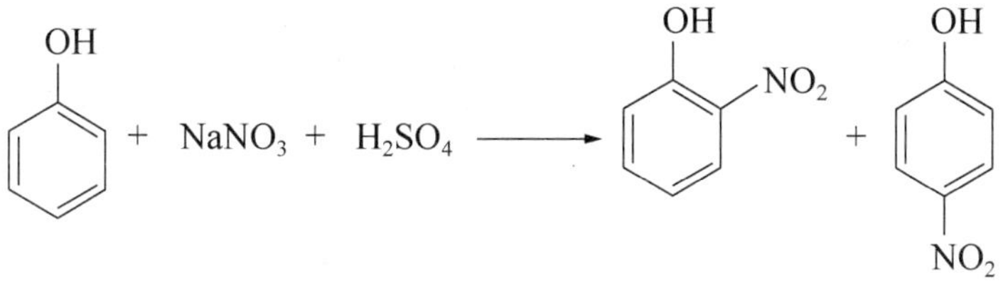

生成的邻硝基苯酚由于形成分子内氢键，因此沸点低于硝基苯酚，同时在沸水中的溶解度也较对位的小得多，易随水蒸气蒸出，因此可用水蒸气蒸馏将这两个异构体分开。

【仪器与试剂】

1. 仪器

50 mL 圆底烧瓶，温度计，水蒸气蒸馏装置，小烧杯，抽滤装置，石蕊试纸。

2. 试剂

苯酚，硝酸钠，浓 H_2SO_4，乙醇，活性炭，2%稀硫酸。

【实验内容】

1. 在 100 mL 长颈圆底烧瓶中放入 60 mL 水，慢慢加入 21 mL 浓硫酸(0.34 mol)及 23 g 硝酸钠(0.27 mol)，将烧瓶置于冷水中冷却。在小烧杯中称取 14.4 g 苯酚[1](0.15 mol)，并加入 4 mL 水，温热搅拌至溶解。在振摇下用滴管向圆底烧瓶中逐滴滴加苯酚溶液，保持反应温度为 15～20℃。滴加完毕后放置 0.5 h 并时常加以振荡[2]，使反应完全，此时得到黑色焦油状物质。用冷水冷却。并向烧瓶中加入 80 mL 水，轻轻摇动烧瓶使黑色油状物质沉于瓶底，小心倾去上层酸层。油层再用水以倾泻法洗涤 3 次，每次用水 80 mL，以除去残余的酸液[3]，直至水溶液对石蕊试纸呈中性。

2. 安装水蒸气装置，进行水蒸气蒸馏[4]，直至冷凝管无黄色油珠。馏液冷却后，粗邻硝基苯酚迅速凝成黄色固体，抽滤收集产品，在 100℃烘箱中干燥后称重，计算产率。

硝基苯酚为熔点 45℃亮黄色针状晶体。

3. 在水蒸气蒸馏的残液中，加 10 mL 浓盐酸和 1 g 活性炭加热煮沸 10 min，趁热过滤。滤液再用活性炭脱色 1 次，脱色后的溶液装入烧杯中，浸入冰水浴，粗对硝基苯酚立即析出。抽滤，收集产品，干燥后再用 2%的稀盐酸重结晶[5]，经抽滤干燥得产品，称重并计算产率。

【注释】

[1]苯酚室温下为固体(mp 41℃)，可以用温水浴温热溶化，加水可降低苯酚的熔点使其呈液态，有利于反应。苯酚对皮肤有腐蚀性，如沾到皮肤上应立即用肥皂水冲洗，然后用乙醇擦洗。

[2]苯酚与酸不互溶，故需不断振荡使其充分接触达到完全反应，同时也可防止局部过热。反应温度超过 20℃时，硝基苯酚可继续硝化或被氧化，造成产率下降。若温度过低，则对硝基苯酚所占比例升高。

[3]若有残余酸液存在时，会在水蒸气蒸馏时，因温度升高而使硝基苯酚进一步硝化或氧化。

[4]水蒸气蒸馏时，往往由于硝基苯酚晶体析出而堵塞冷凝管，此时必须调小冷凝水，让热的水蒸气过使其融化而达到畅通。

[5]将粗的邻硝基苯酚产品溶于热的乙醇(40～50℃)中，过滤后滴入温水至出现浑浊，然后在温水浴下(40～50℃)滴入少量乙醇至清，冷却后即析出亮黄色针状邻硝基苯酚。

【思考题】

1. 本实验有哪些副反应？如何减少这些副反应的发生？

2. 水蒸气蒸馏的原理是什么？被提纯物质应具备什么条件才能采用此法来纯化？

实验二十一　丙酮的制备

【实验目的】

1. 学习由异丙醇氧化合成丙酮的原理和方法。

2. 学习简单萃取的原理和分液漏斗的使用。

3. 进一步熟悉蒸馏操作。

【实验原理】

醇可以氧化成酮。实验室中常采用重铬酸钾的浓硫酸溶液或高锰酸钾等氧化剂氧化异丙醇来合成丙酮。反应式为：

$$CH_3-\overset{\overset{\displaystyle OH}{|}}{C}HCH_3 \xrightarrow[H_2SO_4]{K_2Cr_2O_7} CH_3\overset{\overset{\displaystyle O}{\|}}{C}CH_3$$

【仪器与试剂】

1. 仪器

50 mL 圆底烧瓶、滴液漏斗、直形冷凝管、尾接管、锥形瓶、克氏蒸馏头、温度计。

2. 试剂

异丙醇、重铬酸钾、浓 H_2SO_4。

【实验内容】

1. 将 5 g 重铬酸钾放入蒸馏瓶中，加入 5 mL 水溶解，再加入 5 mL 异丙醇，将混合物摇匀。

2. 另取 1 个小烧杯，加入 6 mL 水，缓缓加入 2 mL 浓 H_2SO_4[1]，摇匀后倒入滴液漏斗中。按图 5-1 安装好合成装置。

3. 加热蒸馏瓶中的混合物至沸腾，然后移去火源。

4. 由滴液漏斗中滴加稀硫酸，滴加速度以维持蒸馏瓶中的液体微沸为准。收集 50～70℃的馏分[2]，此为较纯的丙醇产品。

【注释】

[1]滴加浓硫酸时一定要控制速度，不能太快，以防止反应太剧烈使反应混合物喷出。

[2]因丙酮沸点低，反应馏出物要浸在冷水浴中。见图 5-1。

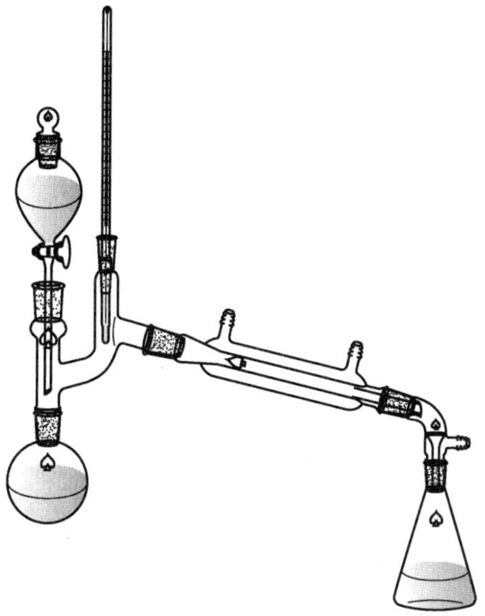

图 5-1　丙酮的合成装置

【思考题】

1. 应以何为标准来计算丙酮的产率？

2. 以丙醇为原料催化脱氢能否生成丙酮？

实验二十二　苯甲酸的制备

【实验目的】

1. 学习以甲苯为原料制备苯甲酸的原理和方法。

2. 熟悉减压抽滤和重结晶的操作。

【实验原理】

苯甲酸可以用甲苯在强氧化剂的作用下生成，这是实验室制备苯甲酸的一个常用方法。反应式为：

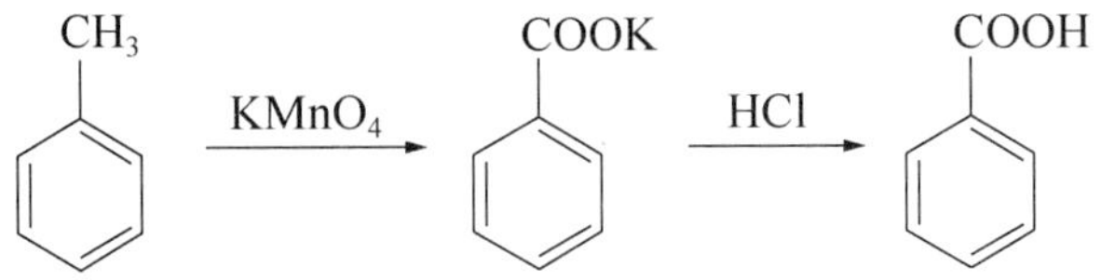

【仪器与试剂】

1. 仪器

500 mL 圆底烧瓶，冷凝管，水泵，吸滤瓶，布氏漏斗。

2. 试剂

甲苯，高锰酸钾，浓 HCl，亚硫酸氢钠。

【实验内容】

1. 在 500 mL 圆底烧瓶中，加入 4.6 g(5.4 mL，0.05 mol)甲苯，200 mL 水和几粒沸石，装上回流冷凝管，在石棉网上加热至沸腾。

2. 从冷凝管上分数次加入 16 g(0.1 mol)高锰酸钾，并用少量水冲洗冷凝管内壁，继续煮沸并时常摇动烧瓶，直到甲苯层几乎近于消失，回流液无油状液滴为止(4～5 h)。

3. 将反应混合物趁热用水泵减压抽滤，并用少量水洗涤滤渣，合并滤渣和洗液[1]，放在冰水浴中冷却，用浓盐酸酸化，直到苯甲酸全部析出。

4. 抽滤，吸干。(若产品不够纯净，可用热水重结晶，必要时加入少量活性炭脱色，抽滤)将产品移入表面皿中，于 100℃烘箱中烘干后晾干。

5. 称重，计算产率。

【注释】

[1]滤液如果呈紫色，可加入少量亚硫酸氢钠使紫色褪去，并重新抽滤。

【思考题】

1. 还可以用什么方法合成苯甲酸？

2. 反应瓶中是否应加沸石？为什么？

实验二十三　环己烯的制备

【实验目的】

1. 掌握实验室制备烯烃的一般方法。

2. 学习蒸馏和分馏基本操作。

3. 学习液体的干燥方法。

【实验原理】

烯烃是重要的化工原料，工业上可由石油裂解或在氧化铝等催化剂存在下由醇进行高温裂解制备。而在实验室中则常用醇在酸性条件下脱水或卤代烃在碱中脱卤化氢制备。

本实验以环己醇为原料，在硫酸作用下脱水生成环己烯，反应式如下：

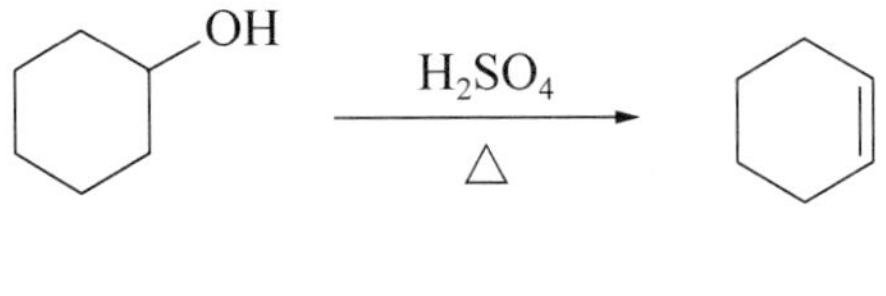

【仪器与试剂】

1. 仪器

圆底烧瓶，分馏柱，锥形瓶，吸管，蒸馏头，直型冷凝管，接受管，温度计，电加热套。

2. 试剂

环己醇，浓 H_2SO_4，沸石，食盐，饱和 Na_2CO_3 水溶液，无水 $CaCl_2$。

【实验内容】

1. 在 25 mL 干燥的圆底烧瓶中，放入 10 g 环己醇[1]（10.4 mL，0.1 mol）和 0.5 mL（0.92 g，约 0.009 mol）浓硫酸，充分振摇使混合均匀（避免局部碳化）。

2. 向烧瓶中放入 2～3 粒沸石，安装分馏装置，接收瓶用冰水冷却。

3. 小心加热，控制加热速度使馏出液温度不超过 90℃[2]，直到瓶底剩余少量残渣并出现白雾时停止加热。

4. 向馏出液中加约 1 g 食盐使达饱和，然后加入 2 mL 饱和碳酸钠水溶液，充分振摇后转入分液漏斗中，静止分层。

5. 水层分出后，有机层倒入干燥的小锥形瓶中，加入 1～2 g 无水氯化钙干燥[3]。

6. 待溶液清亮透明后滤入圆底烧瓶中，放入 2～3 粒沸石；蒸馏，收集 80～85℃馏分。

7. 称重；计算收率。

【注释】

[1]环己醇是黏稠液体，将 10 mL 的环己醇倒入圆底烧瓶中时，要把环己醇全部倒入烧瓶中，不要残留在量筒壁上。

[2]环己醇和水、环己烯和水皆能形成二元共沸混合物，其沸点见表 5-1。

表 5-1　环己醇和水，环己烯和水二元共沸混合物沸点

项目	沸点/℃		共沸物的组成
	组分	共沸物	$(\omega_B)\times100$
环己醇	161.5	97.8	～ 20.0
水	100.0		～ 80.0
环己烯	83.0	70.8	90
水	100.0		10

[3]水层应分离完全，否则会增加干燥剂的用量，导致产品损失。用无水氯化钙干燥粗产物还可除去少量未反应的环己醇。

【思考题】

1. 向粗制的环己烯中加入食盐的目的是什么？为什么之后又加入碳酸钠？

2. 为什么蒸馏前要将干燥剂滤掉？什么情况下可以不除去干燥剂？

实验二十四　1-溴丁烷的制备

【实验目的】

1. 学习用正丁醇和氢溴酸反应制取 1-溴丁烷的反应原理和方法。

2. 了解并掌握带有尾气吸收的回流装置及操作。

【实验原理】

正丁醇与氢溴酸作用生成1-溴丁烷。

主反应

$$NaBr + H_2SO_4 \longrightarrow HBr + HaHSO_4$$

$$n\text{-}C_4H_9OH + HBr \longrightarrow n\text{-}C_4H_9Br + H_2O$$

副反应

$$n\text{-}C_4H_9OH \xrightarrow{H_2SO_4} C_4H_8 + H_2O$$

$$2n\text{-}C_4H_9OH \xrightarrow{H_2SO_4} (n\text{-}C_4H_9O)_2O + H_2O$$

【仪器与试剂】

1. 仪器

带有气体吸收的回流装置。

2. 试剂

正丁醇，无水溴化钠[1]，浓 H_2SO_4，10% Na_2CO_3 溶液，无水 $CaCl_2$，饱和 $NaHSO_3$ 溶液。

【实验内容】

1. 在100 mL圆底烧瓶中，放入6.2 mL正丁醇，8.3 g研细的溴化钠和几粒沸石，安装好回流装置。

2. 在小锥形瓶中放入10 mL水，将瓶放在冰水浴中冷却，一边摇荡，一边慢慢地加入10 mL浓硫酸。将稀释的硫酸分4次从冷凝管上端加入瓶内，每加一次都要充分振荡烧瓶，使反应物混合均匀。

3. 在冷凝管上口连接好气体吸收装置[2]，将烧瓶放在热源上，用低温加热致沸腾，保持回流30 min[3]。

4. 回流反应完成后，待反应物稍冷却，拆下回流冷凝管，再加入1～2粒沸石，改成蒸馏装置进行蒸馏。仔细观察馏出液，直到无油滴滴出为止[4]。

5. 将馏出液倒入分液漏斗中，将油层[5]从下面放入干燥的小锥形瓶中，然后用4 mL浓硫酸分两次加入瓶内，每加一次都要摇动锥形瓶，如果混合物发热，可用冷水浴冷却。

6. 将混合物慢慢倒入分液漏斗中，静止分层，放出下层的浓硫酸。

7. 油层依次用10 mL水[6]、5 mL 10%碳酸钠和10 mL水洗。

8. 将下层的粗1-溴丁烷放入干燥的小锥形瓶中，加入适量的无水氯化钙干燥，直到液体澄清为止。

9. 将干燥后的澄清液滤入50 mL蒸馏烧瓶中，加入沸石，安装好蒸馏装置，然后用低温加热，收集99°～103°馏分。

【注释】

[1]如用结晶水的溴化钠($NaBr \cdot 2H_2O$)，可按物质的量进行核算并减少水的加入量。

[2]务使漏斗全部埋入水中，以免倒吸。

[3]回流时间太短，则反应不完全；回流时间太长，会增加副产物。

[4]用盛清水的小量筒收集馏出液，看有无油滴，粗1-溴丁烷约为7 mL。

[5]馏出液分为两层，通常下层为粗 1-溴丁烷（油层），上层为水。若未反应的正丁醇较多，或因蒸馏过久而蒸出一些氢溴酸恒沸液，则液层的相对密度发生变化，油层可能悬浮或变为上层。若遇此现象可加清水稀释使油层下降。

[6]如水洗后呈红色，是由于浓硫酸的氧化作用生成游离溴之故。可加入几毫升饱和亚硫酸氢钠溶液洗涤除去。

实验二十五　正丁醚的制备

【实验目的】

1. 学习醇在酸催化下分子间脱水制取醚的反应原理和方法。

2. 了解分水器的使用方法。

【实验原理】

低级伯醇在酸性脱水剂催化下共热，分子间脱水生成单醚。

主反应

$$2CH_3CH_2CH_2CH_2OH \xrightarrow[135℃]{H_2SO_4} (CH_3CH_2CH_2CH_2)_2O + H_2O$$

副反应

$$CH_3CH_2CH_2CH_2OH \xrightarrow[\triangle]{H_2SO_4} CH_3CH_2CH=CH_2 + CH_3CH=CHCH_3$$

【仪器与试剂】

1. 仪器

三口烧瓶，温度计，空气冷凝管，电热套，分水器。

2. 试剂

正丁醇，浓 H_2SO_4，50% H_2SO_4 溶液，无水 $CaCl_2$。

【实验内容】

1. 在 100 mL 三口烧瓶中加入 15.5 mL 正丁醇，边摇边缓慢加入 2.5 mL 浓硫酸，使混合均匀[1]，并加入 1～2 粒沸石。

2. 在三口烧瓶侧口安装一温度计，正口安装水分器，分水器内装有(V-2)[2] mL 水，分水器上方安装回流冷凝管，烧瓶另一侧口用塞子塞住，见图 5-2。

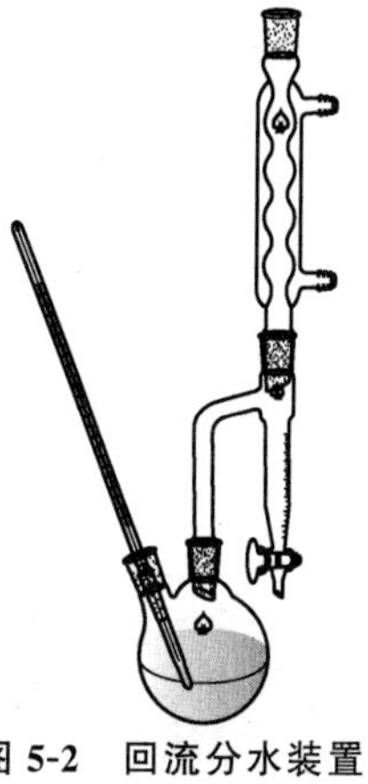

图 5-2　回流分水装置

3. 开始用低温加热，使瓶内液体微沸，开始回流，回流液经冷凝管收集于分水器内，水沉于下层，有机液浮于上层，积至支管时即可反流回烧瓶中。待烧瓶内温度升至 134～135℃时[3]（约 50 min），分水器中已全部被水充满时可停止加热。

4. 反应物冷却后，连同分水器中的水一起倒入盛有 25 mL 水的分液漏斗中，振荡后静置，分出下层液体。上层粗产物每次用 8 mL 50% 硫酸洗涤 2 次，再每次用 10 mL 水洗涤 2 次，然后加入适量无水氯化钙。

5. 将干燥后的粗产物滤入 50 mL 烧瓶中，加入 1～2 粒沸石，装上空气冷凝管，加热收集 140～144℃馏分。

【注释】

[1]正丁醇和浓硫酸一定要混合均匀，否则局部过浓的浓硫酸会使正丁醇部分炭化。

[2](V-2)中的 V 为分水器的容积，单位是 mL。2 为反应中水的生成量，即为 2 mL。实际水的理论生成量为 1.52 mL。由于考虑到水中溶解少量正丁醇和仪器中可能带水故取 2 mL。当分水器充满水后，表示反应已基本结束。

[3]制备正丁醚的适宜温度是 134～135℃，但开始回流时很难达到。因为正丁醇、正丁醚、水可形成二元或三元恒沸物，这些恒沸物的沸点都低于 134℃。

【思考题】

1. 为什么反应过程中要严格控制反应温度？
2. 用 50％的硫酸洗涤的目的是什么？为什么不用浓硫酸洗涤？
3. 能否用本实验的方法由乙醇和 2-丁醇制备乙基仲丁基醚？

第六章　定量分析实验

实验一　分析天平的称量练习

【实验目的】

1. 学习电子天平的基本操作和常用的称量方法。

2. 通过称量练习进一步掌握电子天平的正确使用方法。

3. 培养准确、整齐、简明地记录实验数据的习惯。

【实验原理】

电子天平是利用电子装置完成电磁力补偿的调节，使物体在重力场中实现力矩的平衡。

按电子天平的精确度可分为百分之一电子天平（精确到 0.01 g）、千分之一电子天平（精确到 0.001 g）和万分之一电子天平（精确到 0.000 1 g）等。

【仪器和试剂】

1. 仪器

托盘天平，分析天平，小烧杯，称量瓶，表面皿，药匙，纸条。

2. 试剂

$Na_2CO_3(s)$。

【实验内容】

1. 几种常用的称量方法

(1)直接称量法　适用于称量洁净干燥不易潮解或升华的固体试样。具体操作方法是，先用分析天平准确称出表面皿的质量、记录，然后称出表面皿和试样总质量。

(2)固定质量称量法　适用于称量不易吸潮、在空气中能稳定存在的粉末状或小颗粒试样，如称量某一固定质量的试剂（如基准物质）或试样。具体操作方法是，先称出称量纸或容器的质量，去皮后添加试样，接近所需质量时，右手拇指和中指拿药勺，食指轻弹药勺柄，将试剂缓慢倒入称量纸或容器至所需要的质量。

(3)差减称量法　适用于称量易吸水、易氧化、易吸收二氧化碳的固体物质。称取一定质量范围的试样。例如准确称取 0.4～0.5 g 无水 Na_2CO_3（固体）两份。

①准备称量瓶　取洗净的称量瓶放在表面皿上，置于已恒温（105℃）的烘箱内干燥 30 min，取出表面皿，用纸条夹出称量瓶，置于干燥器内冷却备用。

②取上述冷却至室温的称量瓶，装入无水 Na_2CO_3 试样 2 g 左右。

③在分析天平上准确其质量，记录数据 m_1。

④取出称量瓶，按正确的操作方法敲出 0.4～0.5 g 无水 Na_2CO_3 试样于小烧杯中，再准确称量称量瓶加剩余试样的质量，记录数据 m_2。样品质量为(m_1-m_2)g。

⑤按上述方法连续称出第二、三份试样，记录数据。

2. 电子天平的使用方法

(1)取下天平罩，叠平放好，检查秤盘是否洁净。

(2)水平调节：检查天平是否水平，调地脚使水平珠处于正中。

(3)开启显示器：轻按 ON 键，显示器全亮显示称量模式 0.000 0 g。若显示数据不为零，应进行调零。

(4)称量：置被称物于秤盘上，等数字稳定后，该数字即为所称物质的质量。

去皮称量：调零后，置容器于秤盘上，天平显示容器质量，按下调零键，显示零即去皮。再置被称物于容器中，或将待称物逐渐加入容器中直至所需质量，等数字稳定后即为所称物的净质量。

(5)称量结束，按 OFF 键关闭显示器。若当天不再使用天平，应切断电源，清扫干净后盖上天平罩，并在天平使用登记本上登记。

3. 注意事项

(1)称量前检查天平是否水平。

(2)开关天平侧门、放取被称物等，动作要轻、慢、稳，切不可用力过猛以免损坏天平。

(3)称量时要把天平门关好，稳定后再读数。称量读数要立即记录在实验记录本中。

(4)称量物的质量不得超过天平的量程。

(5)不能用天平称量腐蚀性物质。

(6)称量时应将被称物置于称量盘的中心。

【数据记录及结果处理】(以差减称量法为例)

样品编号	Ⅰ	Ⅱ	Ⅲ
倾样前称量瓶+样品质量 m_1/g			
倾样后称量瓶+样品质量 m_2/g			
样品质量 $(m_1 - m_2)$/g			

【思考题】

1. 分析天平为什么要调平？怎样调节？
2. 称量方法有哪几种？分别在什么情况下选用？
3. 在放置待称物体时，应特别注意什么？
4. 记录称量数据应准确至几位？为什么？

实验二　酸碱标准溶液的配制及比较滴定

【实验目的】

1. 熟悉标准溶液的配制方法。
2. 学习酸、碱滴定管的使用，熟练掌握正确的滴定操作方法。
3. 初步学会判断与控制滴定终点。

【实验原理】

酸标准溶液通常用盐酸或硫酸来配制。因为盐酸不会破坏指示剂,同时大多数氯化物易溶于水,稀盐酸较稳定,所以多数用盐酸来配制。如果样品需要过量的标准酸共同煮沸或者标准酸浓度较大时,以硫酸标准溶液为好。

碱标准溶液常用 NaOH 或 KOH,也可用 $Ba(OH)_2$ 来配制。NaOH 标准溶液应用最多,但 NaOH 易吸收空气中的 CO_2 和水分,并能腐蚀玻璃,所以长期保存应放在塑料瓶中。

由于浓 HCl 和 NaOH 不够稳定,也不易获得纯品,所以用间接法来配制其标准溶液。

【仪器和试剂】

1. 仪器

10 mL 和 100 mL 量筒,500 mL 烧杯,玻璃棒,500 mL 试剂瓶,50 mL 酸式滴定管,50 mL 碱式滴定管,250 mL 锥形瓶。

2. 试剂

浓 HCl(AR,d=1.18～1.19),NaOH(AR,s),0.2%甲基橙水溶液,0.2%酚酞乙醇溶液。

【实验内容】

1. 300 mL 0.1 mol·L^{-1} HCl,NaOH 溶液的配制

(1)用筒量取 2.5 mL 浓 HCl 溶液,倒入 500 mL 试剂瓶中,用蒸馏水稀释至 300 mL,盖上玻璃塞,摇匀,贴上标签备用。

(2)用托盘天平称取 1.2 g 固体 NaOH,放于 100 mL 烧杯中,加入 50 mL 水使之全部溶解,转移至 500 mL 试剂瓶中,再加入 250 mL 水,用橡皮塞塞好瓶口摇匀,贴上标签备用。

2. 滴定管的准备

(1)清洗滴定管　根据滴定管沾污程度,酌情选用洗涤剂清洗。

(2)滴定管的使用练习

a. 酸式滴定管

涂凡士林→试漏→装溶液→赶气泡→调零→滴定→读数

b. 碱式滴定管

试漏→装溶液→赶气泡→调零→滴定→读数

3. 酸碱滴定练习

(1)用所配的 NaOH 溶液润洗碱式滴定管 2～3 次,每次 5～10 mL,弃去碱液,将所配碱液装入碱式滴定管中,赶出气泡,调好零刻度。

(2)用上述同样的方法,以所配制的 HCl 溶液润洗酸式滴定管,装入 HCl 溶液,调好零刻度。

(3)以甲基橙为指示剂,用酸滴定碱。由碱式滴定管放出 NaOH 溶液 20.00 mL 于 250 mL 锥形瓶内,加 1～2 滴甲基橙指示剂,用 0.1 mol·L^{-1} HCl 溶液滴定。当溶液由黄色变为橙色为止。记下消耗 HCl 的体积。平行测定 3 次。

(4)以酚酞为指示剂,用碱滴定酸。由酸式滴定管放出 HCl 溶液 20.00 mL 于 250 mL 锥形瓶内,加 1～2 滴酚酞指示剂,用 0.1 mol·L^{-1} NaOH 溶液滴定。当溶液由无色变为微红色,30 s 不褪色即为终点。记下消耗 NaOH 的体积。平行测定 3 次。

【数据记录和结果处理】

表 6-1　HCl 滴定 NaOH

次数 / 项目	Ⅰ	Ⅱ	Ⅲ
$V(NaOH)$/mL			
HCl 终读数/mL			
HCl 初读数/mL			
$V(HCl)$/mL			
$V(NaOH)/V(HCl)$			
平均值			
相对平均偏差/%			

表 6-2　NaOH 滴定 HCl

次数 / 项目	Ⅰ	Ⅱ	Ⅲ
$V(HCl)$/mL			
NaOH 终读数/mL			
NaOH 初读数/mL			
$V(NaOH)$/mL			
$V(NaOH)/V(HCl)$			
平均值			
相对平均偏差/%			

【注意事项】

1. 强酸、强碱在使用时要注意安全。
2. 滴定过程中仔细观察溶液颜色的变化，最后控制半滴加入到达终点。
3. 滴定完毕后，玻璃尖嘴外不应留有液滴。
4. 由于空气中二氧化碳的影响，已达终点的溶液久置会褪色，这并不说明反应未完。
5. 标准溶液在转移过程中，中间不得再经过其他容器。
6. 倒 HCl、NaOH 等液体试剂时，手心要握住试剂瓶上标签部位，以保护标签。

【思考题】

1. 滴定管和移液管使用前为什么要用溶液洗 3 遍？锥形瓶是否也要用溶液洗涤？
2. 接近终点时，为什么要用蒸馏水冲洗锥形瓶内壁？读数时应注意哪些事项？
3. 滴定管装液时为什么必须从试剂瓶中直接将溶液加入滴定管？
4. 如何配制不含 CO_2 的 NaOH 标准溶液？
5. CO_2 的存在对酸碱滴定有何影响？如何消除其影响？

6. 为什么用 HCl 溶液滴定 NaOH 时选用甲基橙指示剂，而用 NaOH 滴定 HCl 溶液时选用酚酞指示剂？

实验三 HCl 标准溶液的配制和标定

【实验目的】

1. 掌握 HCl 标准溶液的配制和标定方法。

2. 进一步掌握分析天平的使用。

3. 进一步掌握酸式滴定管的操作技术和甲基橙指示剂滴定终点的观察。

【实验原理】

由于浓盐酸溶液易挥发不稳定，只能用间接法配制标准溶液，即先配成近似浓度，然后用基准物质标定。通常用硼砂($Na_2B_4O_7 \cdot 10H_2O$)或无水碳酸钠(Na_2CO_3)作基准试剂。

用无水 Na_2CO_3 标定 HCl 的反应如下：

$$Na_2CO_3 + 2HCl = 2NaCl + CO_2\uparrow + H_2O$$

化学计量点时 pH＝3.89，可选用甲基橙作指示剂。滴定时应注意 CO_2 的影响，临近终点应剧烈摇动溶液或将溶液煮沸，以消除 CO_2 的影响。

按下式计算 HCl 溶液的浓度：

$$c(\mathrm{HCl}) = \frac{m(\mathrm{Na_2CO_3})}{M\left(\frac{1}{2}\mathrm{Na_2CO_3}\right)V(\mathrm{HCl})}$$

用硼砂标定 HCl 的反应如下：

$$Na_2B_4O_7 + 2HCl + 5H_2O = 4H_3BO_3 + 2NaCl$$

化学计量点时产物为 H_3BO_3($K_{a_1} = 5.8 \times 10^{-10}$)，溶液的 pH＝5.1，可选用甲基红作指示剂。

按下式计算 HCl 溶液的浓度：

$$c(\mathrm{HCl}) = \frac{m(\mathrm{Na_2B_4O_7 \cdot 10H_2O})}{M\left(\frac{1}{2}\mathrm{Na_2B_4O_7 \cdot 10H_2O}\right)V(\mathrm{HCl})}$$

【仪器和试剂】

1. 仪器

分析天平，称量瓶，酸式滴定管，250 mL 锥形瓶，10 mL 和 100 mL 量筒，100 mL 烧杯，500 mL 烧杯，500 mL 小口试剂瓶。

2. 试剂

浓 HCl(AR，$d = 1.18 \sim 1.19$)，硼砂($Na_2B_4O_7 \cdot 10H_2O$)(AR，s)，0.2%甲基橙水溶液，0.2%甲基红，60%乙醇溶液。

【实验内容】

1. 0.1 mol·L^{-1} HCl 溶液的配制

用 10 mL 量筒量取浓 HCl 2.5 mL，倒入 500 mL 烧杯中，用蒸馏水稀释至 300 mL，玻璃棒搅匀，贴好标签，备用。

2. HCl 溶液标定

准确称取 0.4～0.6 g（称准至 0.000 1 g）$Na_2B_4O_7 \cdot 10H_2O$ 于 250 mL 锥形瓶中，加 30 mL 去离子水使其溶解，加甲基红指示剂 1～2 滴，用待标定的 HCl 溶液滴定至溶液由黄色变橙色，半分钟内不褪色为终点，记录 HCl 溶液用量（mL）。平行测定 3 次。要求标定结果相对平均偏差小于 0.2%。

【数据记录和结果处理】

基准试剂名称_________ 室内温度_________

序号 记录项目	Ⅰ	Ⅱ	Ⅲ
基准试剂质量 m/g			
HCl 终读数/mL			
HCl 初读数/mL			
V(HCl)/mL			
c(HCl)/(mol·L^{-1})			
$\bar{c}$(HCl)/(mol·L^{-1})			
相对平均偏差/%			

【注意事项】

1. 滴定管始终用同一段以消除滴定管的系统误差。
2. 碱式滴定管滴定前要赶走气泡，滴定中要防止产生气泡。

【思考题】

1. 基准物质称取的质量是怎么计算出来的？
2. 基准物质称完后需加 30 mL 水溶解，水的体积是否要准确量取？为什么？
3. 直接称取基准物质来标定和用基准物质配成标准溶液来标定，各有什么优缺点？

实验四 NaOH 标准溶液的配制和标定

【实验目标】

1. 掌握 NaOH 溶液的配制和标定方法。
2. 进一步掌握碱式滴定管的操作技术和酚酞指示剂滴定终点的观察。
3. 进一步掌握分析天平的使用。

【实验原理】

固体 NaOH 具有很强的吸湿性，易吸收空气中的 CO_2 生成 Na_2CO_3，且含有少量硫酸盐、硅酸盐、氯化物等，因此采用间接法配制标准溶液。

常用于标定 NaOH 溶液的基准物质有邻苯二甲酸氢钾（$KHC_8H_4O_4$）和草酸（$H_2C_2O_4 \cdot 2H_2O$）等。

邻苯二甲酸氢钾标定 NaOH 的反应为：

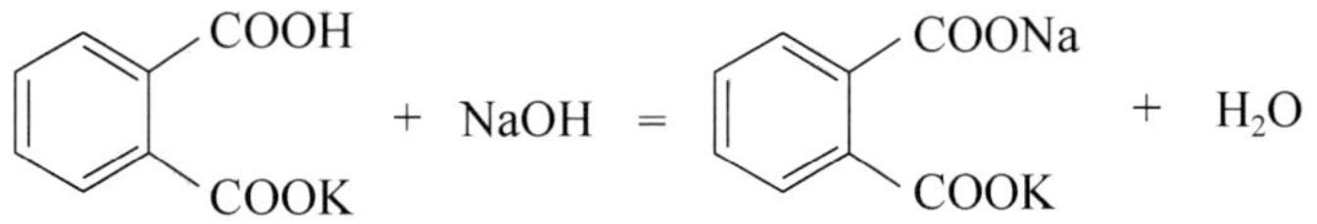

化学计量点 pH＝9.05，可选用酚酞作指示剂。

按下式计算 NaOH 溶液的浓度：

$$c(\mathrm{NaOH})=\frac{m(\mathrm{KHC_8H_4O_4})}{M(\mathrm{KHC_8H_4O_4})V(\mathrm{NaOH})}$$

草酸标定 NaOH 溶液的反应如下：

$$\mathrm{H_2C_2O_4+2NaOH=Na_2C_2O_4+2H_2O}$$

化学计量点时溶液的 pH 为 8.4，可选用酚酞作指示剂。

按下式计算 NaOH 溶液的浓度：

$$c(\mathrm{NaOH})=\frac{m(\mathrm{H_2C_2O_4 \cdot 2H_2O})}{M\left(\frac{1}{2}\mathrm{H_2C_2O_4 \cdot 2H_2O}\right)V(\mathrm{NaOH})}$$

【仪器和试剂】

1. 仪器

台秤，烧杯，分析天平，称量瓶，碱式滴定管，250 mL 锥形瓶，10 mL 和 100 mL 量筒，250 mL 烧杯，500 mL 小口试剂瓶。

2. 试剂

NaOH(AR，s)，邻苯二甲酸氢钾(AR，s)，0.2%酚酞乙醇溶液。

【实验步骤】

1. 0.1 $mol \cdot L^{-1}$ NaOH 溶液的配制

用台秤上称取 1.2 g 固体 NaOH 放于 500 mL 烧杯中，加入 50 mL 煮沸冷却后的蒸馏水使之全部溶解，转移至 500 mL 试剂瓶中，再加 250 mL 煮沸后冷却的蒸馏水，用橡皮塞好瓶口摇匀，贴上标签备用。

2. NaOH 溶液标定

准确称取邻苯二甲酸氢钾 0.4～0.6 g(称准至 0.000 1 g)，置于 250 mL 锥形瓶中，加煮沸后冷却的 30 mL 蒸馏水溶解，加 1～2 滴酚酞指示剂，用配制的 NaOH 溶液滴定至溶液刚出现浅红色，半分钟不褪色为终点。记录 NaOH 溶液用量(mL)。平行测定 3 次。要求标定结果相对平均偏差小于 0.2%。

【数据记录和结果处理】

基准试剂名称________　　室内温度________

序号 记录项目	Ⅰ	Ⅱ	Ⅲ
基准试剂质量 m/g			
NaOH 终读数/mL			
NaOH 初读数/mL			
V(NaOH)/mL			
c(NaOH)/(mol·L^{-1})			
$\bar{c}$(NaOH)/(mol·L^{-1})			
相对平均偏差/%			

根据下式计算 NaOH 溶液的浓度：

$$c(\mathrm{NaOH})=\frac{m(\mathrm{KHC_8H_4O_4})}{M(\mathrm{KHC_8H_4O_4})V(\mathrm{NaOH})\times 10^{-3}}$$

【思考题】

1. NaOH 标准溶液能否采用直接法配制，为什么？
2. 为什么要用新煮沸的冷蒸馏水配制 NaOH 标准溶液？
3. 用邻苯二甲酸氢钾标定 NaOH 溶液时，为什么选用酚酞而不是甲基橙作指示剂？
4. 称取基准物质邻苯二甲酸氢钾的质量范围是多少？为什么？

实验五　食醋总酸度的测定

【实验目的】

1. 学习食醋总酸度测定的原理和方法。
2. 熟悉强碱滴定弱酸的反应原理及指示剂的选择。
3. 进一步掌握容量瓶、移液管的使用方法。

【实验原理】

食醋的主要成分是醋酸，此外还含有少量其他弱酸如乳酸等。用 NaOH 标准溶液滴定，醋酸和其他弱酸($K_a>10^{-7}$)一起中和，因此测出的是总酸度，计算结果以含量最多的醋酸表示。其反应为：

$$\mathrm{NaOH+HAc=NaAc+H_2O}$$

化学计量点 pH 约等于 8.7，通常选酚酞作指示剂。

食醋含醋酸 3%～6%，浓度较大颜色较深，应稀释后再滴定。如食醋颜色过深，可用中性活性炭脱色后再滴定。稀释食醋的蒸馏水应经过煮沸，以消除 CO_2 的影响。

【仪器和试剂】

1. 仪器

碱式滴定管，100 mL 容量瓶，20 mL 移液管，250 mL 锥形瓶，500 mL 小口试剂瓶，烧杯等。

2. 试剂

NaOH 标准溶液，0.2%酚酞乙醇溶液，食醋试样。

【实验内容】

1. 食醋试液的制备

食醋中含有醋酸 3%～6%，浓度较大，需要稀释。准确吸取食醋试液 20.00 mL 于 100 mL 容量瓶中，以新煮沸的冷却蒸馏水稀释至刻度，摇匀。如果食醋的颜色较深，必须加活性炭脱色，否则影响终点的观察。

2. 食醋总酸度的测定

用移液管吸取 20.00 mL 稀释后的试液于 250 mL 锥形瓶中，加 1～2 滴酚酞指示剂，用 NaOH 标准溶液滴定至溶液刚出现浅红色，半分钟不褪色为终点。记录消耗 NaOH 溶液的体积。平行测定 3 次。

【数据记录和结果处理】

项目＼序号	Ⅰ	Ⅱ	Ⅲ
V(HAc)/mL			
NaOH 终读数/mL			
NaOH 初读数/mL			
V(NaOH)/mL			
ρ(HAc)/(g·L^{-1})			
$\bar{\rho}$(HAc)/(g·L^{-1})			
相对平均偏差/%			

根据下式计算的食醋的总酸度：

$$\rho(\mathrm{HAc})=\frac{c(\mathrm{NaOH})V(\mathrm{NaOH})M(\mathrm{HAc})}{V(\text{食醋})\times\dfrac{20.00}{100.00}}\quad(\mathrm{g\cdot L^{-1}})$$

【思考题】

1. 酸度和酸浓度一样吗？测定结果为什么不是醋酸含量，而是食醋的总酸度？

2. 用 NaOH 标准溶液测定食醋的总酸度时，选用酚酞作指示剂的依据是什么？能否采用甲基橙或甲基红？

3. 稀释食醋的蒸馏水中含有 CO_2 对测定结果有何影响？标定好的 NaOH 里吸收了 CO_2，对测定结果有何影响？

实验六　混合碱的组成及其含量的测定(双指示剂法)

【实验目的】

1. 学会用双指示剂法测定混合碱的原理和方法。

2. 掌握双指示剂法终点的观察。

【实验原理】

工业混合碱通常是 Na_2CO_3 与 NaOH 或 $NaHCO_3$ 与 Na_2CO_3 的混合物。欲测定某工业混合碱中各组分含量，可采用双指示剂法进行测定。双指示剂法就是利用两种指示剂在不同的化学计量点时颜色的变化，得到两个终点，由两个终点时所消耗的酸标准溶液的体积，计算各种碱的含量及总碱度(常用 Na_2O%表示)。

用 HCl 标准溶液滴定混合碱溶液时，第一化学计量点发生下列反应：

$$NaOH + HCl = NaCl + H_2O$$

$$Na_2CO_3 + HCl = NaCl + NaHCO_3$$

等量点时 pH=8.31，加入酚酞指示剂(变色范围 8.0～10.0)，溶液由红色变为无色为第一终点，消耗 HCl 溶液的体积为 V_1。

然后加入甲基橙指示剂(变色范围 3.1～4.4)，继续用 HCl 标准溶液滴定，这时发生如下反应：

$$NaHCO_3 + HCl = NaCl + H_2CO_3$$

等量点时 pH=3.9，溶液由黄色变为橙色为第二终点，消耗 HCl 溶液的体积为 V_2。

若 $V_1 > V_2$，试样为 Na_2CO_3 和 NaOH 的混合物。滴定 Na_2CO_3 所消耗 HCl 标准溶液的体积应为 $2V_2$；而滴定 NaOH 时所消耗的 HCl 标准溶液的体积应为$(V_1 - V_2)$，根据 HCl 标准的浓度及体积计算混合碱中 Na_2CO_3 和 NaOH 的含量。

若 $V_1 < V_2$，试样为 Na_2CO_3 和 $NaHCO_3$ 的混合物。滴定 Na_2CO_3 所消耗 HCl 标准溶液的体积应为 $2V_1$；滴定 $NaHCO_3$ 时所消耗的 HCl 标准溶液的体积应为$(V_2 - V_1)$，根据 HCl 标准的浓度及体积计算混合碱中 Na_2CO_3 和 $NaHCO_3$ 的含量。

【仪器和试剂】

1. 仪器

分析天平，称量瓶，酸式滴定管，250 mL 锥形瓶，250 mL 容量瓶，25 mL 移液管，500 mL 小口试剂瓶。

2. 试剂

0.1 $mol \cdot L^{-1}$ HCl 标准溶液，0.2%酚酞乙醇溶液，0.2%甲基橙溶液，混合碱试样。

【实验内容】

1. 准确称取约 2 g 试样于 100 mL 烧杯中，加少量去离子水并加热使其溶解。待溶液冷却后，定量转移至 250 mL 容量瓶中定容，充分摇匀。

2. 移取 25.00 mL 上述溶液于锥形瓶中，加入 2 滴酚酞指示剂。用 HCl 标准溶液滴定到溶液红色刚好消失为终点。记录所消耗 HCl 标准溶液的体积 V_1。

3. 在上述滴定液中加 2 滴甲基橙指示剂，继续用 HCl 标准溶液滴定至黄色变为橙色。接近终点时应剧烈摇动溶液，以免形成 CO_2 过饱和溶液而使终点提前。记录消耗 HCl 溶液的体积 V_2。平行测定 3 次。判断混合碱的成分并计算混合碱样中各组分含量。

【数据记录和结果处理】

试样质量 m_s________ g；c(HCl)________ mol·L^{-1}

项目 次数	V(HCl)/mL		$\omega(Na_2CO_3)/\%$	$\omega(NaOH)/\%$	$\omega(NaHCO_3)/\%$
	V_1	V_2			
Ⅰ					
Ⅱ					
Ⅲ					
平均值					
相对平均偏差/%					

若混合碱由 NaOH 和 Na_2CO_3 组成，按下式计算其质量分数：

$$\omega(Na_2CO_3)=\frac{c(HCl)\cdot 2V_2M\left(\frac{1}{2}Na_2CO_3\right)\times 10^{-3}}{\frac{25}{250}\times m_s}\times 100\%$$

$$\omega(NaOH)=\frac{c(HCl)(V_1-V_2)M(NaOH)\times 10^{-3}}{\frac{25}{250}\times m_s}\times 100\%$$

若混合碱由 Na_2CO_3 和 $NaHCO_3$ 组成，按下式计算其质量分数：

$$\omega(Na_2CO_3)=\frac{c(HCl)\cdot 2V_1M\left(\frac{1}{2}Na_2CO_3\right)\times 10^{-3}}{\frac{25}{250}\times m_s}\times 100\%$$

$$\omega(NaHCO_3)=\frac{c(HCl)(V_2-V_1)M(NaHCO_3)\times 10^{-3}}{\frac{25}{250}\times m_s}\times 100\%$$

总碱度($Na_2O\%$)的计算：

$$\omega(\text{总碱度})=\frac{c(HCl)(V_1+V_2)M\left(\frac{1}{2}Na_2O\right)\times 10^{-3}}{\frac{25}{250}\times m_s}\times 100\%$$

【注意事项】

1. 第一个滴定终点酚酞由红色变无色，溶液滴过，所以要仔细观察，慢慢滴定。

2. 第二个滴定终点要注意 CO_2 的影响。

【思考题】

1. 欲测定混合碱中总碱度，应选用何种指示剂？

2. 测定混合碱接近第一化学计量点时，若滴定速度太快，摇动锥形瓶不够，致使滴定液 HCl 局部过浓，会对测定造成什么影响？为什么？

3. $NaHCO_3$ 水溶液的 pH 与其浓度有无关系？

4. 本实验滴定到第二个终点时应注意什么问题？

实验七　高锰酸钾吸收曲线的测定

【实验目的】

1. 了解可见分光光度法的原理。

2. 了解分光光度计的结构。

3. 学会分光光度计的使用方法。

4. 学习吸收曲线的绘制方法并确定最大吸收波长。

【实验原理】

吸光光度法：利用物质对光的选择性吸收而建立起来的分析方法，分为比色分析法和分光光度法。比色分析法：利用溶液颜色的深浅来测定溶液中有色物质浓度的方法。分光光度法：应用分光光度计进行比色分析的方法。

可见光波长范围为 400～760 nm，是由红、橙、黄、绿、青、蓝、紫等不同波长的光按照一定的比例混合得到的。每种颜色的光都具有一定的波长范围。具有同一波长的光称为单色光。不同波长组成的光称为复合光。两种颜色的光若按适当比例混合，可以形成白光，这两种光称为互补色光。

实验证明：溶液呈现的颜色是由于溶液中的有色物质吸收了某一波长的光所造成的。可见物质呈现的颜色是物质对不同波长的光选择性吸收的结果，即溶液呈现吸收光的互补色。

吸收曲线：将不同波长的光依次透过某浓度一定的溶液，测量不同波长下溶液对光的吸光度，用 A-λ 作图，该曲线称为吸收曲线或吸收光谱。

【仪器及试剂】

1. 仪器

722 型分光光度计，10 mL 吸量管，50 mL 容量瓶，坐标纸等。

2. 试剂

0.250 0 $g \cdot L^{-1}$ $KMnO_4$ 溶液。

【实验内容】

1. 仪器调试

(1)打开仪器开关，预热 20 min。

(2)打开暗盒，将黑体放在第一档，盖上盒盖，此时 $T=0$。

2. 测试

(1)配制标准溶液　分别取 0.250 0 $g \cdot L^{-1}$ $KMnO_4$ 溶液 2.00 mL，6.00 mL，10.00 mL 于 50 mL 容量瓶中，加蒸馏水稀释至刻度，摇匀。

(2)测定吸光度 A　在分光光度计上用 1 cm 比色皿。以蒸馏水为参比溶液，在 470～580 nm 波长范围内每隔 10 nm 测定一次吸光度，在最大吸收波长附近，每隔 5 nm 测定一次吸光度。

①取 1 cm 比色皿加入蒸馏水，另一支加入 $KMnO_4$ 溶液。

②调零：在一定波长下，使黑体置于光路中，按零键，使 $T=0$。

③调百：使参比溶液蒸馏水置于光路中，按 100%键，使 $T=100\%$。

④测吸光度：将仪器切换到吸光度位置，参比溶液蒸馏水的吸光度为零，$KMnO_4$ 溶液置于光路中读出吸光度 A，每改变一次波长，调零—调百—测吸光度 A。填入下表。

分光光度计型号：______型　　比色皿厚度：______ cm　　年　月　日

波长 λ/nm		470	490	500	510	520	525	530	550	580	640	720
A	c_1/0.010 0 (g·L^{-1})											
	c_2/0.030 0 (g·L^{-1})											
	c_3/0.050 0 (g·L^{-1})											

(3)绘制吸收曲线

①以波长 λ 为横坐标，吸光度 A 为纵坐标绘制吸收曲线。

②根据吸收曲线，读出吸光度 A 最大处对应的波长 λ_{max}。

测试完毕后，关上仪器，拔下电源；用蒸馏水冲洗比色皿（不能用刷子刷洗），干燥后收藏于专用盒中。

【思考题】

1. 为什么用黑盒调零点？与光是否有关？
2. 比色皿光学面擦不干净对 T 值有何影响？
3. 暗盒盖不严对 A 有何影响？

实验八　生理盐水中氯化钠含量的测定

【实验目的】

1. 学习 $AgNO_3$ 标准溶液的配制方法。
2. 掌握莫尔法测定氯离子的原理及测定条件。
3. 掌握沉淀滴定法滴定终点的判断方法。

【实验原理】

某些可溶性氯化物中氯含量的测定，常用莫尔法。此法是中性或弱碱性溶液中，以 K_2CrO_4 作指示剂，$AgNO_3$ 为标准溶液滴定 Cl^- 或 Br^-。因为溶液中$[Cl^-] >> [CrO_4^{2-}]$，而且 AgCl 的溶解度小于 Ag_2CrO_4 的溶解度，在滴定过程中首先析出 AgCl 沉淀，终点时生成砖红色 Ag_2CrO_4 沉淀（氯化银白色沉淀中混有很少量砖红色铬酸银沉淀，使溶液呈现暗橙色）。其反应如下：

终点前：　$Ag^+ + Cl^- \rightleftharpoons AgCl\downarrow$（白色）　$K_{sp,AgCl} = 1.8\times10^{-10}$

$$s = 1.34\times10^{-5}\ mol\cdot L^{-1}$$

终点时：　$2Ag^+ + CrO_4^{2-} \rightleftharpoons Ag_2CrO_4\downarrow$（砖红色）　$K_{sp,Ag_2CrO_4} = 1.1\times10^{-12}$

$$s = 6.6\times10^{-5}\ mol\cdot L^{-1}$$

【仪器和试剂】

1. 仪器

分析天平，250 mL 锥形瓶，1 mL 吸量管，100 mL 棕色容量瓶，25 mL 移液管，50 mL 棕色酸式滴定管。

2. 试剂

$AgNO_3$(基准试剂 AR，s)，5% K_2CrO_4，生理盐水(已稀释 4 倍)。

【实验内容】

1. 100 mL 0.05 mol·L^{-1} $AgNO_3$ 标准溶液的配制

(1)计算称取 $AgNO_3$ 的质量范围：

$$m(AgNO_3)=c(AgNO_3)VM(AgNO_3)$$

(2)称量：用电子天平准确称取 $AgNO_3$(准至 0.000 1 g)。

(3)配制：用不含 Cl^- 的蒸馏水溶解后转移到 100.0 mL 容量瓶中定容，摇匀。

(4)计算 $AgNO_3$ 的准确浓度：

$$c(AgNO_3)=\frac{m(AgNO_3)}{M(AgNO_3)V} \quad (\text{mol}\cdot\text{L}^{-1})$$

2. 测定生理盐水中 NaCl 的含量

用移液管准确移取已稀释的生理盐水 25.00 mL 置于锥形瓶中，加入 1.00 mL 5% K_2CrO_4 指示剂，用 $AgNO_3$ 标准溶液滴定至白色沉淀中变成橙色即为终点(边摇边滴)，消耗 $AgNO_3$ 体积为 $V(AgNO_3)$，平行测定 3 次；同时做空白实验，消耗 $AgNO_3$ 体积为 $V_{空白}$。计算生理盐水中 NaCl 的质量浓度 ρ_{NaCl}。

【数据记录和结果处理】

$c(AgNO_3)$=__________ mol·L^{-1}；生理盐水稀释______倍；指示剂______终点颜色变化______

次数 项目	Ⅰ	Ⅱ	Ⅲ
$V_{试样}$/mL			
$AgNO_3$ 终读数/mL			
$AgNO_3$ 初读数/mL			
$V(AgNO_3)$/mL			
$\rho(NaCl)/(g\cdot L^{-1})$			
$\bar{\rho}(NaCl)/(g\cdot L^{-1})$			
相对平均偏差/%			

生理盐水中 NaCl 的含量的计算公式：

$$\rho(NaCl)=\frac{c(AgNO_3)(V(AgNO_3)-V(空白))M(NaCl)}{25.00}\times 4 \quad (\text{g}\cdot\text{L}^{-1})$$

【思考题】

1. K_2CrO_4 指示剂用量大小对 Cl^- 的测定有何影响？

2. 滴定液的酸度应控制在什么范围？为什么？

3. 滴定过程中为什么要剧烈摇动？

实验九　水中钙、镁含量的测定

【实验目标】

1. 了解水的硬度测定方法和常用的硬度表示方法。

2. 掌握 EDTA 标准溶液的配制和标定方法。

3. 掌握 EDTA 法测定水硬度的原理。

4. 掌握铬黑 T 和钙指示剂的使用条件和终点变化。

【实验原理】

水的总硬度指水中 Ca^{2+}、Mg^{2+} 的含量，工农业用水、饮用水对硬度都有一定要求，国家标准规定饮用水硬度以 $CaCO_3$ 计不能超过 450 $mg \cdot L^{-1}$。

测定水中 Ca^{2+}、Mg^{2+} 总量时，用氨性缓冲溶液控制水样在 pH＝10，以铬黑 T 为指示剂，然后用 EDTA 滴定至溶液由酒红色变为纯蓝色，即为滴定终点。根据 EDTA 标准溶液的浓度和用量，可计算出水中 Ca^{2+}、Mg^{2+} 的总量。

在 pH＝12 的溶液中，将 Mg^{2+} 沉淀为 $Mg(OH)_2$ 后，以钙红为指示剂，用 EDTA 滴定至溶液由酒红色变为纯蓝色，即为滴定终点。根据 EDTA 标准溶液的浓度和用量，可计算出水中 Ca^{2+} 含量。

如水中含有 Fe^{3+}、Al^{3+} 等微量元素，为避免其对指示剂产生封闭作用，可用三乙醇胺掩蔽。

【仪器和试剂】

1. 仪器

250 mL 和 500 mL 烧杯，250 mL 容量瓶，10 mL 量筒，250 mL 锥形瓶，25 mL 和 50 mL 移液管，50 mL 酸式滴定管。

2. 试剂

乙二胺四乙酸二钠（$Na_2H_2Y \cdot 2H_2O$）（AR，s），ZnO，（1∶1）HCl，（1∶1）氨水，NH_3-NH_4Cl 缓冲溶液（pH＝10），10％ NaOH 溶液，铬黑 T 指示剂（铬黑 T∶NaCl＝1∶100，研细），钙红指示剂（钙红∶NaCl＝1∶100，研细）。

【实验步骤】

1. EDTA 溶液的配制和标定

（1）0.01 $mol \cdot L^{-1}$ EDTA 溶液的配制　称取 1.9 g $Na_2H_2Y \cdot 2H_2O$ 置于烧杯中，加 200 mL 蒸馏水，微热并搅拌使其完全溶解，冷却后转入细口瓶中，稀释至 500 mL 摇匀。长期放置时，应贮存于聚乙烯瓶中。

（2）EDTA 溶液浓度的标定　准确称取基准 ZnO 0.2 g 左右置于烧杯中，加少量水润湿，滴加（1∶1）盐酸至 ZnO 溶解，再定量移入 250 mL 容量瓶中定容。

用移液管准确移取 25.00 mL Zn^{2+} 标准溶液于 250 mL 锥形瓶中，滴加（1∶1）氨水至溶液出现混浊[$Zn(OH)_2$ 沉淀]，加入 10 mL NH_3- NH_4Cl 缓冲溶液，加少量铬黑 T 指示剂，用

EDTA溶液滴定至溶液由酒红色变为纯蓝色即为终点。平行测定3次，计算EDTA溶液的准确浓度。

2. 水的总硬度测定

用移液管吸取自来水样50.00 mL于锥形瓶中，加5 mL NH_3-NH_4Cl缓冲溶液，再加少量铬黑T至溶液呈酒红色，立即用EDTA标准溶液滴定。近终点时要慢滴多摇，溶液由酒红色变为纯蓝色为终点。平行测定3次，所用EDTA标准溶液体积相差不得超过0.04 mL。

3. Ca^{2+}含量测定

用移液管吸取自来水样50.00 mL于锥形瓶中，加入5 mL 10%NaOH溶液和适量(约0.01 g)钙红指示剂，用EDTA标准溶液滴定，注意慢滴并用力摇动，溶液由酒红色变至纯蓝色为终点。平行测定3次。所用EDTA标准溶液体积相差不得超过0.04 mL。

【注意事项】

1. 指示剂加入量要合适，加多颜色深变色不敏锐；加少颜色太浅不好观察。

2. 滴定终点溶液颜色不是突变，而是酒红色—紫色—蓝紫色—纯蓝的渐变过程，而且，过量后仍是纯蓝。所以临近终点时一定要慢滴，仔细观察，最好有个对照。

【数据记录和结果处理】

1. EDTA标准溶液的标定

项目＼序号	Ⅰ	Ⅱ	Ⅲ
$m(ZnO)/g$			
$c(ZnO)/(mol\cdot L^{-1})$			
$V(EDTA)/(mL)$			
$c(EDTA)/(mol\cdot L^{-1})$			
$\bar{c}(EDTA)/(mol\cdot L^{-1})$			
相对平均偏差/%			

$$c(EDTA)=\frac{m(ZnO)\times\dfrac{25.00}{250.00}}{V(EDTA)M(ZnO)}$$

2. 水的硬度的测定

$c(EDTA)/(mol\cdot L^{-1})$________指示剂1________终点颜色变化________指示剂2________终点颜色变化________

项目＼序号	Ⅰ	Ⅱ	Ⅲ	平均
水样 V/mL				
EDTA终读数/mL				
EDTA初读数/mL				
V_1/mL				
EDTA终读数/mL				
EDTA初读数/mL				

续表

项目＼序号	Ⅰ	Ⅱ	Ⅲ	平均
V_2/mL				
Ca^{2+}/(mg·L^{-1})				
Mg^{2+}/(mg·L^{-1})				
总硬度/(mg·L^{-1})				
总硬度相对均差/%				

$$水的总硬度(mg\cdot L^{-1})=\frac{c(EDTA)V_1M(CaCO_3)}{V(水样)\times 10^{-3}}$$

$$Ca^{2+}含量(mg\cdot L^{-1})=\frac{c(EDTA)V_2M(Ca^{2+})}{V(水样)\times 10^{-3}}$$

$$Mg^{2+}含量(mg\cdot L^{-1})=\frac{c(EDTA)(V_1-V_2)M(Mg^{2+})}{V(水样)\times 10^{-3}}$$

【思考题】

1. 为什么测定水的总硬度时加入 NH_3- NH_4Cl 缓冲溶液，测定水中钙含量时加入 NaOH 溶液？操作中应注意些什么？
2. 为什么实验中选用 EDTA 二钠盐作为滴定剂而不是 EDTA 酸？
3. 为什么采用固体指示剂？
4. 在配位滴定中指示剂应该具备哪些条件？
5. 用 EDTA 法，哪些离子的存在有干扰？如何消除？

实验十　邻二氮菲分光光度法测定铁

【实验目的】

1. 学会应用光吸收曲线求得最大吸收波长 λ_{max}。
2. 学习分光光度法测定微量铁的原理和方法。
3. 了解分光光度计的构造和使用方法。

【实验原理】

在 pH=2～9 的溶液中能生成稳定的橙红色配合物。反应如下：

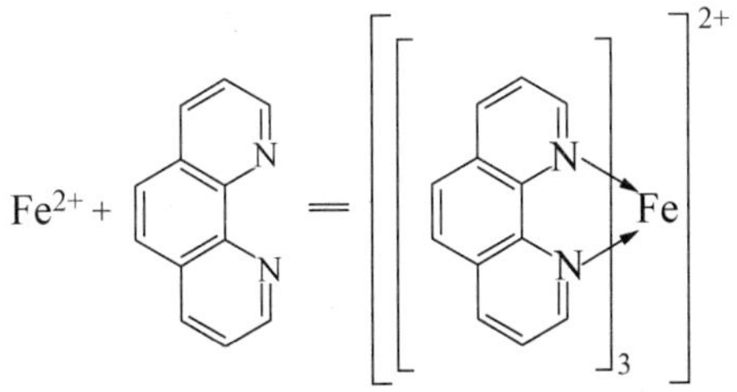

此配合物的 $\lg K=21.3$，摩尔吸光系数 $\varepsilon=1.1\times10^4$，最大吸收波长 $\lambda_{max}=510$ nm。

Fe^{3+} 应预先用还原剂盐酸羟胺($NH_2OH\cdot HCl$)还原为 Fe^{2+}，测定时注意控制溶液酸度，如酸度过高(pH<2)，显色缓慢而色浅；酸度太低，则 Fe^{2+} 水解，影响显色。

本法的选择性很高，相当于含铁量 40 倍的 Sn^{2+}、Al^{3+}、Ca^{2+}、Mg^{2+}、Zn^{2+}、SiO_3^{2-}，20 倍的 Cr^{3+}、Mn^{2+}、PO_4^{3-}，5 倍的 Co^{2+}、Cu^{2+} 等均不干扰测定。

【仪器和试剂】

1. 仪器

分光光度计，50 mL 容量瓶，1 mL、2 mL 和 5 mL 吸量管，烧杯。

2. 试剂

(1)铁标准溶液($\rho_{铁}=100\ \mu g\cdot mL^{-1}$)：准确称取 0.863 4 g $NH_4Fe(SO_4)_2\cdot 12H_2O$ 置于烧杯中，加入 20 mL 6 $mol\cdot L^{-1}$ HCl 溶液和少量蒸馏水，溶解后定量地转移至 1 L 容量瓶中，以蒸馏水稀释至刻度，摇匀。准确稀释 10 倍，备用。

(2)0.15%邻二氮菲水溶液。

(3)10%盐酸羟胺水溶液。

(4)1 $mol\cdot L^{-1}$ NaAc 溶液。

【实验内容】

1. 配制标准系列

用吸量管分别吸取 0.00 mL、2.00 mL、4.00 mL、6.00 mL、8.00 mL、10.00 mL 浓度为 10 $\mu g\cdot mL^{-1}$ 铁标准溶液于 6 只 50 mL 容量瓶中，再分别加入 10%盐酸羟胺溶液 1 mL，0.15%邻二氮菲溶液 2 mL，1 $mol\cdot L^{-1}$ NaAc 溶液 5 mL，用蒸馏水稀释至刻度，摇匀。

2. 绘制邻二氮菲—Fe^{2+} 吸收曲线

用 1 cm 比色皿，以试剂空白为参比溶液，在 440～560 nm 波长范围内测定吸光度，每隔 10 nm 测定一次吸光度，在最大吸收波长附近，每隔 5 nm 测定一次数据。

以波长 λ 为横坐标，吸光度 A 为纵坐标，绘制吸收曲线。由吸收曲线选择测铁的适宜波长(一般选用最大吸收波长 λ_{max})。

3. 绘制邻二氮菲-Fe^{2+} 工作曲线

在所选定的波长下，用 1 cm 比色皿，以空白试剂为参比溶液，浓度由小到大分别测定标准系列各溶液的吸光度 A。

以 50 mL 溶液中的含铁量为横坐标，相应的吸光度为纵坐标，绘出邻二菲氮—Fe^{2+} 的工作曲线。

4. 铁含量的测定

准确移取 1.00 mL 未知试液于 50 mL 容量瓶中，依次加入 10%盐酸羟胺溶液 1 mL，0.15%邻二氮菲溶液 2 mL 和 1 $mol\cdot L^{-1}$ NaAc 溶液 5 mL，以蒸馏水稀释至刻度，摇匀。在所选定的波长下测定其吸光度。根据工作曲线找出相应的浓度，计算未知液中铁含量(以 $g\cdot L^{-1}$ 表示)。

【数据记录和结果处理】

分光光度计型号：_________　　比色皿厚度：_________

项目	标准溶液					
$V(Fe^{2+})/mL$						
$\rho(Fe^{2+})/(\mu g \cdot 50\ mL^{-1})$						
A						
$V_{样}(Fe^{2+})/mL$						
A						
$\rho_{样}(Fe^{2+})/(\mu g \cdot 50\ mL^{-1})$						

【思考题】

1. 为什么绘制标准曲线和测定试样应在相同条件下进行？这里主要指哪些条件？
2. 一般读取吸光度值什么范围为好？为什么？如何控制被测溶液的吸光度值在此范围内？
3. 在本实验的各项操作中，哪些试剂的加入量要求准确，哪些则可不必，为什么？
4. 显色时，加入还原剂、缓冲溶液、显色剂的顺序可否颠倒？为什么？

实验十一　磺基水杨酸铁(Ⅲ)配合物的组成及稳定常数的测定

【实验目的】

1. 了解光度法测定配合物组成及其稳定常数的原理和方法。
2. 测定 pH＝2 时，磺基水杨酸铁(Ⅲ)的组成及其稳定常数。
3. 进一步学习分光光度计的使用及有关实验数据的处理方法。

【实验原理】

磺基水杨酸(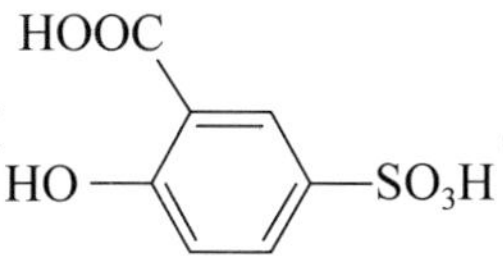

，简式为 H_3R)的一级电离常数 $K_1^{\ominus}=3\times10^{-3}$ 与 Fe^{3+} 可以形成稳定的配合物，因溶液的 pH 不同，形成配合物的组成也不同。

磺基水杨酸溶液是无色的，Fe^{3+} 的浓度很稀时也可以认为是无色的，它们在 pH 为 2～3 时，生成紫红色的螯合物(有一个配位体)，反应可表示如下：

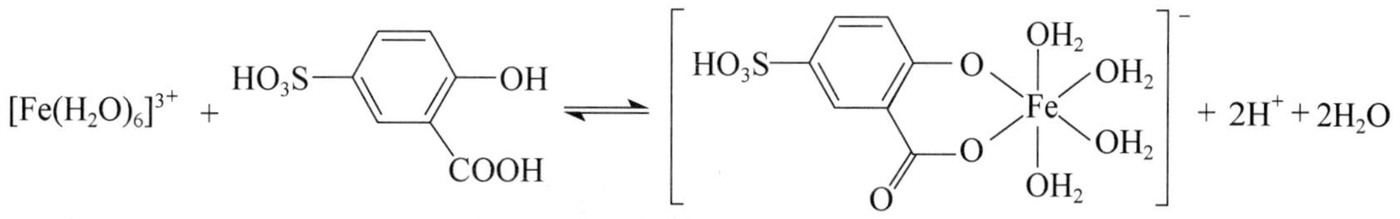

pH 为 4～9 时，生成红色螯合物(有 2 个配位体)；pH 为 9～11.5 时，生成黄色螯合物(有 3 个配位体)；pH＞12 时，有色螯合物被破坏而生成 $Fe(OH)_3$ 沉淀。

测定配合物的组成常用光度计，其前提条件是溶液中的中心离子和配位体都为无色，只有它们所形成的配合物有色。本实验在 pH 为 2～3 的条件下，用光度法测定上述配合物的组成和稳定常数，如前所述，测定的前提条件基本满足；实验中用高氯酸（$HClO_4$）来控制溶液的 pH 和作空白溶液（其优点主要是 ClO_4^- 不易与金属离子配合）。由朗伯—比耳定律可知，所测溶液的吸光度在液层厚度一定时，只与配离子的浓度成正比。通过对溶液吸光度的测定，可以求出该配离子的组成。

下面介绍一种常用的测定方法：

等摩尔系列法：即用一定波长的单色光，测定一系列变化组分的溶液的吸光度（中心离子 M 和配体 R 的总摩尔数保持不变，而 M 和 R 的摩尔分数连续变化）。显然，在这一系列的溶液中，有一些溶液中金属离子是过量的，而另一些溶液中配体是过量的；在这两部分溶液中，配离子的浓度都不可能达到最大值；只有当溶液离子与配体的摩尔数之比与配离子的组成一致时，配离子的浓度才能最大。由于中心离子和配体基本无色，只有配离子有色，所以配离子的浓度越大，溶液颜色越深，其吸光度也就越大，若以吸光度 A 对配体 R 的摩尔分数作图，则从图上最大吸收峰处可以求得配合物的组成 n 值，如下图所示。

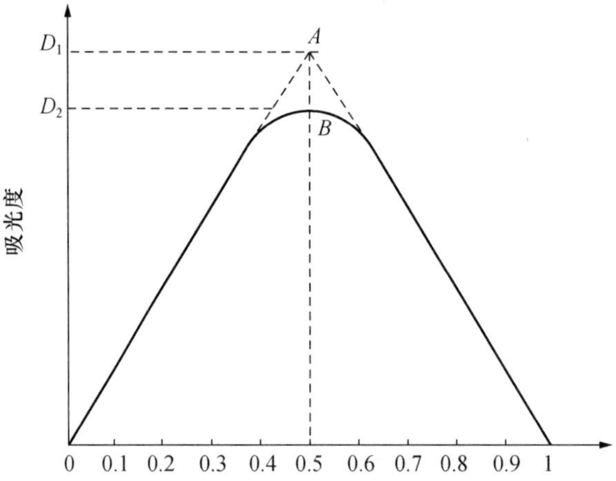

中心离子摩尔分数→$\frac{c_M}{c_M+c_E}$

等摩尔系列法：

$$配体摩尔分数=\frac{配体摩尔数}{总摩尔数}=0.5$$

$$中心离子摩尔分数=\frac{中心离子摩尔数}{总摩尔数}=0.5$$

$$n=\frac{配体摩尔数}{中心离子摩尔数}=1$$

由此可知该配合物的组成（MR）。

最大吸光度 A 点可被认为 M 和 R 全部形成配合物时的吸光度，其值为 D_1。由于配离子有一部分离解，所以实验测得的最大吸光度在 B 点，其值为 D_2，因此配离子的离解度 α 可表示为：

$$\alpha=(D_1-D_2)/D_1$$

再根据 1∶1 组成配合物的关系式即可导出稳定常数 $K^{\ominus}_{稳}$。

$$\begin{array}{lccc} & M & + \quad R & \rightleftharpoons MR \\ \text{平衡浓度} & c\alpha & c\alpha & c-c\alpha \end{array}$$

$$K^{\ominus}_{稳}=\frac{c(MR)}{c(M)c(R)}=\frac{1-\alpha}{c\alpha^2}$$

式中:c 为对应于 A 点金属离子 M 的浓度(即生成的配离子 MR 的起始浓度)。

【试剂和仪器】

1. 仪器

分光光度计,容量瓶(50 mL,11 只;100 mL,2 只;500 mL,1 只),吸量管(5 mL,3 支),洗耳球,玻璃棒,烧杯。

2. 试剂

$HClO_4$,磺基水杨酸(AR),$(NH_4)Fe(SO_4)_2 \cdot 12H_2O$(AR)。

【实验内容】

1. 溶液配制

(1)0.1 mol·L^{-1} $HClO_4$ 溶液　将 4.4 mL 70% $HClO_4$ 溶液加入 50 mL 水中,稀释到 500 mL。

(2)0.010 00 mol·L^{-1} 磺基水杨酸溶液　称取 0.254 0 g 磺基水杨酸,用 0.1 mol·L^{-1} $HClO_4$ 溶液溶解后,全部转移到 100 mL 容量瓶中,并用 0.1 mol·L^{-1} $HClO_4$ 溶液稀释至刻度。

(3)0.010 00 mol·L^{-1} Fe^{3+} 溶液　称取 0.482 0 g $(NH_4)Fe(SO_4)_2 \cdot 12H_2O$,以 0.1 mol·L^{-1} $HClO_4$ 溶液溶解后,全部转移到 100 mL 容量瓶中,并用 0.1 mol·L^{-1} $HClO_4$ 溶液稀释至刻度。

2. 配制系列溶液

将 11 个 50 mL 容量瓶洗净编号。

用 3 支 5 mL 吸量管按表 1 列出的体积,分别吸取 0.1 mol·L^{-1} $HClO_4$,0.010 00 mol·L^{-1} Fe^{3+} 溶液和 0.010 00 mol·L^{-1} 磺基水杨酸溶液,分别注入 1# ~11# 容量瓶中,蒸馏水稀释至刻度,摇匀备用。

3. 测定系列溶液的吸光度

用分光光度计,以波长为 500 nm 的光源,1 cm 的比色皿,$HClO_4$ 溶液作空白溶液测定 1# ~11# 号系列溶液的吸光度。将测得的数据填入表 6-3 中。

表 6-3　数据记录和处理

编号	$HClO_4$ 溶液体积/mL	磺基水杨酸(H_3R)体积/mL	Fe^{3+} 溶液体积/mL	$\frac{c(M)}{c(M)+c(R)}$	吸光度 A
1	5.00	5.00	0.00		
2	5.00	4.50	0.50		
3	5.00	4.00	1.00		
4	5.00	3.50	1.50		
5	5.00	3.00	2.00		

续表 6-3

编号	$HClO_4$ 溶液体积/mL	磺基水杨酸(H_3R)体积/mL	Fe^{3+} 溶液体积/mL	$\frac{c(M)}{c(M)+c(R)}$	吸光度 A
6	5.00	2.50	2.50		
7	5.00	2.00	3.00		
8	5.00	1.50	3.50		
9	5.00	1.00	4.00		
10	5.00	0.50	4.50		
11	5.00	0.00	5.00		

(1) 用等摩尔变化法确定配合物组成　根据表中的数据，作吸光度 A 对摩尔比 $\frac{c(M)}{c(M)+c(R)}$ 的关系图。将两侧的直线部分延长，交于一点，由交点确定配位数 n。

(2)求得磺基水杨酸合铁(Ⅲ)配合物的组成及其稳定常数。从图中找出 D_1 和 D_2，计算 α 和 $K_{稳}$(此时计算出来的为表观稳定常数)。

$$\alpha = \frac{(D_1 - D_2)}{D_1}$$

$$K_{稳}^{\ominus\prime} = \frac{1-\alpha}{c\alpha^2}$$ （此时测得的稳定常数即为表观稳定常数）

式中：c 为配合物 MR 的初始浓度。

【思考题】

1. 实验中，每个溶液的 pH 是否一样？如不一样对结果有何影响？
2. 用等摩尔系列法测定配合物组成时，为什么说溶液中金属离子的摩尔数与配位体的摩尔数之比正好与配离子组成相同时，配离子的浓度为最大？
3. 在测定吸光度时，如果温度变化较大，对测得的稳定常数有何影响？
4. 本实验为什么用 $HClO_4$ 溶液作空白溶液？为什么选用 500 nm 波长的光源来测定溶液的吸光度？
5. 使用分光光度计要注意哪些操作？

实验十二　葡萄糖含量的测定(碘量法)

【实验目的】

1. 掌握间接碘量法测定葡萄糖含量的原理和操作方法。
2. 了解间接碘量法的实际应用。

【实验原理】

碘与 NaOH 作用可生成次碘酸钠(NaIO)，葡萄糖($C_6H_{12}O_6$)能定量的被次碘酸钠氧化为葡萄糖酸($C_6H_{12}O_7$)。在酸性条件下,未反应的 NaIO 转变为 I_2 析出,然后以淀粉为指示剂用 $Na_2S_2O_3$ 标准溶液滴定析出的 I_2,即可计算出葡萄糖的含量。有关反应式如下:

(1)I_2 与 2NaOH 作用: $I_2 + 2NaOH = NaIO + NaI + H_2O$

(2)葡萄糖和 NaIO 定量反应: $C_6H_{12}O_6 + NaIO = C_6H_{12}O_7 + NaI$

(3)剩余的 NaIO 在碱性条件下发生歧化反应: $3NaIO = NaIO_3 + 2NaI$

(4)溶液酸化后析出 I_2: $NaIO_3 + 5NaI + 3H_2SO_4 = 3I_2 + 3Na_2SO_4 + 3H_2O$

(5)析出的 I_2 用 $Na_2S_2O_3$ 标准溶液滴定: $I_2 + 2S_2O_3^{2-} = 2I^- + S_4O_6^{2-}$

由以上反应式可以看出

$$n(C_6H_{12}O_6) = n(I_2) - \frac{1}{2}n(Na_2S_2O_3)$$

由 I_2 及 $Na_2S_2O_3$ 的用量便可求出葡萄糖的含量。

【仪器和试剂】

1. 仪器

50 mL 碱式滴定管,250 mL 碘量瓶,25 mL 移液管,10 mL 量筒等。

2. 试剂

I_2 及标准溶液,$Na_2S_2O_3$ 标准溶液,2 mol·L^{-1}NaOH,6 mol·L^{-1}HCl,0.5%淀粉溶液,5%葡萄糖注射液(稀释 100 倍)。

【实验内容】

用移液管吸取 25.00 mL 待测葡萄糖溶液于碘量瓶中,准确加入 25.00 mL I_2 标准溶液,一边摇动,一边慢慢滴加 2 mol·L^{-1} NaOH 溶液(加碱的速度不能过快,否则生成的 NaIO 来不及氧化葡萄糖),直到溶液呈浅黄色,加塞并置于暗处放 10～15 min,然后加入 2 mL 6 mol·L^{-1}HCl 溶液使呈酸性,立即用 $Na_2S_2O_3$ 标准溶液滴定至浅黄色时,加 2 mL 0.5%淀粉指示剂,继续用 $Na_2S_2O_3$ 标准溶液滴定至蓝色恰好消失即为终点。记录所消耗 $Na_2S_2O_3$ 标准溶液的体积。平行测定 3 次。

【数据记录和结果处理】

项目 / 序号	$V(I_2)$/mL	V(样)/mL	$V(Na_2S_2O_3)$/mL	葡萄糖含量 /(g·L^{-1})	葡萄糖含量平均值 /(g·L^{-1})
Ⅰ	25.00	25.00			
Ⅱ	25.00	25.00			
Ⅲ	25.00	25.00			
相对平均偏差/%					

葡萄糖含量(g·L^{-1})的计算公式:

$$\rho(C_6H_{12}O_6) = \frac{\left[c(I_2)V(I_2) - \frac{1}{2}c(Na_2S_2O_3)V(Na_2S_2O_3)\right] \times M(C_6H_{12}O_6)}{V(\text{样})} \times 100\%$$

【思考题】

1. 实验过程中，加 NaOH 溶液一定要慢慢滴加，为什么？加快了对实验结果有何影响？
2. 本实验中加酸的意义何在？
3. 本实验误差来源有哪些？如何避免？
4. 为什么碘量法既可测定还原性物质的含量，又可测定氧化性物质的含量？

实验十三 $KMnO_4$ 法测定 H_2O_2 的含量

【实验目的】

1. 学习 $KMnO_4$ 标准溶液的配制与标定。
2. 掌握用高锰酸钾法测定 H_2O_2 含量的原理和方法。
3. 通过测定 H_2O_2 含量进一步了解 $KMnO_4$ 法的特点。

【实验原理】

H_2O_2 在工业、生物、医药等方面具有广泛的用途。它在酸性溶液中是一个强氧化剂，但遇 $KMnO_4$ 却为还原剂。

市售 $KMnO_4$ 常含有少量 MnO_2 和其他杂质，此外，$KMnO_4$ 氧化能力强，易和水中的微量还原性物质发生缓慢作用，且 $KMnO_4$ 溶液自身易分解，因此，$KMnO_4$ 标准溶液必须用间接法配制。然后再用基准物质进行标定。

标定 $KMnO_4$ 最常用的基准物质是草酸钠。在酸性溶液中，$KMnO_4$ 与 $Na_2C_2O_4$ 的反应式如下：

$$2MnO_4^- + 5C_2O_4^{2-} + 16H^+ = 2Mn^{2+} + 8H_2O + 10CO_2\uparrow$$

该反应进行得很慢，必须将溶液加热加快反应速度。但 $KMnO_4$ 溶液必须逐滴加入，以免 $KMnO_4$ 在热溶液中分解。根据微过量的 $KMnO_4$ 本身的紫红色而指示终点。

H_2O_2 是医药上的消毒剂，在强酸性溶液中很容易被 $KMnO_4$ 定量氧化，反应式如下：

$$2MnO_4^- + 5H_2O_2 + 6H^+ = 2Mn^{2+} + 5O_2\uparrow + 8H_2O$$

开始反应时速率较慢，但生成的 Mn^{2+}（也可在溶液中加入 $MnSO_4$）对反应有催化作用，随着反应的进行，反应速率逐渐加快。当滴定至溶液呈粉红色即为终点。

【仪器和试剂】

1. 仪器

500 mL 烧杯，台秤，玻璃棒，500 mL 棕色试剂瓶，G_4 玻璃漏斗，表面皿，250 mL 锥形瓶、洗瓶，分析天平，50 mL 酸式滴定管，称量瓶，50 mL 量筒，1 mL 吸量管，250 mL 容量瓶，25 mL 移液管。

2. 试剂

$KMnO_4$(AR,s)，$Na_2C_2O_4$(AR,s)，3 $mol \cdot L^{-1}$ H_2SO_4，H_2O_2 试液（质量分数约 30%），1 $mol \cdot L^{-1}$ $MnSO_4$。

【实验内容】

1. $KMnO_4$ 标准溶液的配制与标定

(1)$c\left(\frac{1}{5}KMnO_4\right)=0.1\ mol\cdot L^{-1}$ $KMnO_4$ 标准溶液的配制

称取 1.6 g $KMnO_4$ 于洁净 500 mL 烧杯中，加蒸馏水 500 mL，缓慢煮沸 15 min，冷却，贮存棕色瓶中，于暗处保存 2 周。用 G_4 号玻璃漏斗过滤备用。

(2)$c\left(\frac{1}{5}KMnO_4\right)=0.1\ mol\cdot L^{-1}$ $KMnO_4$ 标准溶液的标定

准确称取在 110℃烘干过的 $Na_2C_2O_4$ 0.15～0.20 g 于 250 mL 锥形瓶中加蒸馏水 50 mL 和 3 $mol\cdot L^{-1}$ H_2SO_4 20 mL，加热至 75～85℃(瓶口开始冒蒸气时的温度)，趁热用 $KMnO_4$ 溶液滴定。开始反应速率很慢，加入 1 滴 $KMnO_4$ 溶液，摇动锥形瓶，使 $KMnO_4$ 的颜色褪去后再继续滴定。由于生成的 Mn^{2+} 对滴定反应有催化作用，滴定速率逐渐加快，但滴定时仍然必须逐滴加入，直到溶液呈微红色且半分钟内不褪色为终点，终点时溶液的温度不应低于 60℃。记录所消耗 $KMnO_4$ 溶液的体积，平行测定 3 次。

2. H_2O_2 含量的测定

用吸量管准确移取 1.00 mL 30% H_2O_2 试液于 250 mL 容量瓶中，加水稀释至刻度，摇匀。吸取稀释液 25.00 mL 于锥形瓶中，加 3 $mol\cdot L^{-1}$ H_2SO_4 20 mL 及 1 $mol\cdot L^{-1}$ $MnSO_4$ 2～3 滴，然后用 $KMnO_4$ 标准溶液滴定(开始宜慢)，直到出现浅红色且 30 s 不消失即为终点。

平行测定 3 次，所用体积相差不得超过 0.04 mL。

【数据记录和结果处理】

1. $KMnO_4$ 标准溶液的标定

项目＼序号	Ⅰ	Ⅱ	Ⅲ
基准试剂 $Na_2C_2O_4$ 质量 m/g			
$KMnO_4$ 终读数/mL			
$KMnO_4$ 初读数/mL			
$V(KMnO_4)$/mL			
$c\left(\frac{1}{5}KMnO_4\right)/(mol\cdot L^{-1})$			
$\bar{c}\left(\frac{1}{5}KMnO_4\right)/(mol\cdot L^{-1})$			
相对平均偏差/%			

$KMnO_4$ 标准溶液的浓度可按下式计算：

$$c\left(\frac{1}{5}KMnO_4\right)=\frac{m(Na_2C_2O_4)}{M\left(\frac{1}{2}Na_2C_2O_4\right)V(KMnO_4)}$$

2. H_2O_2 含量的测定

项目 \ 序号	Ⅰ	Ⅱ	Ⅲ
$V(H_2O_2)/mL$			
$KMnO_4$ 终读数/mL			
$KMnO_4$ 初读数/mL			
$V(KMnO_4)/mL$			
$\rho(H_2O_2)/(g\cdot L^{-1})$			
$\bar{\rho}(H_2O_2)/(g\cdot L^{-1})$			
相对平均偏差/%			

H_2O_2 含量可按下式计算：

$$\rho(H_2O_2)=\frac{c\left(\frac{1}{5}KMnO_4\right)V(KMnO_4)M\left(\frac{1}{2}H_2O_2\right)}{1.00\times\frac{25.00}{250.00}}$$

【思考题】

1. 装过 $KMnO_4$ 溶液的容器，其壁上常有不易洗去的棕色物质，它是什么？怎样洗涤？

2. 用 $Na_2C_2O_4$ 作基准物质标定 $KMnO_4$ 溶液时，应用何种酸控制酸度？为什么？酸度过高或过低有无影响？为什么溶液温度控制在 75～85℃才能滴定？

3. $KMnO_4$ 标准溶液为什么不能用直接法配制？如何配制？怎样保存？

4. 用 $KMnO_4$ 法测定 H_2O_2 含量时，为什么要在 H_2SO_4 介质中进行？能否用 HCl 或 HNO_3 代替？

5. 约 30%H_2O_2 试液为什么要稀释后测定？

实验十四　碘和硫代硫酸钠溶液的配制与标定

【实验目的】

1. 掌握 I_2 和 $Na_2S_2O_3$ 标准溶液的配制方法。

2. 掌握标定 I_2 和 $Na_2S_2O_3$ 溶液浓度的原理和方法。

【实验原理】

市售的碘和硫代硫酸钠固体都含有杂质，且碘易挥发；硫代硫酸钠在空气中易潮解和风化，所以只能用间接法配制其标准溶液。

标定 $Na_2S_2O_3$ 溶液常用的基准物质是 $K_2Cr_2O_7$。在弱酸性条件下，$K_2Cr_2O_7$ 与过量的 KI 发生如下反应：

$$Cr_2O_7^{2-}+6I^-+14H^+=2Cr^{3+}+3I_2+7H_2O$$

然后以淀粉为指示剂，用 $Na_2S_2O_3$ 溶液滴定生成的 I_2：

$$I_2 + 2S_2O_3^{2-} = 2I^- + S_4O_6^{2-}$$

$$c(Na_2S_2O_3) = \frac{6m(K_2Cr_2O_7)}{M(K_2Cr_2O_7)V(Na_2S_2O_3)}$$

再用 $Na_2S_2O_3$ 标准溶液标定 I_2 溶液。

【仪器和试剂】

1. 仪器

托盘天平，50 mL 碱式滴定管，250 mL 锥形瓶，250 mL 碘量瓶，250 mL 烧杯，500 mL 棕色细口试剂瓶，25 mL 移液管，100 mL 量筒等。

2. 试剂

$K_2Cr_2O_7$(GR)，$Na_2S_2O_3 \cdot 5H_2O$(AR)，KI(s)，I_2(AR)，Na_2CO_3(s)，2 $mol \cdot L^{-1}$ HCl，0.5%淀粉溶液。

【实验内容】

1. I_2 和 $Na_2S_2O_3$ 标准溶液的配制

(1) $Na_2S_2O_3$ 标准溶液的配制　用台秤称取 6.2 g $Na_2S_2O_3 \cdot 5H_2O$ 置于 250 mL 烧杯中，加入适量刚煮沸并已冷却的蒸馏水使其溶解，再加入约 0.05 g Na_2CO_3 稀释至 250 mL，混合均匀，倒入棕色细口试剂瓶中，于暗处放置 1～2 周后标定。

(2) I_2 溶液的配制　用台秤称取 3.2 g 已研细的 I_2 转入 250 mL 烧杯中，加 6 g KI，加适量蒸馏水搅拌使 I_2 全部溶解，加蒸馏水稀释至 250 mL，混合均匀，贮存于棕色细口试剂瓶中，并置于暗处，待标定。

2. $Na_2S_2O_3$ 标准溶液浓度标定

精确称取约 0.10～0.13 g 基准物质 $K_2Cr_2O_7$ 于 250 mL 碘量瓶中，加入 10～15 mL 蒸馏水使溶解，然后加入 2 g KI、10 mL 2 $mol \cdot L^{-1}$ HCl 溶液，盖上瓶塞，充分摇动使溶解且混合均匀，然后置于暗处放置 5 min。取出，加 50 mL 蒸馏水稀释，立即用待标定的 $Na_2S_2O_3$ 溶液滴定，接近终点时(溶液为至浅黄绿色)，加入 2 mL 0.5%淀粉指示剂，继续滴定至溶液由蓝色变为亮绿色(Cr^{3+})即为终点。平行测定 3 次。

3. I_2 标准溶液浓度标定

用移液管吸取 25.00 mL I_2 溶液于锥形瓶中，加 50 mL 蒸馏水，立即用 $Na_2S_2O_3$ 标准溶液滴定至浅黄色时，加入 2 mL 0.5%淀粉指示剂，继续用 $Na_2S_2O_3$ 标准溶液滴定至蓝色消失即为终点。平行测定 3 次。

【数据记录和结果处理】

1. $Na_2S_2O_3$ 标准溶液浓度标定

项目 / 序号	$m(K_2Cr_2O_7)$/g	$V(Na_2S_2O_3)$/mL	$c(Na_2S_2O_3)$ /($mol \cdot L^{-1}$)	$\bar{c}(Na_2S_2O_3)$ /($mol \cdot L^{-1}$)
Ⅰ				
Ⅱ				
Ⅲ				
相对平均偏差/%				

计算公式：

$$c(Na_2S_2O_3)=\frac{6m(K_2Cr_2O_7)}{M(K_2Cr_2O_7)V(Na_2S_2O_3)}$$

2. I_2 标准溶液浓度标定

项目 / 序号	$V(I_2)$ /mL	$V(Na_2S_2O_3)$ /mL	$\overline{V}(Na_2S_2O_3)$ /mL	$c(I_2)$ /(mol·L^{-1})	$\overline{c}(I_2)$ /(mol·L^{-1})
Ⅰ					
Ⅱ					
Ⅲ					
相对平均偏差/%					

计算公式：

$$c(I_2)=\frac{c(Na_2S_2O_3)V(Na_2S_2O_3)}{2V(I_2)}$$

【思考题】

1. 配制 I_2 溶液时为什么要加入 KI?

2. 配制 $Na_2S_2O_3$ 溶液时，为什么要用刚煮沸并已冷却的蒸馏水？加 Na_2CO_3 有何作用？

3. 标定 $Na_2S_2O_3$ 溶液浓度时，加入 KI 的量要很精确么？当 I_2 析出后，为什么要加入 50 mL 水稀释？

4. 用 $Na_2S_2O_3$ 溶液滴定 I_2 溶液时，为什么要先滴定至浅黄色后再加淀粉指示剂？若反过来用 I_2 溶液滴定 $Na_2S_2O_3$ 溶液，情况又如何？两者终点颜色变化有何不同？

实验十五　饲料中粗灰分、钙、磷连续测定

【实验目的】

1. 了解饲料中粗灰分、钙、磷连续测定的方法。

2. 进一步掌握重量法、高锰酸钾法以及吸光光度法的操作方法。

一、饲料中粗灰分的测定

【实验原理】

试样在 550℃灼烧后所得残渣，用质量百分率表示。残渣中主要是氧化物、盐类等矿物质，也包括混入饲料中的沙石、土等，故称为粗灰分。

【仪器和试剂】

坩埚，电炉，马福炉，干燥器。

【测定步骤】

将干净坩埚放入高温炉，在 550℃±20℃下灼烧 30 min，取出，在空气中冷却约 1 min，放入干燥器，冷却 30 min，称其重量，再重复灼烧，冷却，直至两次重量之差小于 0.000 5 g

为恒重。

在已恒重的坩埚中准确称取 2～5 g 试样，准确至 0.000 1 g，在电炉上小心炭化，在炭化过程中，应将试样加热灼烧至无烟，再放入高温炉，于 550℃±20℃下灼烧 3 h。取出在空气中冷却 1 min，放入干燥器中冷却 30 min，称重。再同样灼烧 1 h，冷却，称重，直至两次重量之差小于 0.000 1 g 为恒重。

【结果计算】

$$粗灰分=\frac{W_2-W_0}{W_1-W_0}\times 100\%$$

式中：W_0 为坩埚的重量，g；W_1 为坩埚＋试样重，g；W_2 为 550℃灰化后坩埚＋灰分的重量，g。

二、饲料中钙含量的测定（高锰酸钾法）

【实验原理】

将试样中有机物破坏，钙变成溶于水的离子，加入草酸铵使之全部生成沉淀，用酸溶解后再用高锰酸钾法间接测定钙含量。

【仪器和试剂】

1. 仪器

50 mL 酸式滴定管，400 mL 烧杯，10 mL 量筒，100 mL 量筒，漏斗，漏斗架，表面皿，100 mL 容量瓶，试管。

2. 试剂

1∶3 HCl（体积比，后同），1∶3 H_2SO_4，1∶1 氨水，1∶50 氨水，4.2% $(NH_4)_2C_2O_4$，0.1%甲基红，浓 HNO_3，0.05 $mol\cdot L^{-1}$（1/5 $KMnO_4$）标准溶液。

【测定步骤】

1. 试样定容

用量筒量取 10 mL 1∶3 HCl 溶液，先加入坩埚中适量，溶解灰分（按粗灰分测定中步骤）后转入干净小烧杯中，用剩余盐酸溶液冲洗坩埚，再用少量蒸馏水冲洗坩埚数次，至坩埚洗净，洗液全部倒入小烧杯，同时在小烧杯中滴加浓硝酸数滴，加热煮沸数分钟，趁热过滤入 100 mL 容量瓶，冷却后定容至刻度，摇匀后备用。

2. 试样的测定

准确移取试样分解液 10～20 mL（含钙量 20 mg 左右）于烧杯中，加蒸馏水 100 mL，甲基红指示剂 2 滴，滴加 1∶1 氨水溶液至溶液呈橙色，再加 1∶3 HCl 溶液至恰变红色（pH 为 2.5～3.0），小心煮沸，慢慢滴加 4.2% $(NH_4)_2C_2O_4$ 溶液 10 mL，且不断搅拌，如溶液变橙色，应补滴盐酸溶液至红色，煮沸数分钟，放置过夜使沉淀陈化（或在水浴上加热 2 h）。

用滤纸过滤，用 1∶50 氨水溶液洗沉淀 6～8 次，至无 $C_2O_4^{2-}$，测定 $(NH_4)_2C_2O_4$。洗净的方法如下：用试管接滤液 2～3 mL，在滤液中加 1∶3 H_2SO_4 溶液数滴，试管加热至 80℃时，再加 $KMnO_4$ 溶液 1 滴，呈微红色，且 0.5 min 不褪色即可。

将沉淀和滤纸转入锥形瓶，加 1∶3 H_2SO_4 10 mL，蒸馏水 50 mL，加热至 75～80℃，用 0.05 $mol\cdot L^{-1}$（1/5 $KMnO_4$）标准溶液滴定，溶液呈粉红色且半分钟不褪色为终点。同时进行空白溶液的测定。

【结果计算】

$$\omega(\mathrm{Ca})=\frac{(V-V_0)\times c\left(\frac{1}{5}\mathrm{KMnO_4}\right)\times M\left(\frac{1}{2}\mathrm{Ca}\right)}{m\times\frac{V'}{100}}\times\frac{1}{1\ 000}\times100\%$$

式中：V 为 0.05 mol·L^{-1}(1/5 $KMnO_4$)标准溶液之用量，mL；V_0 为测空白时，0.05 mol·L^{-1}(1/5 $KMnO_4$)标准溶液之用量，mL；V' 为滴定时移取试样分解液体积，mL；m 为试样重量，g。

三、饲料中总磷量的测定

【实验原理】

试样中的有机物破坏，使磷游离出来，在酸性溶液中，用钒钼酸铵处理生成黄色的 $(NH_4)_3PO_4NH_4VO_3\cdot16MoO_3$，在波长 420 nm 下进行比色测定。

【仪器和试剂】

1. 仪器

50 mL 容量瓶，10 mL 移液管，分光光度计，分析天平，洗耳球，洗瓶。

2. 试剂

(1)钒钼酸铵显色剂　称取偏钒酸铵 1.25 g，加硝酸 250 mL，另称钼酸铵 25 g，加入 400 mL 蒸馏水溶解之，在冷却的条件下，将两种溶液混合，用蒸馏水定容 1 000 mL。避光保存，若生成沉淀，则不能继续使用。

(2)磷标准溶液　将磷酸二氢钾在 105℃ 干燥 1 h，在干燥器中冷却后准确称取 0.219 5 g，溶解于适量的蒸馏水，定量转入 1 000 mL 容量瓶中，加硝酸 3 mL，用蒸馏水稀释至刻度，摇匀，即为 50 μg/mL 的磷标准溶液。

【测定步骤】

1. 标准曲线的制作

准确移取 0.00、1.00、2.00、4.00、6.00、8.00、10.00、12.00、15.00 mL 磷标准溶液于 9 个已编号的 50 mL 容量瓶中，各加钒钼酸铵显色剂 10 mL，用蒸馏水稀释至刻度，摇匀，常温下放置 10 min 以上，以 0.00 mL 溶液为参比，用 1 cm 比色皿，在 420 nm 波长下，用分光光度计测定各溶液的吸光度。以磷含量为横坐标，吸光度值为纵坐标绘制标准曲线。

2. 试样的测定

准确移取试样分解液(同钙的测定)1～10 mL(含磷量 50～500 g)，于 50 mL 容量瓶中，加入钒钼酸铵显色剂 10 mL，按(1)的方法显色和比色测定，测定试样分解液的吸光度，从标准曲线查得试样分解液的含磷量。

【结果计算】

$$\omega(\mathrm{P})=\frac{x}{m\times10^6\times\frac{V}{100}}\times100\%$$

式中：m 为试样的重量，g；x 为由标准曲线查得试样分解液含磷量，μg；V 为移取试样分解液的体积，mL。

所得到的结果应准确到 0.01%。

【思考题】

1. 测钙时，用高锰酸钾法为何本实验不选用EDTA配位滴定法测钙？

2. 测磷时，选用钼黄光度法，为何不选用钼蓝光度法？

实验十六　胃舒平药片中铝和镁的测定

【实验目的】

1. 学习药剂测定的前处理方法。

2. 学习用返滴定测定铝的方法。

3. 掌握沉淀分离的操作方法。

【实验原理】

胃病患者常服用的胃舒平药片主要成分为氢氧化铝、三硅酸镁及少量中药颠茄流浸膏，在制成片剂时还加了大量糊精等赋形剂。药片中Al和Mg的含量可用EDTA配位滴定法测定。为此先溶解样品，分离除去水不溶物，然后取一定量试液，加入过量的EDTA溶液，调节pH至4左右，煮沸使EDTA与Al配位完全，再以二甲酚橙为指示剂，用EDTA标准溶液返滴定过量的EDTA，测出Al含量。另取试液，调节pH，将Al沉淀分离后，在pH＝10的条件下以铬黑T作指示剂，用EDTA标准溶液滴定滤液中的Mg。

【仪器和试剂】

1. 仪器

250 mL烧杯，玻璃漏斗，250 mL容量瓶，10 mL和50 mL量筒，250 mL锥形瓶，25 mL和5 mL移液管，50 mL酸式滴定管。

2. 试剂

(1)EDTA标准溶液　0.02 $mol \cdot L^{-1}$。

(2)Zn^{2+}标准溶液　0.02 $mol \cdot L^{-1}$。

(3)氨性缓冲溶液(pH＝10)　54 g NH_4Cl溶于300 mL蒸馏水中，加入36.6 mL氨水，稀释至1 L。

(4)二甲酚橙指示剂　0.2%乙醇(或水)溶液。

(5)1∶1 HCl溶液　一份浓盐酸注入一份纯水，等体积混匀。

(6)1∶1 $NH_3 \cdot H_2O$溶液。

(7)1∶2三乙醇胺溶液。

(8)六次甲基四胺溶液20%。

(9)甲基红指示剂　0.2%乙醇溶液。

(10)铬黑T指示剂　1 g铬黑T加100 g NaCl，研细。

(11)NH_4Cl固体。

【实验内容】

1. 样品处理

称取胃舒平药片10片，研细后，从中称出药粉2 g左右，加入20 mL HCl溶液(1∶1)，加蒸馏水100 mL，煮沸10 min并冷却后过滤，并以水洗涤沉淀，收集滤液及洗涤液与250 mL容量瓶中，稀释至刻度，摇匀。

2. 铝的测定

准确吸取上述试液 5 mL，加水至 250 mL 左右，滴加 $NH_3 \cdot H_2O$ 溶液（1∶1）至刚出现混浊，再加 HCl 溶液（1∶1）至沉淀恰好溶解。准确加入 EDTA 标准溶液 25.00 mL，再加入 20%六次甲基四胺溶液 10 mL，煮沸 10 min 并冷却后，加入二甲酚橙指示剂 2～3 滴，以 Zn^{2+} 标准溶液滴定至溶液由黄色转变为红色，即为终点。根据 EDTA 加入量与 Zn^{2+} 标准溶液滴定体积，计算每片药片中 $Al(OH)_3$ 的质量分数。

3. 镁的测定

吸取试液 25.00 mL，滴加 $NH_3 \cdot H_2O$ 溶液（1∶1）至刚出现沉淀，再加入 HCl 溶液（1∶1）至沉淀恰好溶解，加入 NH_4Cl 固体 2 g，滴加 20%六次甲基四胺溶液至沉淀出现并过量 15 mL。加热至 80℃，维持 10～15 min，冷却后过滤，以少量蒸馏水洗涤沉淀数次，收集滤液与洗涤液与 250 mL 锥形瓶中，加入 1∶2 三乙醇胺溶液 10 mL，氨性缓冲溶液（pH＝10）10 mL 及甲基红 1 滴，铬黑 T 指示剂少许，用 EDTA 标准溶液滴定至试液由暗红色转变为蓝绿色，即为终点。计算每片药片中 Mg 的质量分数（以 MgO 表示）。

【注释】

1. 实验结果表明，用六次甲基四胺溶液调节 pH 以分离 $Al(OH)_3$，其结果比用氨水好，可以减少 $Al(OH)_3$ 沉淀对 Mg^{2+} 的吸附。

2. 测定 Mg^{2+} 时，加入甲基红 1 滴，能使终点更为敏锐。

【思考题】

1. 本实验为什么称取大样溶解后再分取试液进行滴定？

2. 在控制一定的条件下能否用 EDTA 标准溶液直接滴定铝？

3. 在分离 Al^{3+} 后的滤液里测定 Mg^{2+}，为什么还要加入三乙醇胺溶液？

实验十七 动物性食品中水分的测定——直接干燥法

【实验目的】

1. 了解重量分析的原理与方法。

2. 掌握直接干燥法测定动物性食品中水分的原理和操作方法。

【实验原理】

食品中的水分一般是指在 100℃左右直接干燥的情况下，所失去的物质总量。

水分测定的方法通常可分为直接法和间接法。直接法，如重量法（干燥法）、蒸馏法等，是利用水分的物理化学性质测定水分的方法；间接法是利用食品的比重、折射率、电导、介电常数等物理性质测定水分的方法。

干燥法又指烘箱干燥法，即在一定温度和压力条件下，将样品加热干燥，以除去水分，从而根据干燥前后的质量差值定量水分的含量。

【仪器和试剂】

1. 仪器

电热恒温干燥箱，分析天平，称量瓶，蒸发皿，小玻棒，水浴锅等。

2. 试剂

(1)6 mol·L^{-1} HCl。

(2)6 mol·L^{-1} NaOH。

(3)海砂　取用水洗去泥土的海砂，先用 6 mol·L^{-1} HCl 煮沸 0.5 h，用水洗至中性，再用 6 mol·L^{-1} NaOH 溶液煮沸 0.5 h，用水洗至中性，经 105℃ 干燥后备用。

【实验内容】

1. 固体样品

取洁净扁形称量瓶，置 95～105℃ 干燥箱中(瓶盖斜支于瓶边)，干燥 0.5～1 h 后盖好取出，置干燥器内冷却 0.5 h 后取出置分析天平上称重(下同)。再重复干燥 1 h 左右，取出置干燥器冷至室温再称重。至前后两次重量差＜2 mg 达到恒重。

称取 2.0～5.0 g 绞碎肉样，放入称量瓶(厚度约 5 mm)，加盖，精确称重后置于 95～105℃ 干燥箱中(瓶盖斜支于瓶边)，干燥 2～4 h 后盖好取出，置干燥器内冷却 0.5 h 后称重。再重复干燥 1 h 左右，取出置干燥器冷至室温再称重。至前后两次重量差＜2 mg 达到恒重。

2. 半固体或液体样品

取洁净蒸发皿，内加约 10 g 海砂及小玻棒置 95～105℃ 干燥箱内干燥 0.5～1 h，取出置干燥器内冷却 0.5 h 后称重，并重复干燥至恒重。精确称取 8.0～10.0 g 样品放入蒸发皿内并搅匀，置 70～80℃ 水浴蒸干(随时搅拌)擦去皿底水分，置 95～105℃ 干燥箱内 4 h 左右，盖好取出，置干燥器内冷却 0.5 h 后称重，并重复干燥至前后两次重量差＜2 mg 为恒重。

按下式计算样品中水分含量：

$$水分=\frac{m_2-m_3}{m_2-m_1}\times 100\%$$

式中：m_1 为称量瓶(或蒸发皿、海砂、玻棒)质量(g)；m_2 为称量瓶(或蒸发皿、海砂、玻棒)和样品质量(g)；m_3 为称量瓶(或蒸发皿、海砂、玻棒)和干燥后样品质量(g)。

实验十八　含碘食盐中含碘量的测定

【实验目的】

1. 掌握含碘食盐中含碘量的测定原理及方法。

2. 了解 $Na_2S_2O_3$ 标准溶液的配制及标定。

【实验原理】

碘是人类生命活动不可缺少的元素之一。缺碘会导致人的一系列疾病的产生，如智力下降、甲状腺肿大等。因而在人们的日常生活中，每天摄入一定量的碘是很必要的。将碘加入食盐中是一个很有效的方法。通常是将 KI 加入食盐中以达到补碘的目的。食盐中的碘含量一般为 $2\times10^{-3}\%$～$5\times10^{-3}\%$(20～50 μg·g^{-1})。

食盐中 I^- 含量测定原理为：在酸性溶液中 I^- 经 Br_2 氧化为 IO_3^-，过量的 Br_2 用 HCOONa 除去。加入过量的 KI 使 IO_3^- 将其氧化析出 I_2，然后用 $Na_2S_2O_3$ 标准溶液滴定，测定食盐中 I^- 含量，其反应如下：

$$I^- + 3Br_2 + 3H_2O = IO_3^- + 6H^+ + 6Br^-$$

$$Br_2 + HCOO^- + H_2O = CO_3^{2-} + 3H^+ + 2Br^-$$

$$IO_3^- + 5I^- + 6H^+ = 3I_2 + 3H_2O$$

$$I_2 + 2S_2O_3^{2-} = 2I^- + S_4O_6^{2-}$$

【仪器和试剂】

1. 仪器

碱式滴定管，250 mL 碘量瓶，10 mL 量筒，100 mL 容量瓶，10 mL 移液管。

2. 试剂

0.002 $mol \cdot L^{-1}$ $Na_2S_2O_3$ 溶液，1 $mol \cdot L^{-1}$ HCl，Br_2 的饱和水溶液，10% HCOONa，5% KI(新鲜)，0.5%淀粉(新配)。

【实验内容】

1. 0.002 $mol \cdot L^{-1}$ $Na_2S_2O_3$ 标准溶液的配制与标定

参见本教材第六章实验十四。

2. 食盐中含碘量的测定

准确称取 10 g 均匀加碘食盐(准确至 0.000 1 g)置于 250 mL 碘量瓶中，加 100 mL 蒸馏水溶解，加 2 mL 1 $mol \cdot L^{-1}$ HCl 和 2 mL 饱和 Br_2 水，混匀，放置 5 min，摇动下加入 5 mL 10% HCOONa 水溶液[1]，放置 5 min 后加 5 mL 5% KI 溶液，静置约 10 min，用 $Na_2S_2O_3$ 标准溶液滴定至溶液呈浅黄色时，加 5 mL 0.5%的淀粉溶液，继续滴定至蓝色恰好消失为止，记录所用 $Na_2S_2O_3$ 标准溶液体积(V)。平行滴定 3 次，计算 ω(I)。

【数据记录和结果处理】

1. $Na_2S_2O_3$ 标准溶液浓度标定

项目 / 序号	$m(K_2Cr_2O_7)$/g	$V(Na_2S_2O_3)$/mL	$c(Na_2S_2O_3)$/($mol \cdot L^{-1}$)	$\bar{c}(Na_2S_2O_3)$/($mol \cdot L^{-1}$)
Ⅰ				
Ⅱ				
Ⅲ				
相对平均偏差/%				

2. 食盐中含碘量的测定

序号 / 项目	Ⅰ	Ⅱ	Ⅲ
待测样质量 m/g			
$Na_2S_2O_3$ 终读数/mL			
$Na_2S_2O_3$ 初读数/mL			
$V(Na_2S_2O_3)$/mL			
ω(I)			
$\bar{\omega}$(I)			
相对平均偏差/%			

I^-的含量按下式计算

$$\omega(I)=\frac{c(2Na_2S_2O_3)V(Na_2S_2O_3)M(I_2)}{m(试样)}$$

偏差应小于 2×10^{-6}。

【注释】

[1]也可用 2 g 水杨酸固体代替 5 mL 10% HCOONa 溶液，除去多余的 Br_2。

【思考题】

1. 本实验滴定为何要用碘量瓶？使用碘量瓶应注意些什么？
2. 淀粉指示剂能否在滴定前加入？为什么？

实验十九　鸡蛋壳中碳酸钙含量的测定(酸碱滴定法)

【实验目的】

1. 掌握酸碱滴定法测定碳酸钙的原理及指示剂的选择。
2. 巩固滴定分析基本操作。

【实验原理】

随着人们的生活水平不断提高，鸡蛋在生活中的需求不断增加，但是大量鸡蛋壳被当作废品丢弃，不仅浪费资源而且污染环境。近年来鸡蛋壳的综合利用逐渐受到重视，对蛋壳的有效利用既增加了一些行业的经济效益，又对环境起到了保护作用。蛋壳内碳酸钙的含量在 90% 以上，是钙良好的来源，而钙对人体有不可替代的生理功能。

鸡蛋壳中碳酸钙含量的测定方法有配位滴定法、酸碱滴定法、高锰酸钾滴定法和原子吸收法等。本实验采用酸碱滴定法。滴定方式为返滴定：先加入一定量且过量的标准溶液，使其与被测物质反应完全后，再用另一种滴定剂滴定剩余的标准溶液，从而计算出被测物质含量，因此又叫剩余量滴定法。由于本实验中被测物碳酸钙不溶于水，不符合直接滴定的条件，故采取返滴定法。

蛋壳的主要成分是碳酸钙 $CaCO_3$，其次为 $MgCO_3$、蛋白质、色素以及少量的 Fe、Al 等，用过量的盐酸与研碎的鸡蛋壳样品作用，其中 $CaCO_3$ 与 HCl 发生反应，剩余的盐酸用氢氧化钠标准溶液回滴，根据已加入 HCl 标准溶液的量和回滴所用 NaOH 标准溶液的量，就可以计算出碳酸钙的含量：

$$CaCO_3+2HCl(过量)=CaCl_2+CO_2+H_2O$$

$$NaOH+HCl(剩余)=NaCl+H_2O$$

$$\omega(CaCO_3)=\frac{(n(HCl)-n(NaOH))M\left(\frac{1}{2}CaCO_3\right)}{m(试样)}$$

【仪器和试剂】

1. 仪器

碱式滴定管，酸式滴定管，锥形瓶，研钵，移液管，烘箱，称量瓶，分析天平等。

2. 试剂

浓 HCl，NaOH(AR，s)分析纯，邻苯二甲酸氢钾($KHC_8H_4O_4$)，酚酞指示剂，甲基橙指示剂，鸡蛋壳等。

【实验内容】

1. 蛋壳的处理

用镊子去除蛋壳中的内膜层，洗净、烘干、粉碎、过筛(80～100 目)后倒入洁净烘干过的称量瓶，放入烘箱备用。

2. NaOH 标准溶液的配制和标定

配制 500 mL 0.5 $mol \cdot L^{-1}$ NaOH 溶液。用分析天平称取(质量范围 2～3 g)邻苯二甲酸氢钾($KHC_8H_4O_4$)(准至 0.000 1 g)于 250 mL 锥形瓶中，加入 50 mL 煮沸赶去 CO_2 并冷却的蒸馏水，摇动使之全部溶解后，加 1～2 滴酚酞指示剂，用待标定的 NaOH 溶液滴定至浅红色为终点，平行测定 3 次。根据消耗 NaOH 的体积和所称 $KHC_8H_4O_4$ 的质量计算 NaOH 标准溶液的准确浓度。

3. HCl 标准溶液的配制和标定

配制 500 mL 0.5 $mol \cdot L^{-1}$ HCl 溶液。其浓度与上述 NaOH 标准溶液比较滴定即可测得(平行测定 3 次)。

4. 蛋壳中碳酸钙含量的测定

用分析天平称取研碎的鸡蛋壳 0.3 g(准至 0.000 1 g)于 250 mL 锥形瓶中，用滴定管逐滴加入 0.5 $mol \cdot L^{-1}$ HCl 溶液 40.00 mL，摇匀，放置 30 min(浮在泡沫中的粉末也应被酸完全溶解)，然后加入 2 滴甲基橙指示剂，用 NaOH 标准溶液滴定过量的 HCl 至溶液由红色变为橙色，即为终点，平行测定 3 次。计算蛋壳中碳酸钙的含量。

【数据记录和结果处理】

1. NaOH 标准溶液的标定

基准试剂________指示剂________终点颜色________

项目 \ 序号	Ⅰ	Ⅱ	Ⅲ
基准试剂质量 m/g			
NaOH 终读数/mL			
NaOH 初读数/mL			
V(NaOH)/mL			
c(NaOH)/($mol \cdot L^{-1}$)			
$\bar{c}$(NaOH)/($mol \cdot L^{-1}$)			
相对平均偏差/%			

2. HCl 标准溶液的标定

标准溶液 c(NaOH)________指示剂________终点颜色________

项目＼序号	Ⅰ	Ⅱ	Ⅲ
V(HCl)/mL			
NaOH 终读数/mL			
NaOH 初读数/mL			
V(NaOH)/mL			
c(HCl)/(mol·L^{-1})			
$\bar{c}$(HCl)/(mol·L^{-1})			
相对平均偏差/%			

3. $CaCO_3$ 含量的测定

标准溶液 c(NaOH)________标准溶液 c(HCl)________指示剂________终点颜色________

项目＼序号	Ⅰ	Ⅱ	Ⅲ
m(蛋壳)/g			
V(HCl)/mL			
NaOH 终读数/mL			
NaOH 初读数/mL			
V(NaOH)/mL			
$\omega(CaCO_3)$			
$\bar{\omega}(CaCO_3)$			
相对平均偏差/%			

【思考题】

1. 直接滴定对化学反应的要求有哪些？返滴定法适用于哪几种情况？

2. 本实验 NaOH 滴定剩余的 HCl 时，选用哪种指示剂？为什么？

3. 蛋壳中的主要成分是 $CaCO_3$，同时还含有 $MgCO_3$，本实验测定计算出的蛋壳中 $CaCO_3$ 的含量比实际值略高。想一想怎样测出 $MgCO_3$ 的含量？

实验二十　紫外分光光度法测定维生素 C 含量

【实验目的】

1. 学习紫外分光光度法测量药片中维生素 C 含量的原理。

2. 掌握紫外分光光度法测量维生素 C 含量的实验技术。

3. 掌握紫外分光光度计的使用方法并了解仪器的主要构造。

【实验原理】

维生素 C 又名丙种维生素及抗坏血酸，是一种含有 6 个碳原子的酸性多羟基化合物，分子式为 $C_6H_8O_6$，分子中存在烯醇式结构，具有很强的还原性，其结构式为：

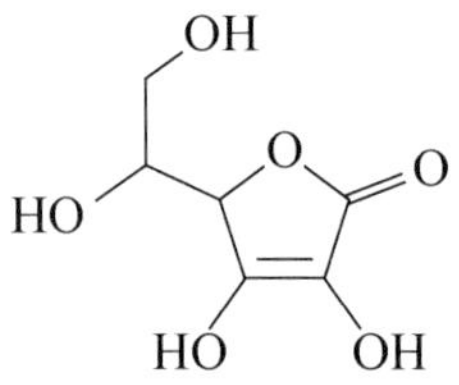

常温常压下，维生素 C 为无色无味的片状晶体，易溶于水，难溶于有机溶剂。在酸性环境中稳定，遇空气中氧、热、光、碱性物质等都易引起变质，特别是有氧化酶及痕量铜、铁等金属离子时均会加速氧化。氧化酶一般在蔬菜中含量较多，故蔬菜储存过程中都有不同程度流失。

维生素 C 的主要功用是产生胶原蛋白，对于人体骨骼及牙齿的构成极为重要，能阻止及治疗坏血症，又能刺激食欲，促进生长，增强对传染病的抵抗能力，是人体必需的营养之一。维生素 C 有多种测定方法，如滴定法、光度分析法、高效液相色谱法等。维生素 C 在 266 nm 处有最大吸收，因此通过紫外光度分析法测定溶液中维生素 C 的含量。

紫外分光光度法进行定量分析的特点：快速，灵敏度高，不需要显色剂，因而不受显色剂温度及显色时间等因素的影响，操作简便。目前广泛用于微量或痕量分析中。维生素 C 浓度在 1.00 ～12.01 $\mu g \cdot mL^{-1}$ 范围内与吸收值呈良好的线性关系，服从 Lambert-beer 定律。检出限为 0.014 $\mu g \cdot mL^{-1}$。

【仪器和试剂】

1. 仪器

紫外分光光度计，石英比色皿，1 mL、5 mL 吸量管，50 mL 容量瓶，250 mL 容量瓶。

2. 试剂

(1)无水乙醇。

(2)ρ(维生素 C)＝100 $\mu g \cdot mL^{-1}$ 维生素 C 标准溶液　准确称取 100 mg 纯抗坏血酸(应为洁白色，如变为黄色则不能用)溶于无水乙醇中，并稀释至 1 000 mL，贮于棕色瓶中，冷藏。最好使用前配制。

【实验内容】

1. 配制标准系列溶液

用 5 mL 吸量管分别移取 ρ(维生素 C)＝100 $\mu g \cdot mL^{-1}$ 维生素 C 标准溶液 1.00 mL、2.00 mL、3.00 mL、4.00 mL 、5.00 mL 于 50 mL 容量瓶中，用蒸馏水稀释至刻度，摇匀。

2. 样品溶液的制备

(1)样品的溶解　取一粒维生素 C 药片(规格 0.1 g)于研钵中，研碎，称取约 0.030 0 g(精确到万分之一)，记录数据，移至烧杯中加少量蒸馏水溶解，转移至 250 mL 容量瓶中，用蒸馏水稀释至刻度。若提取液清澈透明，则可直接取样测定，若有浑浊现象，可通过离心消除。

(2)制备待测样：再用 5 mL 吸量管移取 2.50 mL 上述样品液于 50 mL 容量瓶中，用蒸馏水稀释至刻度，摇匀。

3. 绘制工作曲线

在 λ_{max}＝266 nm 处，用 1 cm 比色皿，以蒸馏水为参比溶液，浓度由小到大地分别测定标准系列各溶液的吸光度 A。

以维生素 C 标准溶液浓度为横坐标，相应的吸光度为纵坐标，绘制工作曲线。

4. 维生素 C 含量的测定

在 $\lambda_{max}=266$ nm 处，用 1 cm 比色皿，以蒸馏水为参比溶液，测定 A 值，根据工作曲线确定待测样中维生素 C 浓度($\mu g \cdot mL^{-1}$)，计算药片中维生素 C 含量[ω(维生素 C)]。

【数据记录和结果处理】

分光光度计型号：__________试样质量：__________比色皿厚度：__________

项目	标准溶液					
维生素 C/mL						
ρ(维生素 C)/($\mu g \cdot mL^{-1}$)						
A						
V(样)/mL						
A						
ρ(样)/($\mu g \cdot mL^{-1}$)						

结论：ω(维生素 C)＝__________

【思考题】

1. 维生素 C 溶液易氧化，实验操作中应注意什么？
2. 在紫外区分析时应选择何种比色皿，为什么？
3. 参比溶液的作用是什么？本实验用什么做参比溶液？

第七章　设计性实验

实验一　镁摩尔质量的测定

【实验目的】

1. 掌握测定镁、铝、锌等活泼金属摩尔质量的一种方法。

2. 学习理想气体状态方程及分压定律的应用，以及分析天平和气压计的使用方法。

3. 培养学生独立分析问题、解决问题和理论联系实际的能力。

【设计提示】

1. 可参考“气体常数的测定”。

2. 称取镁的质量：0.020 0～0.025 0 g。

3. 2 $mol \cdot L^{-1}$ H_2SO_4 用量：约 5 mL。

【设计要求】

1. 设计方案应包括目的、原理、用品、步骤。

2. 设计方案经教师审阅许可后，方可实施。

3. 实验完毕，当堂交实验报告及设计方案。

实验二　硫、磷混酸溶液中 H_2SO_4、H_3PO_4 含量的测定

【实验目的】

1. 掌握多元酸的滴定原理。

2. 学会混合酸的测定方法，培养独立思考及操作能力。

【设计提示】

$$H_2SO_4 + 2NaOH = Na_2SO_4 + 2H_2O$$
$$H_3PO_4 + NaOH = NaH_2PO_4 + H_2O$$

等量点 pH=4.7，以甲基红示终点。

$$NaH_2PO_4 + NaOH = Na_2HPO_4 + H_2O$$

等量点 pH=9.7，以酚酞示终点。

【设计要求】

1. 设计方案要求写出实验目的、原理、用品、步骤及结果计算公式。

2. 设计方案经教师审阅许可后，方可实施。

3. 实验完毕，当堂上交实验报告及设计方案。

实验三　铅、铋混合溶液中 Pb^{2+}、Bi^{3+} 含量的连续测定(配位滴定法)

【实验目的】

1. 掌握借控制溶液的酸度来进行多种金属离子连续滴定的方法和原理。

2. 熟悉二甲酚橙指示剂的应用和终点的确定方法。

【实验原理】

Bi^{3+} 和 Pb^{2+} 均能与 EDTA 形成稳定的络合物，其稳定性又有相当大的差别(它们的 lg K 值分别为 27.94 和 18.04)，因此可以利用控制溶液酸度来进行连续滴定。

在测定中，均以二甲酚橙为指示剂。先调节溶液 pH≈1，进行 Bi^{3+} 的滴定，溶液由紫红色突变为亮黄色，即为终点。然后再用六甲基四胺为缓冲剂，控制溶液 pH＝5～6，进行 Pb^{2+} 的滴定。此时溶液再次呈现紫红色，以 EDTA 溶液继续滴定至突变为亮黄色，即为终点。

二甲酚橙属于三苯甲烷显色剂，易溶于水，它有 7 级酸式离解，其中 H_7In 至 H_3In^{4-} 呈黄色，H_2In^{5-} 至 In^{7-} 呈红色。所以它在溶液中的颜色随温度变而变，在溶液 pH＜6.3 时呈黄色，pH＞6.3 时呈红色。二甲酚橙与 Bi^{3+} 及 Pb^{2+} 的络合物呈紫红色，它们的稳定性与 Bi^{3+}、Pb^{2+} 和 EDTA 所成配合物的相比要弱一些。

【设计要求】

1. 设计方案要求写出实验目的、原理、用品、步骤及结果计算公式。

2. 设计方案经教师审阅许可后，方可实施。

3. 实验完毕，当堂上交实验报告及设计方案。

实验四　醇、酚、醛、酮及羧酸未知液的分析

【实验目的】

1. 通过本实验全面复习醇、酚、醛、酮和羧酸的主要化学性质。

2. 应用所学知识和操作技术，独立设计未知液的分析实验方案。

【实验原理】

1. 拟订方案

首先复习有机化学教材和实验指导中关于醇、酚、醛、酮和羧酸的主要化学性质的有关章节，然后根据实验室提供的实验条件，拟定未知液的分析实验方案。

2. 实验室给定的化学试剂

2,4-二硝基苯肼，饱和溴水，斐林试剂 A，斐林试剂 B，蓝色石蕊试纸，浓 H_2SO_4，浓 $NH_3 \cdot H_2O$，酚酞，碘液，1% $FeCl_3$，5% $CuSO_4$，5% $K_2Cr_2O_7$，5% $AgNO_3$，10% NaOH，5% $NaHCO_3$。

3. 教师提供的未知液

将正丁醇、乙酸、丙酮、异丙醇、甘油、乙醛、苯甲醛、苯酚样品放在编有号码的试剂瓶中。学生根据上述化合物的类型和所给定的化学试剂，预先拟定好分析实验方案。

【设计要求】

1. 设计实验方案

用给定的化学试剂独立设计鉴定方案(包括目的要求、实验原理、实验用品、操作步骤和预期结果，以及有关化学反应式)。

2. 实验操作

实验方案经教师审阅许可后，方可实施。实验操作过程中，应认真观察和记录实验现象，正确进行未知液分析。

3. 完成实验报告

实验完毕，当堂上交实验报告及设计方案。

实验五　蛋壳中钙、镁含量的测定

方法Ⅰ　配位滴定法测定蛋壳中钙、镁总量

【实验目的】

1. 进一步巩固与掌握配位滴定分析的方法与原理。
2. 学习使用配位掩蔽法排除干扰离子影响的方法。
3. 了解对实物试样中某组分含量测定的一般步骤。

【实验原理】

鸡蛋壳的主要成分为 $CaCO_3$，其次为 $MgCO_3$、蛋白质、色素以及少量的 Fe、Al。在 pH＝10，用铬黑 T 做指示剂，用 EDTA 直接滴定 Ca^{2+}、Mg^{2+} 总量。为提高配合选择性，在 pH＝10 时，加入三乙醇胺，掩蔽 Fe^{3+}、Al^{3+} 等，以排除它们对 Ca^{2+}、Mg^{2+} 测定的干扰。

【试剂】

HCl($6\ mol\cdot L^{-1}$)，铬黑 T 指示剂，三乙醇胺水溶液(1∶2)，NH_4Cl-$NH_3\cdot H_2O$ 缓冲液(pH＝10)，EDTA 标准溶液($0.01\ mol\cdot L^{-1}$)。

【实验要求】

1. 蛋壳预处理

先将蛋壳洗净，加水煮沸 5～10 min，去除蛋壳内表层的蛋白薄膜，然后把蛋壳放于烧杯中用小火烤干，研成粉末。

2. 自拟定蛋壳称量范围的实验方案

3. 钙、镁总量的测定

准确称取一定量的蛋壳粉末，小心滴加 $6\ mol\cdot L^{-1}$ HCl 4～5 mL，微火加热至完全溶解(少量蛋白膜不溶)，冷却，转移至 250 mL 容量瓶，稀释至接近刻度线，若有泡沫，滴加 2～3 滴 95％乙醇，泡沫消除后，滴加水至刻度线后摇匀。

吸取试剂 25.00 mL，于 250 mL 锥形瓶中，分别加去离子水 20 mL、三乙醇胺 5 mL，摇匀。再加 NH_4Cl-$NH_3\cdot H_2O$ 缓冲溶液 10 mL，摇匀。放入少许铬黑 T 指示剂，用 EDTA 标准

溶液滴定至溶液由酒红色恰变成纯蓝色，即达终点。根据 EDTA 消耗的体积计算 Ca^{2+}、Mg^{2+} 总量，以 CaO 的质量分数表示。

【思考题】

1. 如何确定蛋壳粉末的称量范围？
2. 蛋壳粉末溶解稀释时为何加 95%乙醇可以消除泡沫？
3. 试列出求钙镁总量的计算式(以 CaO 质量分数表示)。

方法Ⅱ　酸碱滴定法测定蛋壳中 CaO 的含量

【实验目的】

1. 学习用酸碱滴定法测定 $CaCO_3$ 的原理及指示剂选择。
2. 巩固滴定分析基本操作。

【实验原理】

蛋壳中的碳酸盐能与 HCl 发生如下反应：

$$CaCO_3 + 2H^+ = Ca^{2+} + CO_2\uparrow + H_2O$$

过量的酸可用 NaOH 标准溶液回滴，据实际与 $CaCO_3$ 反应的标准盐酸体积求得蛋壳中 CaO 含量，以 CaO 的质量分数表示。

【试剂】

浓 HCl(AR)、NaOH(AR)、甲基橙(0.1%)。

【实验要求】

1. 溶液配制及标定

配制 0.2 $mol \cdot L^{-1}$ NaOH 标准溶液和 0.2 $mol \cdot L^{-1}$ HCl 标准溶液，并标定。

2. CaO 含量测定

准确称取经预处理的蛋壳 0.12 g(精确到 0.1 mg)于锥形瓶内，用酸式滴定管逐滴加 HCl 标准溶液 40 mL 左右(需精确计数)，小火加热溶解，冷却，加甲基橙指示剂 1～2 滴，以 NaOH 标准溶液回滴至橙黄。平行测定 3 次。

【实验数据与处理】

按滴定分析记录格式作表格，记录数据，按下式计算(CaO)(质量分数)

$$\omega(\mathrm{CaO})=\frac{[c(\mathrm{HCl})V(\mathrm{HCl})-c(\mathrm{NaOH})V(\mathrm{NaOH})]M\left(\frac{1}{2}\mathrm{CaO}\right)}{m(\text{试样})}$$

【思考题】

1. 蛋壳称量值与标准 HCl 溶液的加入量如何估算？
2. 溶解蛋壳时应注意哪些问题？
3. 为什么说(CaO)是表示 Ca 和 Mg 的总量？

方法Ⅲ　高锰酸钾法测定蛋壳中 CaO 的含量

【实验目的】

1. 学习间接氧化还原法测定 CaO 的含量。
2. 巩固沉淀分离、过滤、洗涤与滴定分析基本操作。

【实验原理】

利用蛋壳中的 Ca^{2+} 与草酸盐能形成难溶的草酸钙沉淀的性质，将 Ca^{2+} 与蛋壳的其他组分分离，将经过处理的沉淀酸溶，再用高锰酸钾法测定 $C_2O_4^{2-}$ 含量，换算出 CaO 的含量，主要反应如下：

$$Ca^{2+} + C_2O_4^{2-} = CaC_2O_4 \downarrow$$

$$CaC_2O_4 + H_2SO_4 = CaSO_4 + H_2C_2O_4$$

$$5H_2C_2O_4 + 2\ MnO_4^- + 6\ H^+ = 2\ Mn^{2+} + 10\ CO_2 \uparrow + 8\ H_2O$$

某些金属离子(Ba^{2+}、Sr^{2+}、Mg^{2+}、Pb^{2+}、Cd^{2+})与 $C_2O_4^{2-}$ 能形成沉淀对测定 Ca^{2+} 有干扰。

【试剂】

$KMnO_4$(0.01 mol·L^{-1})，$(NH_4)_2C_2O_4$(5%)，氨水(10%)，硫酸(1 mol·L^{-1})，HCl(1∶1)，甲基橙(0.2%)，$AgNO_3$(0.1 mol·L^{-1})。

【实验要求】

准确称量蛋壳粉 3 份(每份含钙约 0.025 g)，分别放于 250 mL 烧杯中，加 1∶1 HCl 3 mL，加 H_2O 20 mL，加热溶解，过滤。滤液置于烧杯中，加入 5%草酸铵溶液 50 mL，若出现沉淀，滴加浓 HCl 至沉淀溶解，然后加热至 70～80℃，加入 2～3 滴甲基橙，溶液呈红色，再逐滴加入 10%氨水，不断搅拌，至溶液呈黄色并有氨味逸出。溶液放置陈化(或在水浴上加热 30 min 陈化)，过滤，洗涤沉淀至无 Cl^-。将带有沉淀的滤纸铺在原进行沉淀的烧杯内壁上，用 50 mL 1 mol·L^{-1} H_2SO_4 将沉淀由滤纸洗入烧杯中，再用洗瓶吹洗 1～2 次。加水稀释至溶液体积约为 100 mL，加热至 70～80℃，用 $KMnO_4$ 标准溶液滴定至溶液呈浅红色时把滤纸推入溶液中，继续滴加 $KMnO_4$ 至浅红色在 30 s 内不消失为止。计算 CaO 的质量分数。

【实验数据与处理】

按定量分析格式画表格，记录数据，计算 ω(CaO)，相对偏差应小于 0.3%。

【思考题】

1. 用$(NH_4)_2C_2O_4$ 沉淀 Ca^{2+}，为什么要先在酸性溶液中加入沉淀剂，然后在 70～80℃时滴加氨水至甲基橙变黄色，使 CaC_2O_4 沉淀完全？

2. 为什么沉淀要洗至无 Cl^- 为止？

3. 如果将带有 CaC_2O_4 沉淀的滤纸一起投入烧杯，经 H_2SO_4 处理后再用 $KMnO_4$ 滴加，这样操作对结果有什么影响？

附　　表

附表一　实验室常用洗涤剂

名称	配制方法	使用
合成洗涤剂	将合成洗涤剂粉用热水搅拌配成浓溶液	用于一般洗涤，一定要用毛刷反复刷洗，冲净
重铬酸钾洗液	取 $K_2Cr_2O_7$(LR)20 g 于 500 mL 烧杯中，加水 40 mL，加热溶解，冷后沿烧杯壁在搅拌下缓慢加入 320 mL 浓 H_2SO_4 即可(边加边搅拌)，储于磨口细口瓶中，盖紧。	具有强氧化性和强酸性，用于洗涤油污及有机物，使用前应先尽量除去仪器内的水，防止洗液被水稀释。用后倒回原瓶，可反复使用。红棕色变为绿色时，即已失效。
高锰酸钾碱性洗液	取 $KMnO_4$(LR)4 g，溶于少量水中，缓慢加入 100 mL 10% NaOH 溶液	用于洗涤油污及有机物。洗后玻璃壁上附着的 MnO_2 沉淀，可用粗亚铁盐或 Na_2SO_3 溶液洗去。
氢氧化钠-乙醇溶液	120 g NaOH 溶于 150 mL 水中，用 95%乙醇稀释至 1 L	用于洗涤油污及某些有机物
酒精-浓硝酸		用于洗涤沾有有机物或油污的结构复杂的仪器，洗涤时先加入少量酒精于脏仪器中，再加入少量浓硝酸
盐酸	取 HCl(CP)与水以 1∶1 体积混合，也可加入少量 $H_2C_2O_4$。	为还原性强酸洗涤剂，可洗去多种金属氧化物及金属离子
盐酸-乙醇洗液	取 HCl(CP)与乙醇以 1∶2 体积混合	主要用于洗涤被染色的洗手池、比色皿、吸量管等

附表二　常用酸、碱溶液的相对密度和浓度

名称及化学式	相对密度(d_4^{20})	质量分数/%	物质的量浓度/($mol\cdot L^{-1}$)
盐酸(HCl)	1.18～1.19	36～38	12
硫酸(H_2SO_4)	1.83～1.84	95～98	17.8～18.4
硝酸(HNO_3)	1.39～1.40	65～68	14.4～15.2
磷酸(H_3PO_4)	1.69	85	14.6

续附表二

名称及化学式	相对密度(d_4^{20})	质量分数/%	物质的量浓度/($mol \cdot L^{-1}$)
高氯酸($HClO_4$)	1.67～1.68	70～72	11.7～12.0
氢溴酸(HBr)	1.49	47	8.6
氢氟酸(HF)	1.13～1.14	40	22.5
冰醋酸(HAc)	1.05	99.0	17.4
醋酸(HAc)	1.05	37	6.0
氨水(NH_3)	0.88～0.90	25～28	13.3～14.8

附表三　常用有机溶剂的沸点、密度

名称	沸点/℃	密度 d_4^{20}	名称	沸点/℃	密度 d_4^{20}
甲醇	64.96	0.791 4	苯	80.1	0.878 65
乙醇	78.5	0.789 3	甲苯	110.6	0.866 9
乙醚	34.51	0.713 78	氯仿	61.7	1.483 2
丙酮	56.2	0.789 9	四氯化碳	76.54	1.594 0
乙酸	117.9	1.049 2	二硫化碳	46.25	1.203 2
乙酐	139.55	1.082 0	硝基苯	210.8	1.203 7
乙酸乙酯	77.06	0.900 3	正丁醇	117.25	0.809 8

附表四　常用指示剂

(一)酸碱指示剂(18～25℃)

指示剂名称	变色 pH 范围	颜色变化	配制方法
甲基紫(第一变色范围)	0.13～0.5	黄～绿	0.1%或 0.05%的水溶液
甲基紫(第二变色范围)	1.0～1.5	绿～蓝	0.1%水溶液
百里酚蓝(麝香草酚蓝)(第一变色范围)	1.2～2.8	红～黄	0.1 g 指示剂溶于 100 mL 20%乙醇
甲基紫(第三变色范围)	2.0～3.0	蓝～紫	0.1%水溶液
甲基橙	3.1～4.4	红～橙黄	0.1%水溶液
溴酚蓝	3.0～4.6	黄～蓝	0.1%g 指示剂溶于 100 mL 20%乙醇
刚果红	3.0～5.2	蓝紫～红	0.1%水溶液
溴甲酚绿	3.8～5.4	黄～蓝	0.1 g 指示剂溶于 100 mL 20%乙醇

续附表四

指示剂名称	变色 pH 范围	颜色变化	配制方法
甲基红	4.4～6.2	红～黄	0.1 g 或 0.2 g 指示剂溶于 100 mL 60%乙醇
溴酚红	5.0～6.8	黄～红	0.1 g 或 0.4 g 指示剂溶于 100 mL 20%乙醇
溴百里酚蓝	6.0～7.6	黄～蓝	0.05 g 指示剂溶于 100 mL 20%乙醇
中性红	6.8～8.0	红～亮黄	0.1 g 指示剂溶于 100 mL60%乙醇
酚红	6.8～8.0	黄～红	0.1 g 指示剂溶于 100 mL 20%乙醇
甲酚红	7.2～8.8	亮黄～紫红	0.1 g 指示剂溶于 100 mL 50%乙醇
百里酚蓝(麝香草酚蓝)(第二变色范围)	8.0～9.0	黄～蓝	0.1 g 指示剂溶于 100 mL 20%乙醇
酚酞	8.2～10.0	无色～紫红	0.1 g 指示剂溶于 100 mL 60%乙醇
百里酚酞	9.4～10.6	无色～蓝	0.1 g 指示剂溶于 100 mL 90%乙醇

（二）酸碱混合指示剂

指示剂溶液的组成	变色点 pH	颜色		备注
		酸色	碱色	
三份 0.1%溴甲酚绿乙醇溶液 一份 0.2%甲基红乙醇溶液	5.1	酒红	绿	
一份 0.2%甲基红乙醇溶液 一份 0.1%次甲基蓝乙醇溶液	5.4	红紫	绿	pH 5.2 红紫 pH 5.2 暗蓝 pH 5.6 绿
一份 0.1%溴甲酚绿钠盐水溶液 一份 0.1%氯酚红钠盐水溶液	6.1	黄绿	蓝紫	pH 5.4 蓝绿 pH 5.8 蓝 pH 6.2 蓝紫
一份 0.1%中性红乙醇溶液 一份 0.1%次甲基蓝乙醇溶液	7.0	蓝紫	绿	pH 7.0 蓝紫
一份 0.1%溴百里酚蓝钠盐水溶液 一份 0.1%酚红钠盐水溶液	7.5	黄	绿	pH 7.2 暗绿 pH 7.4 淡绿 pH 7.6 深绿
一份 0.1%甲酚红钠盐水溶液 三份 0.1%百里酚蓝钠盐水溶液	8.3	黄	紫	pH 8.2 玫瑰色 pH 8.4 紫色

（三）金属离子指示剂

指示剂名称	颜色变化		溶液配制方法
	化合物	游离态	
铬黑 T(EBT)	紫红	蓝橙	0.5%水溶液
二甲酚橙(XO)	红	黄	0.2%水溶液
K-B 指示剂	红	蓝	0.2 g 酸性铬蓝 K 与 0.4 g 萘酚绿 B 溶于 100 mL 水中
钙指示剂	酒红	蓝	0.5%的乙醇溶液
吡啶偶氮萘酚(PAN)	红	黄	0.1%的乙醇溶液
Cu-PAN(CuY-PAN 溶液)	红	浅绿	0.05 $mol \cdot L^{-1}$ Cu^{2+} 液 10 mL，加 pH 5～6 的 HAc 缓冲液 5 mL，1 滴 PAN 指示剂，加热至 60℃左右，用 EDTA 滴至绿色，得到约 0.025 $mol \cdot L^{-1}$ 的 CuY 溶液。使用时取 2～3 mL 于试液中，再加数滴 PAN 溶液
磺基水杨酸	红	无	1%的水溶液

注：EBT、钙指示剂、K-B 指示剂等在水溶液中稳定性较差，可以配成指示剂与 NaCl 之比为 1∶100 或 1∶200 的固体粉末。

（四）氧化还原指示剂

指示剂名称	$\varepsilon^{\ominus}$/V $[H^+]=1\ mol \cdot L^{-1}$	颜色变化		溶液配制方法
		氧化态	还原态	
二苯胺	0.76	紫	无色	1%的浓 H_2SO_4 溶液
二苯胺磺酸钠	0.85	紫红	无色	0.5%的水溶液
N-邻苯氨基苯甲酸	1.08	紫红	无色	0.1 g 指示剂加 20 mL 5%的 Na_2CO_3 溶液，用水稀释至 100 mL
邻二氮菲-Fe(Ⅱ)	1.06	浅蓝	红	1.485 g 邻二氮菲加 0.965 g $FeSO_4$，溶解，稀释至 100 mL (0.025 $mol \cdot L^{-1}$ 水溶液)
5-硝基邻二氮菲-Fe(Ⅱ)	1.25	浅蓝	紫红	1.608 g 5-硝基邻二氮菲加 0.695 g $FeSO_4$，溶解，稀释至 100 mL (0.025 $mol \cdot L^{-1}$ 水溶液)

附表五　常用缓冲溶液

缓冲溶液组成	pK_a	缓冲液 pH	缓冲溶液配制方法
氨基乙酸-HCl	2.35(pK_{a_1})	2.3	取氨基乙酸 15.0 g 溶于 500 mL 水后，加浓 HCl 8 mL，水稀释至 1 L
H_3PO_4-柠檬酸盐		2.5	取 $Na_2HPO_4 \cdot 12H_2O$ 11.3 g 溶于 200 mL 水后，加柠檬酸 38.7 g，溶解，过滤后，稀释至 1 L
一氯乙酸-NaOH	2.86	2.8	取 20 g 一氯乙酸溶于 200 mL 水中，加 NaOH 4 g，溶解后，稀释至 1 L

续附表五

缓冲溶液组成	pK_a	缓冲液 pH	缓冲溶液配制方法
邻苯二甲酸氢钾-HCl	2.95(pK_{a_1})	2.9	取 50 g 邻苯二甲酸氢钾溶于 500 mL 水中，加浓 HCl8 mL，稀释至 1 L
甲酸-NaOH	3.76	3.7	取 9.5 g 甲酸和 4 g NaOH 于 500 mL 水中，溶解，稀释至 1 L
NaAc-HAc	4.74	4.7	取无水 NaAc 8.3 g 溶于水中，加冰 HAc 6.0 mL，稀释至 1 L
六亚甲基四胺-HCl	5.15	5.4	取六亚甲基四胺 40 g 溶于 200 mL 水中，加浓 HCl 10 mL，稀释至 1 L
Tris-HCl[三羟甲基氨甲烷 $NH_2C(CH_2OH)_3$]	8.21	8.2	取 25g Tris 试剂溶于水中，加浓 HCl 8 mL，稀释至 1 L
NH_3-NH_4Cl	9.26	9.2	取 NH_4Cl 5.4 g 溶于水中，加浓氨水 6.3 mL，稀释至 1 L

注：(1)缓冲溶液配制后可用 pH 试纸检查。如 pH 不对，可用共轭酸或碱调节。pH 欲调节精确时，可用 pH 计调节。(2)若需增加或减少缓冲溶液的缓冲容量时，可相应增加或减少共轭酸碱对物质的量，再调节之。

附表六　常用基准物质的干燥条件及其应用

基准物质		干燥后的组成	干燥条件温度/℃	标定对象
名称	分子式			
碳酸氢钠	$NaHCO_3$	Na_2CO_3	270～300	酸
十水合碳酸钠	$Na_2CO_3\cdot10H_2O$	Na_2CO_3	270～300	酸
硼砂	$Na_2B_4O_7\cdot10H_2O$	$Na_2B_4O_7\cdot10H_2O$	放在装有 NaCl 和蔗糖饱和溶液的密闭器皿中	酸
碳酸氢钾	$KHCO_3$	K_2CO_3	270～300	酸
二水合草酸	$H_2C_2O_4\cdot2H_2O$	$H_2C_2O_4\cdot2H_2O$	室温空气干燥	碱或 $KMnO_4$
邻苯二甲酸氢钾	$KHC_8H_4O_4$	$KHC_8H_4O_4$	110～120	碱
重铬酸钾	$K_2Cr_2O_7$	$K_2Cr_2O_7$	140～150	还原剂
溴酸钾	$KBrO_3$	$KBrO_3$	130	还原剂
碘酸钾	KIO_3	KIO_3	130	还原剂
铜	Cu	Cu	室温干燥器中保存	还原剂
三氧化二砷	As_2O_3	As_2O_3	室温干燥器中保存	氧化剂
草酸钠	$Na_2C_2O_4$	$Na_2C_2O_4$	130	氧化剂
碳酸钙	$CaCO_3$	$CaCO_3$	110	EDTA
锌	Zn	Zn	室温干燥器中保存	EDTA

续附表六

基准物质		干燥后的组成	干燥条件温度/℃	标定对象
名称	分子式			
氧化锌	ZnO	ZnO	900～1 000	EDTA
氯化钠	NaCl	NaCl	500～600	$AgNO_3$
氯化钾	KCl	KCl	500～600	$AgNO_3$
硝酸银	$AgNO_3$	$AgNO_3$	220～250	氯化物

附表七　国际相对原子质量表(1997 年)

元素		相对原子质量	元素		相对原子质量	元素		相对原子质量	元素		相对原子质量
符号	名称		符号	名称		符号	名称		符号	名称	
Ac	锕	[227]	Er	铒	167.26	Mn	锰	54.938 05	Ru	钌	101.07
Ag	银	107.868 2	Es	锿	[254]	Mo	钼	95.94	S	硫	32.066
Al	铝	26.981 54	Eu	铕	151.964	N	氮	14.006 74	Sb	锑	121.760
Am	镅	[243]	F	氟	18.998 40	Na	钠	22.989 77	Sc	钪	44.955 91
Ar	氩	39.948	Fe	铁	55.845	Nb	铌	92.906 38	Se	硒	78.96
As	砷	74.921 60	Fm	镄	[257]	Nd	钕	144.24	Si	硅	28.085 5
Au	金	196.966 55	Ga	镓	69.723	Ni	镍	58.693 4	Sn	锡	118.710
B	硼	10.811	Gd	钆	157.25	No	锘	[259]	Sr	锶	87.62
Ba	钡	137.327	Ge	锗	72.61	Np	镎	237.048 2	Ta	钽	180.947 9
Be	铍	9.012 18	H	氢	1.007 94	O	氧	15.999 4	Tb	铽	158.925 34
Bi	铋	208.980 38	He	氦	4.002 60	Os	锇	190.23	Tc	锝	98.906 2
Bk	锫	[247]	Hf	铪	178.49	P	磷	30.973 76	Te	碲	127.60
Br	溴	79.904	Hg	汞	200.59	Pa	镤	231.035 88	Th	钍	232.04
C	碳	12.010 7	Ho	钬	164.930 32	Pb	铅	207.2	Ti	钛	47.867
Ca	钙	40.078	I	碘	126.904 47	Pd	钯	106.42	Tl	铊	204.383 3
Cd	镉	114.411	In	铟	114.818	Pm	钷	[145]	Tm	铥	168.934 21
Ce	铈	140.116	Ir	铱	192.217	Po	钋	[210]	U	铀	238.028 9
Cf	锎	[251]	K	钾	39.098 3	Pr	镨	140.907 65	V	钒	50.941 5
Cl	氯	35.452 7	Kr	氪	83.80	Pt	铂	195.078	W	钨	183.84
Cm	锔	[247]	La	镧	138.905 5	Pu	钚	[244]	Xe	氙	131.29
Co	钴	58.933 20	Li	锂	6.941	Ra	镭	226.025 4	Y	钇	88.905 85
Cr	铬	51.996 1	Lr	铹	[257]	Rb	铷	85.467 8	Yb	镱	173.04
Cs	铯	132.905 45	Lu	镥	174.967	Re	铼	186.207	Zn	锌	65.39
Cu	铜	63.546	Md	钔	[256]	Rh	铑	102.905 50	Zr	锆	91.224
Dy	镝	162.50	Mg	镁	24.305 0	Rn	氡	[222]			

附表八　化合物的摩尔质量/(g·mol^{-1})

化合物	摩尔质量	化合物	摩尔质量	化合物	摩尔质量
Ag_3AsO_4	462.52	CoS	90.99	HI	127.91
AgBr	187.77	$CoSO_4$	154.99	HIO_3	175.91
AgCl	143.32	$CoSO_4·7H_2O$	281.10	HNO_2	47.01
AgCN	133.89	$Co(NH_2)_2$	60.06	HNO_3	63.01
AgSCN	165.95	$CrCl_3$	153.36	H_2O	18.015
$AgCrO_4$	331.73	$CrCl_3·6H_2O$	266.45	H_2O_2	34.015
AgI	234.77	$Cr(NO_3)_3$	238.01	H_3PO_4	98.00
$AgNO_3$	169.87	Cr_2O_3	151.99	H_2S	34.08
$AlCl_3$	133.34	CuCl	99.00	H_2SO_3	82.07
$AlCl_3·6H_2O$	241.43	$CuCl_2$	134.45	H_2SO_4	98.07
$Al(NO_3)_3$	213.00	$CuCl_2·2H_2O$	170.48	$Hg(CN)_2$	252.63
$Al(NO_3)_3·9H_2O$	375.13	CuSCN	121.62	$HgCl_2$	271.50
Al_2O_3	101.96	CuI	190.45	Hg_2Cl_2	472.09
$Al(OH)_3$	78.00	$Cu(NO_3)_2$	187.56	HgI_2	454.40
$Al_2(SO_4)_3$	342.14	$Cu(NO_3)_2·3H_2O$	241.60	$Hg_2(NO_3)_2$	525.19
$Al_2(SO_4)_3·18H_2O$	666.41	CuO	79.55	$Hg_2(NO_3)_2·2H_2O$	561.22
As_2O_3	197.84	Cu_2O	143.09	HgO	216.59
As_2O_5	229.84	CuS	95.61	HgS	232.65
As_2S_3	246.02	$CuSO_4$	159.60	$HgSO_4$	296.65
$BaCO_3$	197.34	$CuSO_4·5H_2O$	249.68	Hg_2SO_4	497.27
BaC_2O_4	225.35	$FeCl_2$	126.75	$Hg(NO_3)_2$	324.60
$BaCl_2$	208.24	$FeCl_2·4H_2O$	198.81	$KAl(SO_4)_2·12H_2O$	474.38
$BaCl_2·2H_3O$	244.27	$FeCl_3$	162.21	KBr	119.00
$BaCrO_4$	253.32	$FeCl_3·6H_2O$	270.31	$KBrO_3$	167.00
BaO	153.33	$Fe(NO_3)_3$	241.86	KCl	74.55
$Ba(OH)_2$	171.34	$Fe(NO_3)_3·9H_2O$	404.33	$KClO_3$	122.55
$BaSO_4$	233.39	FeO	71.85	$KClO_4$	138.55
$BiCl_3$	315.34	Fe_2O_3	159.69	KCN	65.12
BiOCl	260.43	Fe_3O_4	231.54	KSCN	97.18
CO_2	44.10	$Fe(OH)_3$	106.87	K_2CO_3	138.21
CaO	56.08	FeS	87.91	K_2CrO_4	194.19
$CaCO_3$	100.09	Fe_2S_3	207.87	$K_2Cr_2O_7$	294.18

续附表八

化合物	摩尔质量	化合物	摩尔质量	化合物	摩尔质量
CaC_2O_4	128.10	$FeSO_4$	151.91	$K_3Fe(CN)_6$	329.25
$CaCl_2$	110.99	$FeSO_4\cdot7H_2O$	278.01	$K_4Fe(CN)_6$	368.35
$CaCl_2\cdot6H_2O$	219.08	$FeSO_4(NH_4)_2SO_4\cdot6H_2O$	392.13	$KFe(SO_4)_2\cdot12H_2O$	503.24
$Ca(NO_3)_2\cdot4H_2O$	236.15	$FeNH_4(SO_4)\cdot12H_2O$	482.18	$KHC_2O_4\cdot H_2O$	146.14
$Ca(OH)_2$	74.10	H_3AsO_3	125.94	$KHC_4O_4\cdot H_2C_2O_4\cdot2H_2O$	254.19
$Ca(PO_4)_2$	310.18	H_3AsO_4	141.94	$KHC_4H_4O_6$	188.18
$CaSO_4$	136.14	H_3BO_3	61.83	$KHC_8H_4O_4$	204.23
$CdCO_3$	172.42	HBr	80.91	KH_2PO_4	136.08
$CdCl_2$	183.32	HCN	27.03	$KHSO_4$	136.16
CdS	144.47	HCOOH	46.06	KI	166.00
$Ce(SO_4)_2$	332.24	CH_3COOH	60.05	KIO_3	214.00
$Ce(SO_4)_2\cdot4H_2O$	404.30	H_2CO_3	62.03	$KIO_3\cdot HIO_3$	389.91
$CoCl_2$	129.84	$H_2C_2O_4$	90.04	$KMnO_4$	158.03
$CoCl_2\cdot6H_2O$	237.93	$H_2C_2O_4\cdot2H_2O$	126.07	$KNaC_4H_4O_6\cdot4H_2O$	282.22
$Co(NO_3)_2$	182.94	HCl	36.46	KNO_2	85.10
$Co(NO_3)_2\cdot6H_2O$	291.03	HF	20.06	KNO_3	101.10
K_2O	94.20	$Na_2B_4O_7\cdot10H_2O$	381.37	$Pb(NO_3)_2$	331.21
KOH	56.11	$NaBiO_3$	279.97	PbO	223.20
K_2SO_4	174.25	NaCN	49.01	PbO_2	239.20
$MgCO_3$	84.31	NaSCN	81.07	$Pb_3(PO_4)_2$	811.54
$MgCl_2$	95.21	Na_2CO_3	105.99	PbS	239.26
$MgCl_2\cdot6H_2O$	203.30	$Na_2CO_3\cdot10H_2O$	286.14	$PbSO_4$	303.26
MgC_2O_4	112.33	$Na_2C_2O_4$	134.00	SO_2	64.06
$Mg(NO_3)_2\cdot6H_2O$	256.43	CH_3COONa	82.03	SO_3	80.06
$MgNH_4PO_4$	137.32	$CH_3COONa\cdot3H_2O$	136.08	$SbCl_3$	228.11
MgO	40.30	NaCl	58.44	$SbCl_5$	299.02
$Mg(OH)_2$	58.32	NaClO	74.44	Sb_2O_3	291.50
$Mg_2P_2O_7$	222.55	$NaHCO_3$	84.01	Sb_2S_3	339.68
$MgSO_4\cdot7H_2O$	246.43	$Na_2HPO_4\cdot12H_2O$	358.14	SiF_4	104.08
$MnCO_3$	114.95	$NaH_2Y\cdot2H_2O$	372.24	SiO_2	60.08
$MnCl_2\cdot4H_2O$	197.92	$NaNO_2$	69.00	$SnCl_2$	189.60
$Mn(NO)_3\cdot6H_2O$	287.04	$NaNO_3$	85.00	$SnCl_2\cdot2H_2O$	225.63
MnO	70.94	Na_2O	61.98	$SnCl_4$	260.50
MnO_2	86.94	Na_2O_2	77.98	$SnCl_4\cdot5H_2O$	350.58
MnS	87.00	NaOH	40.00	SnO_2	150.69

续附表八

化合物	摩尔质量	化合物	摩尔质量	化合物	摩尔质量
$MnSO_4$	151.00	Na_3PO_4	163.94	SnS	150.77
$MnSO_4 \cdot 4H_2O$	223.06	Na_2S	78.04	SrC_2O_4	147.63
NO	30.01	$Na_2S \cdot 9H_2O$	240.18	$SrCO_3$	175.64
NO_2	46.01	Na_2SO_3	126.04	$SrCrO_4$	203.61
NH_3	17.03	$NaSO_4$	142.04	$Sr(NO_3)_2$	211.63
CH_3COONH_4	77.08	$Na_2S_2O_3$	158.10	$Sr(NO_3)_2 \cdot 4H_2O$	283.69
NH_4Cl	53.49	$Na_2S_2O_3 \cdot 5H_2O$	248.17	$SrSO_4$	183.68
$(NH_4)_2CO_3$	96.09	$NiCl_2 \cdot 6H_2O$	237.70	$UO_2(CH_3COO)_2 \cdot 2H_2O$	424.15
$(NH_4)_2C_2O_4$	124.10	NiO	74.70	$ZnCO_3$	125.39
$(NH_4)_2C_2O_4 \cdot H_2O$	142.11	$Ni(NO_3)_2 \cdot 6H_2O$	290.80	ZnC_2O_4	153.40
NH_4SCN	76.12	NiS	90.76	$ZnCl_2$	136.29
NH_4HCO_3	79.06	$NiSO_4 \cdot 7H_2O$	280.86	$Zn(CH_3COO)_2$	183.74
$(NH_4)_2MoO_4$	196.01	P_2O_5	141.95	$Zn(CH_3COO)_3 \cdot 2H_2O$	219.50
NH_4NO_3	80.04	$PbCO_3$	267.21	$Zn(NO_3)_2$	189.39
$(NH_4)_2HPO_4$	132.06	PbC_2O_4	295.22	$Zn(NO_3)_2 \cdot 6H_2O$	297.48
$(NH_4)_2S$	68.14	$PbCl_2$	278.11	ZnO	81.38
$(NH_4)_2SO_4$	132.13	$PbCrO_4$	323.19	ZnS	97.44
NH_4VO_3	116.98	$Pb(CH_3COO)_2$	325.30	$ZnSO_4$	161.44
Na_2AsO_2	191.89	$Pb(CH_3COO)_2 \cdot 3H_2O$	379.34	$ZnSO_4 \cdot 7H_2O$	287.54
$Na_2B_4O_7$	201.22	PbI_2	461.01		

参考文献

[1]李爱勤,侯学会. 化学实验技术. 北京:中国农业大学出版社,2014.4.
[1]孙英,王春娜. 普通化学实验. 北京:中国农业大学出版社,2009.3.
[2]刘淑娜,童岩. 实验化学. 西安:西北工业大学出版社,2007.
[3]初玉霞. 化学实验技术. 北京:高等教育出版社,2006.
[4]叶芬霞. 无机及分析化学实验. 北京:高等教育出版社,2005.2
[5]冶保献,等. 分析化学实验. 郑州:河南科学技术出版社,1998.
[6]廖戎. 基础化学实验. 北京:化学工业出版社,2013.
[7]高绍康,陈建中. 基础化学实验. 北京:化学工业出版社,2013.10.
[8]罗志刚. 基础化学实验技术. 广州:华南理工大学出版社,2002.
[9]张升晖,杨春海. 化学实验. 北京:中国计量出版社,2007.9.
[10]李爱勤,杨新玲. 化学实验技术. 北京:中国农业大学出版社,2009.9.
[11]高职高专化学教材编写组. 分析化学. 北京:高等教育出版社,2002.
[12]高职高专化学教材编写组. 有机化学实验. 北京:高等教育出版社,2002.